第三版

消防工程施工现场
细节详解

石敬炜　主编

化学工业出版社

·北京·

内 容 简 介

　　本书在第二版的基础上，根据近年来发布的新规范、标准以及工作中实际方法的运用，全面更新了各类数据、资料，剔除了陈旧知识，增加了现行常用内容。本书共分为八章，分别为火灾及消防工程施工基本知识、火灾自动报警系统、消火栓灭火系统、自动喷水灭火系统、气体灭火系统、泡沫灭火系统、防排烟系统、特殊建筑的消防施工。

　　本书主要内容以细节中的要点详细阐述，易于理解，便于执行，方便读者抓住主要问题，及时查阅和学习。本书可供消防工程施工现场技术人员、管理人员以及大中专院校相关专业师生参考和学习。

图书在版编目（CIP）数据

　　消防工程施工现场细节详解/石敬炜主编. —3版. —北京：化学工业出版社，2023.11（2024.10重印）
　　ISBN 978-7-122-44225-3

　　Ⅰ．①消… Ⅱ．①石… Ⅲ．①消防设备-建筑安装工程-施工现场-施工管理 Ⅳ．①TU892

　　中国国家版本馆 CIP 数据核字（2023）第 179488 号

责任编辑：徐　娟　　　　　　　　　　装帧设计：刘丽华
责任校对：李雨函

出版发行：化学工业出版社（北京市东城区青年湖南街 13 号　邮政编码 100011）
印　　装：大厂聚鑫印刷有限责任公司
880mm×1230mm　1/32　印张9¾　字数316千字
2024 年10月北京第 3 版第 2 次印刷

购书咨询：010-64518888　　　　　　售后服务：010-64518899
网　　址：http://www.cip.com.cn
凡购买本书，如有缺损质量问题，本社销售中心负责调换。

定　　价：49.80 元

前言

建筑消防工程作为建筑工程的重要组成部分，随着新技术的不断出现，变得越来越复杂。施工技术的难度也逐渐增加。从第二版出版至今，建筑消防工程领域发生了许多令人瞩目的变化，新的技术、新的规范、新的挑战不断涌现，我们必须及时调整，与时俱进。

本书是对第二版的全面修订和升级。在修订过程中，我们深入研究了最近的消防工程施工技术和规范要求，结合实际工作经验，对内容进行了全面优化和更新。本书包括火灾及消防工程施工基本知识、火灾自动报警系统、消火栓灭火系统、自动喷水灭火系统、气体灭火系统、泡沫灭火系统、防排烟系统、特殊建筑的消防施工等内容，涵盖了建筑消防工程的方方面面。

2016 年后消防领域主要更新规范如下：《建筑防火通用规范》（GB 55037—2022）；《泡沫灭火系统技术标准》（GB 50151—2021）；《安全阀 一般要求》（GB/T 12241—2021）；《建筑设计防火规范》（GB 50016—2014）（2018 版）；《火灾自动报警系统施工及验收规范》（GB 50166—2019）；《消火栓箱》（GB/T 14561—2019）；《自动喷水灭火系统设计规范》（GB 50084—2017）；《自动喷水灭火系统施工及验收规范》（GB 50261—2017）；《建筑防烟排烟系统技术标准》（GB 51251—2017）；《建筑电气工程施工质量验收规范》（GB 50303—2015）。

在编写中，我们注重细节，希望能够将复杂的施工细节以更直观的形式呈现给读者。此外，本书还配备了电子辅助资源，包括电子课件、二维码视频等，以方便读者在学习过程中进行深入拓展和实践应用。

本书由石敬炜主编，由张丹、白雅君、王长川、许峰、张亮、谭丽娟、王红微、于涛等共同协助完成。我们深知自身的局限性，无法涵盖所有的细节和变化。因此，诚挚地邀请您给予宝贵的意见和建议，以帮助我们不断完善和改进本书。相信本书能为我国建筑消防工程的发展贡献一份力量。

编者

2023 年 8 月

　　随着我国建筑行业的飞速发展，建筑消防工程技术的变化也是日新月异。近几年在建筑消防技术领域出现了许多新理论、新技术、新材料、新设备，实践经验日趋丰富全面，标准和规范也在不断更新。每一位施工人员的技术水平、处理现场突发事故的能力直接关系着工程施工的质量、进度、成本、安全以及工程项目的按期完成。为了满足广大从事建筑消防工程技术人员的实际要求，我们编写了此书。

　　本书以"细节"为主线对内容进行编排和组织。全书共分为 7 章 112 个细节，主要内容包括火灾及消防工程施工基本知识、火灾自动报警系统、消火栓灭火系统、自动喷水灭火系统、气体灭火系统、泡沫灭火系统、防排烟系统。本书具有很强的针对性，注重实际经验的运用；结构体系上重点突出、详略得当，注重知识的融贯性，突出了整合性的编写原则。本书可供从事消防工程施工的技术人员、施工现场管理人员以及大中专院校相关专业师生学习参考。

　　由于编者的经验和学识有限，难免有疏漏或不妥之处，恳请读者给予批评指正。

编者

2012 年 6 月

建筑消防工程施工是建筑施工中的重要内容，也是建筑消防工程的重要组成部分，研究我国建筑消防工程施工，对我国建筑行业的发展和人们生活水平的提高意义重大。建筑消防工程是一项系统化的工程，涉及专业和领域多。近年来，随着新技术的不断出现，建筑消防工程也越来越复杂，施工技术难度也越来越大。因此，加强对我国建筑消防工程施工问题的研究，及时解决当前消防工程施工存在的问题，能够更好地促进我国建筑行业的发展。

《消防工程施工现场细节详解》自第 1 版出版发行以来，一直深受广大读者的喜爱。鉴于《建筑设计防火规范》（GB 50016—2014）、《火灾自动报警系统设计规范》（GB 50116—2013）、《泡沫灭火系统设计规范》（GB 50151—2010）、《消防给水及消火栓系统技术规范》（GB 50974—2014）等规范进行了修改，本书第 1 版的相关章节已经不能适应发展的需要，故对本书进行了修订。

本书以"细节"为主线对内容进行编排和组织。全书共分为七章，主要内容包括火灾及消防工程施工基本知识、火灾自动报警系统、消火栓灭火系统、自动喷水灭火系统、气体灭火系统、泡沫灭火系统、防排烟系统。本书具有很强的针对性，注重实际经验的运用；结构体系上重点突出、详略得当，注重知识的融贯性，突出了整合性的编写原则。本书可供从事消防工程施工的技术人员、施工现场管理人员以及大中专院校相关专业师生学习参考。

由于编者的经验和学识有限，尽管编者尽心尽力，但内容难免有疏漏或不妥之处，恳请读者给予批评指正。

编者

2015 年 12 月

目录

❷ 火灾自动报警系统 ························· 52

火灾及消防工程施工基本知识

1.1 火灾基础知识

火灾是火失去控制而蔓延的一种灾害性燃烧现象。火灾发生的必要条件是可燃物、热源和氧化剂（多数情况为空气）。火灾是各种灾害中发生最频繁且极具毁灭性的灾害之一，其直接损失约为地震的 5 倍，仅次于干旱和洪涝。

本节主要介绍火灾涉及的各种概念，如：火灾的性质、分类、形成过程、起因，燃烧的条件、产物、特性，可燃物在火灾中的蔓延、火灾的蔓延、火灾烟气的危害及防控措施等。

细节1 火灾的性质

（1）火灾的发生既有确定性又有随机性

火灾作为一种燃烧现象，其规律具有确定性，并且又具有随机性。可燃物着火引起火灾，必须具备一定的条件，遵循一定的规律。条件具备时，火灾必然会发生；条件不具备时，物质无论如何不会燃烧。但在一个地区、一段时间内，什么地方、什么单位、什么时间发生火灾，往往是很难预测的，即对于一场具体的火灾来说，其发生又具有随机性。火灾的随机性由火灾发生原因极其复杂所致。因此，必须时时警惕火灾的发生。

（2）火灾的发生是自然因素和社会因素共同作用的结果

火灾的发生首先与建筑科技、消防设施、可燃物燃烧特性，以及火源、风速、天气、地形、地物等物理化学因素有关。但是火灾的发生不是纯粹的自然现象，还与人们的生活习惯、操作技能、文化修养、教育程度、法律知识，以及规章制度、文化、经济等社会因素有关。因此，消防工作是一项复杂的、涉及各个方面的系统工程。

细节2 火灾的分类

(1) 按照燃烧对象分

① 固体可燃物火灾。指普通固体可燃物燃烧引起的火灾，又称 A 类火灾。固体物质是火灾中最常见的燃烧对象，主要包括木材及木制品，纸张、纸板、家具；棉花、服装、布料、床上用品；粮食；合成橡胶、合成纤维、合成塑料、电工产品、化工原料、建筑材料、装饰材料等，种类极为繁杂。

固体可燃物的燃烧方式有熔融蒸发式燃烧、升华燃烧、热分解式燃烧和表面燃烧四种类型。大多数固体可燃物是热分解式燃烧。由于固体可燃物用途广泛、种类繁多、性质差异较大，导致固体物质火灾危险性差别较大，评定时要从多方面进行综合考虑。

② 液体可燃物火灾。指油脂及一切可燃液体引起的火灾，又称为 B 类火灾。油脂包括原油、汽油、柴油、煤油、重油、动植物油；可燃液体主要包括酒精、苯、乙醚、丙酮等各种有机溶剂。

液体燃烧是液体可燃物首先受热蒸发变成可燃蒸气，其后是可燃蒸气扩散，并与空气掺混形成预混可燃气，着火燃烧后在空间形成预混火焰或扩散火焰。轻质液体的蒸发属相变过程，重质液体蒸发时也伴随有热分解过程。闪点是评定可燃液体的火灾危险性的物理量。闪点低于28℃的可燃液体属甲类火险物质，如汽油；闪点大于等于28℃，小于60℃的可燃液体属乙类火险物质，例如煤油；大于等于60℃的可燃液体属丙类火险物质，例如柴油、植物油。

③ 气体可燃物火灾。指可燃气体引起的火灾，又称为 C 类火灾。

可燃气体的燃烧方式分为预混燃烧和扩散燃烧。可燃气与空气预先混合好的燃烧称为预混燃烧，可燃气与空气边混合边燃烧称为扩散燃烧。失去控制的预混燃烧会产生爆炸，这是气体可燃物火灾中最危险的燃烧方式。可燃气体的火灾危险性用爆炸下限进行评定。爆炸下限小于10%的可燃气为甲类火险物质，例如氢气、甲烷、乙炔等；爆炸下限大于或等于10%的可燃气为乙类火险物质，例如氨气、一氧化碳、某些城市煤气。应当指出，绝大部分可燃气属于甲类火险物质，极少数才属于乙类火险物质。

④ 可燃金属火灾。指可燃金属燃烧引起的火灾，又称为 D 类火灾。

例如锂、钠、钾、钙、镁、铝、锶、锆、锌、钚、钍和铀，因为它们处于薄片状、颗粒状或熔融状态时很容易着火，称它们为可燃金属。可燃金属引起的火灾之所以从 A 类火灾中分离出来，单独作为 D 类火灾，是由于这些金属在燃烧时，燃烧热很大，为普通燃料的 5～20 倍，火焰温度较高，有的甚至达到 3000℃以上；并且在高温下金属性质活泼，能与水、二氧化碳、氮气、卤素及含卤化合物发生化学反应，使常用灭火剂失去作用，必须采用特殊的灭火剂灭火。

（2）按照火灾损失严重程度分

① 特别重大火灾。指造成 30 人以上死亡，或者 100 人以上重伤，或者 1 亿元以上直接财产损失的火灾。

② 重大火灾。指造成 10 人以上 30 人以下死亡，或者 50 人以上 100 人以下重伤，或者 5000 万元以上 1 亿元以下直接财产损失的火灾。

③ 较大火灾。指造成 3 人以上 10 人以下死亡，或者 10 人以上 50 人以下重伤，或者 1000 万元以上 5000 万元以下直接财产损失的火灾。

④ 一般火灾。指造成 3 人以下死亡，或者 10 人以下重伤，或者 1000 万元以下直接财产损失的火灾。

（3）按照火灾发生地点分

① 地上火灾。地上火灾指发生在地表面上的火灾。地上火灾包括地上建筑火灾和森林火灾。地上建筑火灾分为民用建筑火灾、工业建筑火灾。

a. 民用建筑火灾包括发生在城市和村镇的一般民用建筑和高层民用建筑内的火灾，以及发生在百货商场、饭店、宾馆、写字楼、影剧院、歌舞厅、机场、车站、码头等公用建筑内的火灾。

b. 工业建筑火灾包括发生在一般工业建筑和特种工业建筑内的火灾。特种工业建筑是指油田、油库、化学品工厂、粮库、易燃和爆炸物品厂及仓库等火灾危险及危害性较大的场所。

c. 森林火灾是指森林大火造成的危害。森林火灾不仅造成林木资源的损失，而且对生态和环境构成不同程度的破坏。

② 地下火灾。地下火灾是指发生在地表面以下的火灾。地下火灾主要包括发生在矿井、地下商场、地下油库、地下停车场和地下铁道等地点的火灾。这些地点属于典型的受限空间，空间结构复杂，受定向风流的作用使火灾及烟气蔓延速度相对较快，再加上逃生通道上逃生人员和救灾人员逆流行进，救灾工作难度较大。

③ 水上火灾。水上火灾指发生在水面上的火灾。水上火灾主要包

括发生于江、河、湖、海上航行的客轮、货轮和油轮上的火灾。也包括发生在海上石油平台的火灾，以及油面火灾等。

④ 空间火灾。空间火灾指发生在飞机、航天飞机和空间站等航空及航天器中的火灾。特别是发生在航天飞机和空间站中的火灾，因为远离地球，重力作用较小，甚至完全失重，属微重力条件下的火灾。其火灾的发生和蔓延与地上建筑、地下建筑以及水上火灾相比，具有明显的特殊性。

细节3　火灾的形成过程

　　绝大部分火灾发生在建筑物内。火灾最初都是发生在建筑物内的某一区域或者房间内的某一点，随着时间的增长，开始蔓延扩大直到整个空间、整个楼层，甚至整座建筑物。火灾的发生和发展的整个过程是一个非常复杂的过程，其所受到的影响因素众多，其中热量的传播是影响火灾发生和发展的决定性的因素。伴随着热量的传导、对流和辐射，使建筑物室内环境的温度迅速升高，若超过了人所能承受的极限，便会危及生命。随着室内温度进一步升高，建筑物构件和金属失去其强度，从而造成建筑物结构损害，房屋倒塌，甚至造成更为严重的生命和财产损失。

　　通常，室内平均温度随时间的变化可用曲线表示，用来说明建筑物室内的火灾发展过程，如图 1-1 所示。

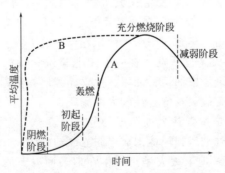

图 1-1　建筑物火灾发展过程

A—可燃固体火灾室内平均温度的上升曲线；B—可燃液体室内火灾的平均升温曲线

　　由图 1-1 可以看出火灾的发生、发展趋势，可以归结为下列几个阶段。

(1) 阴燃阶段

阴燃是没有火焰的缓慢燃烧现象。很多固体物质，如纸张、锯末、纤维织物、纤维素板、胶乳橡胶以及某些多孔热固性塑料等，都有可能发生阴燃，尤其是当它们堆积起来的时候更容易发生阴燃。阴燃是固体燃烧的一种形式，是无可见光的缓慢燃烧，通常产生烟和温度上升等现象。阴燃与有焰燃烧的区别是阻燃无火焰，阴燃与无焰燃烧的区别是阻燃能热分解出可燃气体，因此在一定条件下阴燃可以转换成有焰燃烧。

(2) 火灾初起阶段

当阴燃达到足够温度以及分解出了足够的可燃气体时，阴燃就会转化成有焰燃烧现象。通常把可燃物质，如气体、液体和固体的可燃物等，在一定条件下形成非控制的火焰称为起火。在建筑火灾中，初始起火源多为固体可燃物。在某种点火源的作用下，固体可燃物的某个局部被引燃起火，失去控制，称为火灾初起阶段。

火灾初起阶段是火灾局限在起火部位的着火燃烧阶段。火是从某一点或者某件物品开始的，刚开始时着火范围很小，燃烧产生的热量较小，烟气较少且流动速度很慢，火焰不大，辐射出的热量也不多，靠近火点的物品和结构开始受热，气体对流，温度开始上升。

火灾初起，如果能及时发现，是灭火和安全疏散最有利的时机，用较少的人力和简易灭火器材就能将火扑灭。在此阶段，任何失策都会导致不良后果。例如，惊慌失措、不报警、不会报警、不会使用灭火器材、灭火方法不当、不及时提醒和组织在场人员撤离等，都会错过有利的短暂时机，使火势得以扩大到发展阶段。因此，我们必须学会正确认识和处置起火事故，将事故消灭在初起阶段。

(3) 火灾发展阶段

在火灾初起阶段后期，火焰由局部向周围物质蔓延、火灾范围迅速扩大，当火灾房间温度达到一定值时，聚积在房间内的可燃气体突然起火，整个房间充满了火焰，房间内所有可燃物表面部分都被卷入火灾之中，且燃烧很猛烈，温度升高很快。房间内局部燃烧向全室性燃烧过渡，形成轰燃。

轰燃是指房间内的所有可燃物几乎瞬间全部起火燃烧，火灾面积扩大到整个房间，火焰辐射热量最多，房间温度上升并达到最高点。火焰和热烟气通过开口和受到破坏的结构开裂处向走廊或其他房间蔓延。建筑物的不燃材料和结构的机械强度将明显下降，甚至发生变形和倒塌。轰燃是室内火灾最显著的特征之一，它标志着火灾发展阶段的开始。对于安全疏散而言，人们若在轰燃之前还没有从室内逃出，则很难幸存。

轰燃发生后，房间内所有可燃物将会猛烈燃烧，放热速度很快，因而房间内温度升高很快，并出现持续性高温，最高温度可达到 1100℃ 左右。火焰、高温烟气从房间的开口部位大量喷出，把火灾蔓延到建筑物的其他部分。室内高温还对建筑构件产生热作用，使建筑物构件的承载能力下降，造成建筑物局部或者整体倒塌破坏。

耐火建筑的房间通常在起火后，由于其四周墙壁和顶棚、地面采用具有一定耐火极限的不燃烧体构件而不会被烧穿，因此发生火灾时房间通风开口的大小没有什么变化，当火灾发展到全面燃烧阶段，室内燃烧大多由通风控制着，室内火灾保持着稳定的燃烧状态。火灾发展阶段的持续时间取决于室内可燃物的性质和数量、通风条件等。

为了减少火灾损失，针对火灾全面发展阶段的特点，在建筑防火设计中应采取的主要措施是在建筑物内设置具有一定耐火性能的防火分隔物，把火灾控制在一定的范围内，防止火灾大面积蔓延；选用耐火程度较高的建筑结构作为建筑物的承重体系，确保建筑物发生火灾时保持坚固，为火灾中人员疏散、消防队扑救火灾、火灾后建筑物修复以及继续使用创造条件，并且还要防止火灾向相邻建筑蔓延。

（4）熄灭阶段

在火灾发展阶段后期，随着室内可燃物的挥发物质不断减少以及可燃物数量的减少，火灾燃烧速度递减，温度逐渐下降。当室内平均温度降到温度最高值的 80％时，则一般认为火灾进入熄灭阶段。随后，房间温度明显下降，直到把房间内的可燃物全部烧尽，室内外温度趋于一致，宣告火灾结束。

该阶段前期，燃烧仍十分猛烈，火灾温度仍很高。针对该阶段的特点，应注意防止建筑构件因较长时间受高温作用和灭火射水的冷却作用而出现裂缝、下沉、倾斜或倒塌破坏，确保消防人员的人身安全。

细节4 火灾的起因

发生火灾事故的原因主要有以下 9 个方面。

① 用火管理不当。无论对生产用火（如焊接、铸造、锻造和热处理等工艺）还是对生活用火（如吸烟、使用炉灶等）的火源管理不善，均有可能造成火灾。

② 对易燃物品管理不善，库房不符合防火标准，没有根据物质的性质分类储存。例如，将性质互相抵触的化学物品放在一起，遇水燃烧的物质放在潮湿地点，灭火要求不同的物质放在一起等，均有可能引起火灾。

③ 电气设备绝缘不良，安装不符合规程要求，发生超负荷、短路、接触电阻过大等，都可能引起火灾。

④ 工艺布置不合理，易燃易爆场所未采取相应的防火防爆措施，设备缺乏维护检修或检修质量低劣，都可能引起失火。

⑤ 违反安全操作规程，使设备超压超温，或在易燃易爆场所违章动火，吸烟或违章使用汽油等易燃液体，都有可能引起火灾。

⑥ 通风不良，生产场所的可燃蒸气、气体或粉尘在空气中达到爆炸浓度，遇火源引起失火。

⑦ 避雷设备装置不当，缺乏检修或没有避雷装置，发生雷击引起失火。

⑧ 易燃易爆生产场所的设备、管线没有采取消除静电措施，发生放电引起火灾。

⑨ 油布、棉纱、沾油铁屑等，由于放置不当，在一定条件下发生自燃起火。

细节5 燃烧的条件

燃烧是一种放热发光的化学反应。燃烧过程中的化学反应十分复杂，有化合反应，有分解反应。有的复杂物质燃烧，首先是物质受热分解，之后发生氧化反应。

任何物质发生燃烧，都有一个由未燃状态转向燃烧状态的过程。这一过程的发生必须具备三个条件，即可燃物、助燃物（氧化剂）、着火源。

（1）可燃物

凡是能与空气中的氧或其他氧化剂发生化学反应的物质称可燃物。可燃物按其物理状态分为气体、液体和固体三类。

① 凡是在空气中能燃烧的气体都称为可燃气体。可燃气体在空气中燃烧，同样要求与空气的混合比在一定范围——燃烧（爆炸）范围，并需要一定的温度（着火温度）引发反应。

② 液体可燃物大多数是有机化合物，分子中均含有碳、氢原子，有些还含有氧原子。液体可燃物中有不少是石油化工产品。

③ 凡遇明火、热源能在空气中燃烧的固体物质称为可燃固体，如木材、纸张、谷物等。在固体物质中，有一些燃点较低、燃烧剧烈的称为易燃固体。

(2) 助燃物（氧化剂）

可帮助支持可燃物燃烧的物质，即能与可燃物发生反应的物质称为助燃物（氧化剂）。火灾发生时，空气中的氧气是一种最常见的助燃剂。在热源能够满足持续燃烧要求的前提下，助燃物的量和供应方式是影响和控制火灾发展势态的决定性因素。

(3) 着火源

着火源是指供可燃物与氧或助燃物发生燃烧反应的能量，常见的是热能。其他还有化学能、电能、机械能和核能等转变成的热能。根据着火的能量来源不同，着火源可分为明火、高温物体、化学热能、电热能、机械热能、生物能、光能、核能。

细节6 燃烧产物

燃烧产物是指由燃烧或热解作用产生的全部物质。燃烧产物包括如下几种。

(1) 二氧化碳（CO_2）

为完全燃烧产物，是一种无色不燃的气体，溶于水，有弱酸性，与空气的密度比是 1.52。二氧化碳在常温和 60atm（1atm＝0.1013MPa，下同）下即成液体，当减去压力，这种液态的二氧化碳会很快气化，大量吸热，温度会很快降低，最低可达到－79℃，一部分会凝结成雪状的固体，故俗称干冰。二氧化碳在消防安全上常用作灭火剂。由于钾、钠、钙、镁等金属物质燃烧时产生的高温能够把二氧化碳分解为 C 和 O_2。因此，不能用二氧化碳扑救金属物质的火灾。

二氧化碳在空气中的含量为 1%～2%时即能引起人的不快感，3%时刺激呼吸中枢，使呼吸增加，血压升高；达到 5%可使人喘不过气，30min 内使人中毒；达到 7%～10%数分钟内就会使人失去知觉，以致死亡。

(2) 一氧化碳（CO）

为不完全燃烧产物。是一种无色、无味并有强烈毒性的可燃气体，难溶于水，与空气的密度比为 0.97。一氧化碳的毒性较大，它能从血液的氧血红素里取代氧而与血红素结合形成一氧化碳血红素，从而使人感到严重缺氧。其在空气中的含量达 0.1%时超过 1h 可使人头痛、作呕、不舒服；含量达 0.5％时经过 2～3min 就威胁生命；含量达 1.0％时，人呼吸数次便失去知觉，2～3min 内使人死亡。

在火场烟雾弥漫的房间中，一氧化碳含量比较高时，必须注意防止一氧化碳中毒和一氧化碳与空气形成爆炸性混合物。

(3) 二氧化硫（SO_2）

二氧化硫是硫燃烧后生成的产物，无色有刺激臭味。二氧化硫的密度是空气密度的 2.27 倍，易溶于水，在 20℃时 1 体积的水能溶解约 40 体积的二氧化硫。二氧化硫有毒，是大气污染中危害较大的一种气体，它严重伤害植物，刺激人的呼吸道，腐蚀金属等。在大气中的含量达 0.05％时，会在短时间内威胁人的生命。

(4) 氯化氢（HCl）

氯化氢是含氯可燃物的燃烧产物。它是一种刺激性气体，吸收空气中的水分后成为酸雾，具有较强的腐蚀性，在较高浓度的场合，会强烈刺激人们的眼睛，引起呼吸道发炎和肺水肿。

(5) 氮的氧化物

燃烧产物中氮的氧化物主要是一氧化氮（NO）和二氧化氮（NO_2）。硝酸和硝酸盐分解、含硝酸盐及亚硝酸盐炸药的爆炸过程、硝酸纤维素及其他含氮有机化合物在燃烧时都会产生 NO 或 NO_2。NO 为无色气体；NO_2 为棕红色气体。均具有一种难闻的气味，而且有毒。其含量达到 0.025％即可在短时间内致人死亡。

(6) 五氧化二磷（P_2O_5）

五氧化二磷是可燃物磷的燃烧产物，常温常压下为白色固体粉末，可溶于水，生成偏磷酸（HPO_3）或正磷酸（H_3PO_4）。P_2O_5 的熔点为 563℃，升华点 347℃。所以燃烧时生成的 P_2O_5 为气态，而后凝固。纯 P_2O_5 无特殊气味，因磷燃烧时常生成 P_2O_3（或 P_4O_6），P_2O_3 具有蒜味，因此磷燃烧时会闻到蒜味。P_2O_5 有毒，会刺激呼吸器官，引起咳嗽和呕吐。

细节7 燃烧产物的特性

燃烧产物最直接的是烟气。在火灾造成的人员伤亡中，被烟雾熏死者所占比例很大，一般它是被火烧死者的 4～5 倍，着火层以上死的人，绝大多数是被烟熏死的，可以说火灾时对人的最大威胁是烟。所以认识燃烧产物的危害性非常重要。

（1）致灾危险性

灼热的燃烧产物，由于对流和热辐射作用，都可能引起其他可燃物质的燃烧成为新的起火点，并造成火势扩散蔓延。有些不完全燃烧产物还能与空气形成爆炸性混合物，遇火源而发生爆炸，更易造成火势蔓延。据测试，烟的蔓延速度超过火的 5 倍。起火之后，失火房间内的烟不断进入走廊，在走廊内通常以每秒 0.3～0.8m 的速度向外扩散，一旦遇到楼梯间敞开的门（甚至门缝），则以每秒 2～3m 的速度在楼梯间向上窜，直奔最上一层，而且楼越高，窜得越快。炽热的浓烟不但使一般喷水装置效果有限，而且在很远的距离对人体就有强大威胁。

（2）刺激性、减光性、恐怖性

① 刺激性。烟气中有些气体对人的眼睛产生极大的刺激性，使人的眼睛难以睁开，造成人们在疏散过程中行进速度大大降低。所以火灾烟气的刺激性是毒害性的帮凶，增大了人员中毒或被烧死的可能性。

② 减光性。由于燃烧产物的烟气中，烟粒子对可见光是不透明的，因此对可见光有完全的遮蔽作用，使人眼的能见度下降，在火灾中，当烟气弥漫时，可见光会因受到烟粒子的遮蔽作用而大大减弱；尤其是在空气不足时，烟的浓度更大，能见度会降得更低。如果是楼房起火，走廊内大量的烟会使人们不易辨别火势的方向，不易找到起火地点，看不见疏散方向，找不到楼梯和门，造成安全疏散的障碍，给扑救和疏散工作带来困难。

③ 恐怖性。在着火后大约 15min，烟的浓度最大，人的能见距离一般只有 30cm。特别是发生轰燃时，火焰和烟气冲出门窗洞口，浓烟滚滚，烈焰熊熊，还会使人产生恐怖感，常给疏散过程造成混乱局面，甚至使部分人失去活动能力，失去理智。

（3）毒害性

燃烧产生的大量烟和气体，会使空气中氧气含量急速降低，加上 CO、HCl、HCN 等有毒气体的作用，使在场人员有窒息和中毒的危险，神经系统受到麻痹而出现无意识的失去理智的动作。烟气中的含氧量往往低于人们生理正常所需的数值。在着火的房间内当气体中的含氧量低于 6% 时，短时间内即会造成人的窒息死亡；即使含氧量在 6%～10% 之间，人在其中即使不会短时窒息死亡，也会因去活动能力和智力下降而不能逃离火场，最终丧身火海。烟气中含有多种有毒气体，达到一定浓度时，会造成人中毒死亡。近年来，高分子合成材料在建筑、装修及家具制造中的广泛应用，火灾所生成的烟气的毒性更加严重。

燃烧产物中的烟气，包括水蒸气，温度较高，载有大量的热，烟气温度会高达数百甚至上千摄氏度，而人在这种高温湿热环境中是极易被烫伤的。试验得知，在着火的房间内，人对高温烟气的忍耐性是有限的，烟气温度越高，忍耐时间越短；在 65℃ 时，可短时忍受；120℃ 时，15min 就可产生不可恢复的损伤；140℃ 时，忍耐时间约 5min；170℃ 时，忍耐时间约 1min；在几百摄氏度的烟气高温中人是一分钟也无法忍受的。

燃烧产物也有其有利的一面。火灾时可根据烟的颜色和气味来判断什么物质在燃烧，根据烟雾的方位、规模、颜色和气味，大致断定着火的方位、火灾的规模等。物质的组成不同，燃烧时产生的烟的成分也不同，烟的颜色和气味也不同。根据这一特点，在扑救火灾的过程中，可根据烟的颜色和气味来判断什么物质在燃烧。另外完全燃烧的产物在一定程度上有阻止燃烧的作用。如果将房间所有孔洞封闭，随着燃烧的进行，产物的浓度会越来越高，空气中的氧会越来越少，燃烧强度便会随之降低，当产物的浓度达到一定程度时，燃烧就会自动熄灭。

细节8 可燃物在火灾中的蔓延

(1) 气体可燃物在火灾中的蔓延

可燃气体与空气混合后可形成预混合可燃混合气（简称预混气），一旦着火燃烧，就形成了气体可燃物中的火灾蔓延。

预混气的流动状态对燃烧过程有很大的影响。流动状态不同，产生的燃烧形态就不同，处于层流状态的火焰因可燃混合气流速不高没有扰动，火焰表面光滑，燃烧状态平稳。火焰通过热传导和分子扩散把热量和活化中心（自由基）供给邻近的尚未燃烧的可燃混合气薄层，可使火焰传播下去。这种火焰称为层流火焰。

当可燃混合气流速较高或流通截面较大、流量增大时，流体中将产生大大小小数量极多的流体涡团，做无规则的旋转和移动。在流动过程中，穿过流线前后和上下扰动。火焰表面皱褶变形，变短变粗，翻滚并发出声响。这种火焰称为湍流火焰。与层流火焰不同，湍流火焰面的热量和活性中心（自由基）不向未燃混合气输送，而是靠流体的涡团运动来激发和强化，由流体运动状态支配。同层流燃烧相比，湍流燃烧要更为激烈，火焰传播速度要大得多。

预混气的燃烧有可能发生爆轰。发生爆轰时，其火焰传播速度非常快，一般超过音速，产生压力也非常高，并对设备产生极其严重的破坏。

(2) 液体可燃物在火灾中的蔓延

液体可燃物的燃烧可分为喷雾燃烧和液面燃烧两种，火焰可在油雾中和液面上传播，使火灾蔓延。

① 油雾中火灾的蔓延。当输油管道或者储油罐破裂时，大量燃油从裂缝中喷出，形成油雾，一旦着火燃烧，火灾就会蔓延。在这种条件下形成的喷雾条件一般较差，雾化质量不高，产生的液滴直径较大。而且液滴所处的环境温度为室温，蒸发速率较小，着火燃烧后形成油雾扩散火焰。

液滴群火焰传播特性和燃料性质（如分子量和挥发性）有关，分子量越小，挥发性越好，其火焰传播速度接近于气体火焰传播速度。影响液滴群火焰传播速度的另一个重要因素是液滴的平均粒径。例如，四氢化萘液雾的火焰传播，当液滴直径小于 $10\mu m$ 时，火焰呈蓝色连续表面，传播速度与液体蒸气和空气的预混气体的燃烧速率相类似；当液滴直径在 $10\sim40\mu m$ 时，既有连续火焰面形成蓝色，还夹杂着黄色和白色的发光亮点，火焰区呈团块状，表明存在着单个液滴燃烧形成的扩散火焰；当液滴直径超过 $40\mu m$ 时，火焰已不形成连续表面，而是从一颗液滴传到另一颗液滴。火焰是否能传播以及火焰的传播速度都将受到液滴间距、液滴尺寸和液体性质的影响。当一颗液滴所放出的热量足以使邻近液滴着火燃烧时，火焰才能传播下去。

② 液面火灾的蔓延。可燃液体表面在着火之前会形成可燃蒸气与空气的混合气体。当液体温度超过闪点时，液面上的蒸气浓度在爆炸浓度范围之内，这时若有点火源，火焰就会在液面上传播。当液体的温度低于闪点时，由于液面上蒸气浓度小于爆炸浓度下限，因此，用一般的点火源是不能点燃的，也就不存在火焰的传播。但是，若在一个大液面上，某一端有强点火源使低于闪点的液体着火，由于火焰向周围液面传递热量，使周围液面的温度有所升高，蒸发速率有所加快，这样火焰就能继续传播蔓延。并且液体温度比较低，这时的火焰传播速度比较慢。当液体温度低于闪点时，火焰蔓延速度较慢，当液体温度超过闪点后，火焰蔓延速度急剧加快。

③ 含可燃液体的固面火灾蔓延。当可燃液体泄漏到地面（如土壤、沙滩）上，地面就成了含有可燃物的固体表面，一旦着火燃烧就形成了

含可燃液体的固面火灾。

a. 可燃液体闪点对火灾蔓延的影响。含可燃液体的固面火灾的蔓延与可燃液体的闪点有关，当液体初温较高，尤其超过闪点时，含可燃液体的固面火灾的蔓延速度较快。随着风速增大，含可燃液体的固面火灾的蔓延速度减小，当风速达到某一值之后，蔓延速度急剧下降，甚至灭火。

b. 地面沙粒的直径对火灾蔓延的影响。地面沙粒的直径也会影响含可燃液体的固面火灾的蔓延。并且随着粒径的增大，火灾蔓延速度不断减小。

(3) 固体可燃物在火灾中的蔓延

固体可燃物的燃烧过程比气体、液体可燃物的燃烧过程要复杂得多，影响因素也很多。

① 影响因素。固体可燃物一旦着火燃烧后，便会沿着可燃物表面蔓延。蔓延速度与环境因素和材料特性有关，其大小决定了火势发展的快慢。

a. 固体的熔点、热分解温度越低，其燃烧速率越快，火灾蔓延速度越快。

b. 外界环境中的氧浓度增大，火焰传播速度加快。

c. 风速增加有利于火焰的传播，但风速过大会吹灭火焰。空气压力增加，提高了化学反应速率，也会加速火焰传播。

d. 相同的材料，在相同的外界条件下，火焰沿材料的水平方向、倾斜方向及垂直方向的传播蔓延速度也不相同。在无风的条件下，火焰形状基本是对称的，由于火焰的上升而夹带的空气流在火焰四周也是对称的，火焰将会逆着空气流的方向向四周蔓延。火焰向材料表面未燃烧区域的传热方式主要是热辐射，但在火焰根部对流换热占主导地位。

有风时，火焰顺着风向倾斜。火焰和材料表面间的热辐射不再对称。在上风侧，火焰逆风方向传播。但是，辐射角系数较小，辐射热可忽略不计，气相热传导是主要的传热方式，因此火焰传播速度非常慢，甚至不能传播。而在下风侧，火焰和材料表面间的传热主要为热辐射和对流换热，辐射角系数较大，所以火焰传播速度较快。

② 薄片状固体可燃物火灾的蔓延。窗帘、纸张、幕布等薄片状固体一旦着火燃烧，其火灾的蔓延规律与一般固体相比有显著的特点。这是因为这种固体可燃物面积大、厚度小、热容量小，受热后升温快。并

且这种火的蔓延速度较快，对整个火灾过程的发展影响大，应当作为早期灭火的主要对象。

特别是幕布、窗帘等可燃物，平时垂直放置，由于火灾过程的热浮力作用，火灾蔓延速度更快。

细节9 火灾的蔓延

火灾发生、发展的整个过程中始终伴随着热传播过程，热传播是影响火灾发展的决定性因素。热传播除火焰直接传播外，还有三个途径：热传导、热对流、热辐射。

（1）热传导

热传导是指热量通过直接接触的物体从温度较高部位，传递到温度较低部位。

影响热传导的主要因素为温差、热导率和导热物体的厚度和截面积。一般来说，固体物质是强的导热体，液体物质次之，气体物质的导热能力较差。金属为热的良导体，非金属为不良导体。热传导与导体物质的厚度和截面积有关，截面积越大，厚度愈小，则传导的热量愈多。热传导引起的火灾很多，如电熨斗、电褥子、电焊起火等。

（2）热对流

热对流是指通过流动介质将热量由空间中的一处传到另一处的现象。它是建筑物内火灾蔓延的一种主要方式，是影响早期火灾的最主要因素。遇到火灾时，通风孔越高，热对流速度越快。

建筑火灾发展到旺盛期后，一般说来窗玻璃在轰燃之际已经破坏，又经过一段时间的猛烈燃烧，内走廊的木质门被烧穿，或者门框之上的窗玻璃被破坏，导致烟火涌入内走廊。一般着火建筑可达 1000～1100℃高温。这时，火灾分区内外的压差更大，遇到冷空气就会使之强度降低，压差减小，失去浮力，流动速度就会降下来。倘若走廊里存在可燃、易燃物品，或者走廊里有可燃吊顶等，被高温烟火点燃，火灾就会在走廊里蔓延，再由走廊向其他空间传播。除了在水平方向对流蔓延外，火灾在竖向管井也是由热对流方式蔓延的。

（3）热辐射

热辐射是一种以电磁波形式传递热量的现象。热辐射不需要通过任何介质，通过真空也能辐射。当火灾处于发展阶段时，热辐射成为热传播的主要形式。正是由于热辐射的原因，建筑防火中要进行防火分区，以防止火焰辐射引起相邻建筑着火。

在建筑物中，经常采用木材或类似木材的可燃构件、装修或家具等，因此，木材在建筑中是主要的火灾荷载。世界各国都特别注意对木材火灾的研究。工业发达国家把 $12.6kW/m^2$ 作为木材点燃的临界辐射强度，在这一辐射强度下烘烤 20min，不论在室内还是在室外，火场飞散的小火星就可引燃木材，而引起木材自燃的临界辐射强度是 $33.5kW/m^2$。

细节10　火灾烟气的产生

火灾烟气是燃烧过程的一种混合物产物，主要有：

① 可燃物热解或燃烧产生的气相产物，如未燃气体、水蒸气、CO、CO_2、多种低分子的碳氢化合物及少量的硫化物、氯化物、氰化物等；

② 由于卷吸而进入的空气；

③ 多种微小的固体颗粒和液滴。

细节11　火灾烟气的组成

火灾烟气的成分和性质取决于发生热解和燃烧的物质本身的化学组成，以及与燃烧条件有关的供氧条件、供热条件和空间、时间情况。火灾烟气中含有燃烧和热分解所生成的气体（如 CO、CO_2、HCl、H_2S、HCN、乙醛、苯、甲苯、光气、氯气、氨、丙醛等）、悬浮在空气中的液态颗粒（蒸气冷凝而成的均匀分散的焦油类粒子和高沸点物质的凝缩液滴等）和固态颗粒（燃料充分燃烧后残留下来的灰烬和炭黑固体粒子）。

火灾时各种可燃物质燃烧生成有毒气体各不相同，例如，纸张和木材燃烧主要产生 CO 和 CO_2；酚醛树脂燃烧主要产生 CO、氨和氰化物。

细节12　火灾烟气的特征

(1) 火灾烟气的浓度

烟是指在空气中浮游的固体或液体烟粒子，其粒径在 $0.01\sim10\mu m$ 之间。而火灾时产生的烟，除了烟粒子外，还包括其他气体燃烧产物以及未参加燃烧反应的气体。

火灾中的烟气浓度，一般有质量浓度、粒子浓度和光学浓度三种表示法。

① 烟的质量浓度。单位容积的烟气中所含烟粒子的质量，称为烟的质量浓度 η_s（mg/m^3），即：

$$\eta_s = \frac{m_s}{V_s} \qquad (1-1)$$

式中　m_s——烟气中含有烟粒子的质量，mg；

　　　V_s——烟气容积，m^3。

② 烟的粒子浓度。单位容积的烟气中所含烟粒子的数目，称为烟的粒子浓度 n_s（个/m^3），即：

$$n_s = \frac{N_s}{V_s} \qquad (1-2)$$

式中　N_s——容积 V_s 的烟气中含有的烟粒子数。

③ 烟的光学浓度。当可见光通过烟层时，烟粒子削减光线的强度。光线减弱的程度与烟的浓度有函数关系。光学浓度就是由光线通过烟层后的能见距离，用减光系数 C_s 来表示。

在火灾时，建筑物内充入烟和其他燃烧产物，降低火场的能见距离，从而影响人员的安全疏散，阻碍消防队员接近火点救人和灭火。

设光源与受光物体之间的距离为 L（m），无烟时受光物体处的光线强度为 I_0（cd），有烟时光线强度为 I（cd），则由朗伯-比尔定律得：

$$I = I_0 e^{-C_s L} \qquad (1-3)$$

或

$$C_s = \frac{1}{L} \ln \frac{I_0}{I} \qquad (1-4)$$

式中　C_s——烟的减光系数，m^{-1}；

　　　L——光源与受光体之间的距离，m；

　　　I_0——光源处的光强度，cd。

从式（1-4）可以看出，当 C_s 值愈大时，也就是烟的浓度愈大时，光线强度 I 就愈小，L 值愈大时，亦即距离愈远时，I 值就愈小。

我们在恒温的电炉中燃烧试块，把燃烧所产生的烟集蓄在一定容积的集烟箱里，同时测定试块在燃烧时的质量损失和集烟箱内烟的浓度，来研究各种材料在火灾时的发烟特性。测量得到的结果列入表 1-1 中。

表 1-1　建筑材料燃烧时产生烟的浓度和表观密度

材料	木材		聚氯乙烯树脂	聚苯乙烯泡沫塑料	聚氨酯泡沫塑料	发烟筒（有酒精）
燃烧温度/℃	300～210	580～620	820	500	720	720
空气比	0.41～0.49	2.43～2.65	0.64	0.17	0.97	—
减光系数/m⁻¹	10～35	20～31	＞35	30	32	3
表观密度差/%	0.7～1.1	0.9～1.5	2.7	2.1	0.4	2.5

注：表观密度差是指在同温度下，烟的表现密度 γ_s 与空气表观密度 γ_a 之差的百分比，即 $\dfrac{\gamma_s-\gamma_a}{\gamma_s}$。

（2）建筑材料的发烟量和发烟速度

各种建筑材料在不同的温度下，单位质量的建筑材料所产生的烟量是不同的，具体数值参见表 1-2。

表 1-2　各种材料产生的烟量　　　　单位：m³/g

材料名称	300℃	400℃	500℃
松	4.0	1.8	0.4
杉木	3.6	2.1	0.4
普通胶合板	4.0	1.0	0.4
难燃胶合板	3.4	2.0	0.6
硬质纤维板	1.4	2.1	0.6
锯木屑板	2.8	2.0	0.4
玻璃纤维增强塑料	—	6.2	4.1
聚氯乙烯	—	4.0	10.4
聚苯乙烯	—	12.6	10.0
聚氨酯（一种人造橡胶）	—	14.0	4.0

从表 1-2 中可以看出，木材类在温度升高时，发烟量有所减少。这是因为分解出的炭质微粒在高温下又重新燃烧，并且温度升高后减少了炭质微粒的分解，高分子有机材料产生大量的烟气。

除了发烟量外，火灾中影响生命安全的另一重要因素就是发烟速度，即单位时间、单位质量可燃物的发烟量，表 1-3 是由试验得到的各种材料的发烟速度。

表 1-3 各种材料的发烟速度   单位：$m^3/(s \cdot g)$

材料名称	加热温度/℃											
	225	230	235	260	280	290	300	350	400	450	500	550
针枞	—	—	—	—	—	—	0.72	0.80	0.71	0.38	0.17	0.17
杉	—	0.17	—	0.25	—	0.28	0.61	0.72	0.71	0.53	0.13	0.31
普通胶合板	0.03	—	—	0.09	0.25	0.26	0.93	1.08	1.10	1.07	0.31	0.24
难燃胶合板	0.01	—	0.09	0.11	0.13	0.20	0.56	0.61	0.58	0.59	0.22	0.20
硬质板	—	—	—	—	—	—	0.76	1.22	1.19	0.19	0.26	0.27
微片板	—	—	—	—	—	—	0.63	0.76	0.85	0.19	0.15	0.12
苯乙烯泡沫板 A	—	—	—	—	—	—	—	1.58	2.68	5.92	6.90	8.96
苯乙烯泡沫板 B	—	—	—	—	—	—	—	1.24	2.36	3.56	5.34	4.46
聚氨酯	—	—	—	—	—	—	—	—	5.0	11.5	15.0	16.5
玻璃纤维增强塑料	—	—	—	—	—	—	—	—	0.50	1.0	3.0	0.5
聚氯乙烯	—	—	—	—	—	—	—	—	0.10	4.5	7.50	9.70
聚苯乙烯	—	—	—	—	—	—	—	—	1.0	4.95	—	2.97

表 1-3 说明，当木材类在加热温度超过 350℃ 的时候，发烟速度一般随温度的升高而降低。而高分子有机材料则恰好相反。高分子材料的发烟速度比木材要大得多，这是因为高分子材料的发烟系数大，并且燃烧速度快。

（3）能见距离

火灾的烟气导致人们辨认目标的能力大大降低，并使事故照明和疏散标志的作用减弱。因此，人们在疏散时通常看不清周围的环境，甚至达到辨认不清疏散方向，找不到安全出口，影响人员安全的程度。当能见距离下降到 3m 以下时，逃离火场就非常困难。

研究证明，烟的减光系数 C_s 与能见距离 D 之积为常数 C，其数值因观察目标的不同而不同。

① 疏散通道上的反光标志、疏散门等，$C = 2 \sim 4$。用公式表示为：

$$D \approx \frac{2 \sim 4}{C_s} \tag{1-5}$$

能见距离 D（m）与烟的减光系数 C_s 的关系还可以从图 1-2 所示的试验结果予以说明。

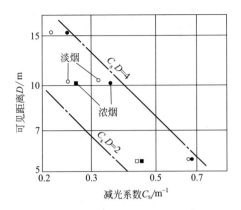

图 1-2　反射型标志的能见距离

○●反射系数为 0.7；□■反射系数为 0.3；室内平均照度为 70lx

室内反光饰面材料的能见距离见表 1-4。

表 1-4　反光饰面材料的能见距离 **D**　　单位：m

反光系数	室内饰面材料名称	烟的减光系数 C_s/m^{-1}					
		0.2	0.3	0.4	0.5	0.6	0.7
0.1	红色木地板、黑色大理石	10.40	6.93	5.20	4.16	3.47	2.97
0.2	灰砖、菱苦土地面、铸铁、钢板地面	13.87	9.24	6.93	5.55	4.62	3.96
0.3	红砖、塑料贴面板、混凝土地面、红色大理石	15.98	10.59	7.95	6.36	5.30	4.54
0.4	水泥砂浆抹面	17.33	11.55	8.67	6.93	5.78	4.95
0.5	有窗未挂帘的白墙、木板、胶合板、灰白色大理石	18.45	12.30	9.22	7.23	6.15	5.27
0.6	白色大理石	19.36	12.90	9.68	7.74	6.45	5.53
0.7	白墙、白色水磨石、白色调和漆、白水泥	20.13	13.42	10.06	8.05	6.93	5.75
0.8	浅色瓷砖、白色乳胶漆	20.80	13.86	10.40	8.32	6.93	5.94

② 对发光型标志、指示灯等，$C=5\sim10$。用公式表示为：

$$D \approx \frac{5\sim10}{C_s} \tag{1-6}$$

能见距离 D 与烟的减光系数 C_s 的关系由图 1-3 所示的试验结果予以说明。

不同功率的电光源的能见距离见表 1-5。

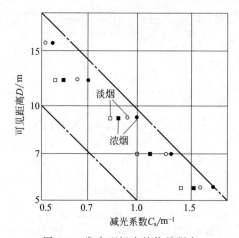

图 1-3　发光型标志的能见距离

○● 20cd/m²；□■ 500cd/m²；室内平均照度为 40lx

表 1-5　不同功率的电光源的能见距离 **D**　　　　　　单位：m

$I_0/(lm$ /m²$)$	电光源类型	功率/W	烟的减光系数 C_s/m^{-1}				
			0.5	0.7	1.0	1.3	1.5
2400	荧光灯	40	16.95	12.11	8.48	6.52	5.65
2000	白炽灯	150	16.59	11.85	8.29	6.38	5.53
1500	荧光灯	30	16.01	11.44	8.01	6.16	5.34
1250	白炽灯	100	15.65	11.18	7.82	6.02	5.22
1000	白炽灯	80	15.21	10.86	7.60	5.85	5.07
600	白炽灯	60	14.18	10.13	7.09	5.45	4.73
350	白炽灯、荧光灯	40.8	13.13	9.36	6.55	5.04	4.37
222	白炽灯	25	12.17	8.70	6.09	4.68	4.06

（4）烟的允许极限浓度

　　为了使身处火场中的人们能够看清疏散楼梯间的门和疏散标志，保障疏散安全，需要确定疏散时人们的能见距离不得小于某一最小值。这个最小的允许能见距离称为疏散极限视距，一般用 D_{min} 表示。

　　对于不同用途的建筑，其内部的人员对建筑物的熟悉程度也不同。对于不熟悉建筑物的人，其疏散极限视距应规定较大值，即 $D_{min}=$ 30m；对于熟悉建筑物的人，其疏散极限视距应规定采用较小值，即

$D_{min} = 5m$。如果要看清疏散通道上的门和反光型标志，则烟的允许极限浓度应为 C_{smax}：

对于熟悉建筑物的人，$C_{smax} = (0.2 \sim 0.4)$ m^{-1}，平均为 $0.3m^{-1}$；

对于不熟悉建筑物的人，$C_{smax} = (0.07 \sim 0.13)$ m^{-1}，平均为 $0.1m^{-1}$。

火灾房间的烟浓度根据试验取样检测，一般为 $C_s = 25 \sim 30m^{-1}$。因此，火灾房间有黑烟喷出的时候，这时室内烟浓度即为 $C_s = 25 \sim 30m^{-1}$。由此可见，为了保障疏散安全，无论是熟悉建筑物的人，还是不熟悉建筑物的人，烟在走廊里的浓度只允许达到起火房间内烟浓度的 $1/300$（0.1/30）$\sim 1/100$（0.3/30）的程度。

细节13 火灾烟气的危害

国内外大量建筑火灾表明，死亡人数中有 50% 左右是被烟气毒死的。近年来由于各种塑料制品大量用于建筑物内，以及空调设备的广泛使用和无窗房间的增多等因素，火灾烟气中毒死亡人员的比例有显著增加。烟气的危害性集中反映在下列三个方面。

（1）对人体的危害

在火灾中，人员除了直接被烧或者跳楼死亡之外，其他的死亡原因大都和烟气有关，主要包括以下几种。

① CO 中毒。CO 被吸入人体后和血液中的血红蛋白结合成为一氧化碳血红蛋白，从而阻碍血液把氧输送到人体各部分。当 CO 和血液 50% 以上的血红蛋白结合时，便能够造成脑和中枢神经严重缺氧，继而失去知觉，甚至死亡。即使 CO 的吸入量在致死量以下，也会因缺氧而发生头痛无力以及呕吐等症状，最终仍可导致不能及时逃离火场而死亡。不同含量的 CO 对人体的影响程度见表 1-6。

表 1-6　不同含量的 CO 对人体的影响程度

空气中 CO 含量/%	对人体的影响程度
0.01	数小时对人体影响不大
0.05	1.0h 内对人体影响不大
0.1	1.0h 后头痛、不舒服、呕吐
0.5	引起剧烈头晕，经过 20~30min 有死亡危险
1.0	呼吸数次失去知觉，经过 1~2min 可能死亡

② 缺氧。在着火区域的空气中充满了 CO、CO_2 及很多有毒气体，加之燃烧需要大量的氧气，这就使得空气的含氧量大大降低。发生爆炸时甚至可以降到 5% 以下，此时人体会受到强烈的影响而导致死亡，其危险性也不亚于 CO。空气中缺氧时对人体的影响程度见表 1-7。气密性较好的房间，有时少量可燃物的燃烧也会造成含氧降低较多。

表 1-7　空气中缺氧时对人体的影响程度

空气中氧的含量/%	症　　状
21	空气中含氧的正常值
20	无影响
16~12	呼吸、脉搏增加，肌肉有规律的运动受到影响
12~10	感觉错乱，呼吸紊乱，肌肉不舒畅，很快疲劳
10~6	呕吐，神志不清
6	呼吸停止，数分钟后死亡

③ 烟气中毒。木材制品燃烧产生的醛类，聚氯乙烯燃烧产生的氢氯化合物均为刺激性很强的气体，甚至是致命的。随着新型建筑材料以及塑料的广泛使用，烟气的毒性也越来越大，火灾疏散时有毒气体的允许含量见表 1-8。

表 1-8　火灾疏散时有毒气体允许含量

毒性气体种类	允许含量/%	毒性气体种类	允许含量/%
一氧化碳(CO)	0.2	光气($COCl_2$)	0.0025
二氧化碳(CO_2)	3.0	氨(NH_3)	0.3
氯化氢(HCl)	0.1	氰化氢(HCN)	0.02

④ 窒息。火灾时，人员可能因头部烧伤或者吸入高温烟气而使口腔及喉部肿胀，以致引起呼吸道阻塞窒息。此时，如未能得到及时抢救，就有被烧死或者被烟气毒死的可能。

在烟气对人体的危害中，CO 的增加和氧气的减少影响最大。起火后这些因素是相互混合共同作用于人体的，这比其单独作用更具危险性。

(2) 对疏散的危害

在着火区域的房间以及疏散通道内，充满了含有大量 CO 及各种燃烧成分的热烟，甚至远离火区的部位以及火区上部也可能烟雾弥漫，这对人员的疏散带来了极大的困难。烟气中的某些成分会对眼睛、鼻、喉产生强烈刺激，使人们视力下降且呼吸困难。浓烟会造成人们的恐惧感，使人们失去行为能力甚至出现异常行为。烟气集中在疏散通道的上部空间，经常使人们掩面弯腰地摸索行走，速度既慢且不易找到安全出口，甚至还可能走回头路。人们在烟中停留 1～2min 就可能昏倒，4～5min 即有死亡的危险。

（3）对扑救的危害

消防队员在进行灭火救援时，同样要受到烟气的威胁。烟气严重阻碍消防员的行动；弥漫的烟雾影响消防队员视线，使消防队员很难找到起火点，也难辨别火势发展的方向，灭火方案难以有效地开展。同时，烟气中某些燃烧产物还有产生新的火源和促进火势发展的危险；不完全燃烧物可能继续燃烧，有的还能与空气形成爆炸性混合物；带有高温的烟气会因气体的热对流和热辐射而引燃其他可燃物。导致火场扩大，给扑救工作带来更大的难度。

细节14　火灾烟气的防控措施

火灾烟气对人体的危害巨大，预防火灾烟气的产生和防范烟气对人们的危害十分重要，所以应当采取必要措施做好火灾烟气的防控工作。

（1）减少火灾烟气的产生

由于烟气是火灾燃烧产物，所以，要尽量控制建筑物内的可燃物数量。建筑构件要采用不燃烧体或难燃烧体材料，室内装修材料应该选用 A 级或 B 级材料，尤其是歌舞厅、影院、饭店、宾馆、商场、网吧等人员密集场所，不能将海绵、塑料、纤维等高分子化合物用于室内装修。

办公场所、居民住宅的室内装修也要尽量减少木材的使用量，窗帘、家具应满足防火要求。

（2）采取有效的防、排烟措施

建筑物发生火灾后，有效的烟气控制可以为人员疏散提供安全环境；控制和减少烟气从火灾区域向周围相邻空间的蔓延；保护人员生命财产安全；为火灾扑救人员提供安全保证；帮助火灾后及时排除烟气。

控制烟气在建筑物内的蔓延主要有两条途径：一是合理划分防烟分区；二是选择合适的防、排烟设置方式。防烟分区的划分，即用某些耐火性能好的物体或材料把烟气阻挡在某些限定区域，不让它蔓延到可能对人和物产生危害的地方。这种方法适用于建筑物与起火区没有开口、漏洞或缝隙的区域。

防、排烟系统可分为防烟系统和排烟系统。防烟系统是指采用机械加压送风方式或自然通风方式，防止烟气进入疏散通道的系统。排烟系统是指采用自然通风或机械排烟方式，使烟气沿着对人和物没有危害的渠道排到建筑外，从而消除烟气的有害影响的系统。排烟分自然排烟和机械排烟两种形式。排烟窗、排烟井是建筑物中常见的自然排烟形式，它们主要适用于烟气具有足够大的浮力、可能克服其他阻碍烟气流动的驱动力的区域。机械排烟的方式可克服自然排烟的局限，能够有效地排出烟气。在《建筑设计防火规范》（GB 50016—2014）等规范规定的地点，要设置机械排烟设施，保证火灾后将火灾烟气及时排除。

很多大规模建筑的内部结构是相当复杂的，其烟气控制通常是几种方法的有机结合。防、排烟形式的合理性不但关系到烟气控制的效果，而且具有很大的经济意义。

(3) 逃生时避免火灾烟气侵害

由于烟气的相对密度比空气小，起火后烟气向上蔓延迅速，地面烟雾浓度相对较低，毒气相对较少。所以，人们从火场逃生时应紧贴地面匍匐前行。发生火灾后人们被困在室内时，逃生时应先用手摸摸房门，如果房门发烫，说明外面火势较大，穿过大火和烟雾逃生困难，此时，应关好房门，用棉絮、床单将门缝塞严，泼水降温，以防烟雾进入，另想办法逃生。如若必须穿过烟雾逃生时可采用毛巾防烟法。将毛巾折叠起来捂住口鼻可起到很好的防烟作用，使用毛巾捂住口鼻时，一定使过滤烟的面积尽量增大，确保将口鼻捂严，在穿过烟雾区时，即使感到呼吸阻力增大，也绝不能将毛巾从口鼻上拿开，一旦拿开就可能立即导致中毒。消防队员在灭火救援过程中也应做好个人防护工作，佩戴空气呼吸器进入火灾现场开展灭火救人，防止烟气袭击。

1.2 消防工程概述

"消防"之意，从最浅显的意义讲，一是防止火灾发生；二是及时发现初起火灾，避免酿成重大火灾；三是一旦火灾形成，采取适宜的措施，将其消灭。

所谓"火灾"，就是失去控制的燃烧。而燃烧必须具备可燃物、温度、氧化剂和链式反应四个必备条件。因此，只要破坏其中任何一个条件，燃烧就会受到控制。

为了防止发生火灾，建筑物内尽量不用或少用可燃材料，或把可燃材料表面涂刷防火涂料；为了及时发现初起火灾，建筑物内需安装火灾报警装置；为了控制已发火灾范围，不使火灾扩大，建筑物内通常设置防火分区和防火分隔物，如防火墙、防火窗、防火门、防火阀等；为了消灭已发火灾，建筑物内可根据需要安装不同的灭火系统。上述这些为了防止火灾发生以及控制、消灭已发火灾而建造和安装的工程设施、设备统称为"消防工程"。

本节主要介绍消防工程涉及的各种概念，如消防设施与消防系统、消防工程相关名词释义、消防工程施工图常用图例符号和消防设备常用安装方法等。

细节15 消防设施与消防系统

(1) 防火分区和防火分隔物

防火分区即采用具有一定耐火性能的分隔构件划分的，能在一定时间内防止火灾向同一建筑物的其他部分蔓延的局部区域。一旦发生火灾，在一定时间内，防火分区可将火势控制在局部范围内，为组织人员疏散和灭火赢得时间。

防火分隔物是防火分区的边缘构件，一般有防火墙、耐火楼板、甲级防火门、防火卷帘、防火水幕带、上下楼层之间的窗间墙、封闭和防烟楼梯间等。其中，防火墙、甲级防火门、防火卷帘和防火水幕带是水平方向划分防火分区的分隔物，而耐火楼板、上下楼层之间的窗间墙、封闭和防烟楼梯间属于垂直方向划分防火分区的防火分隔物。

(2) 消防电梯

消防电梯是为了给消防员扑救高层建筑火灾创造条件，使其迅速到达高层起火部位，去扑救火灾和救援遇难人员而设置的特有的消防设施。

(3) 火灾报警系统

火灾自动报警系统是探测初期火灾并发出警报的系统。根据监控范围不同，分为三种基本形式：集中报警系统、区域报警系统、控制中心报警系统。

(4) 灭火系统

灭火系统有消火栓灭火系统、自动喷水灭火系统、泡沫灭火系统、气体灭火系统等，在各个系统中又有不同的形式。

细节16 消防工程相关名词释义

多线制：系统间信号按各回路进行传输的布线制式。

总线制：系统间信号采用无极性两根线进行传输的布线制式。

单输出：可输出单个信号。

多输出：具有两个以上不同输出信号。

××××点：指报警控制器所带报警器件或模块的数量，亦指联动控制器所带联动设备的控制状态或控制模块的数量。

×路：信号回路数。

点型感烟探测器：对警戒范围内某一点周围的烟密度升高响应的火灾探测器。

点型感温探测器：对警戒范围内某一点周围的温度升高响应的火灾探测器。

红外光束探测器：将火灾的烟雾特征物理量对光束的影响转换成输出电信号的变化并立即发出报警信号的器件。由光束发生器和接收器两个独立部分组成。

火焰探测器：将火灾的辐射光特征物理量转换成电信号并立刻发出报警信号的器件。

可燃气体探测器：对监视范围内泄漏的可燃气体达到一定浓度时发生报警信号的器件。

线型探测器：温度达到预定值时，利用两根载流导线间的热敏绝缘物熔化使两根导线接触而动作的火灾探测器。

按钮：用手动方式发出火灾报警信号并且可确认火灾的发生及启动灭火装置的器件。

控制模块（接口）：在总线制消防联动系统中，用于现场消防设备与联动控制器间传递动作信号和动作命令的器件。

报警接口：在总线制消防联动系统中，配接于探测器和报警控制器间，向报警控制器传递火警信号的器件。

报警控制器：能为火灾探测器供电、显示、接受和传递火灾报警信号的报警装置。

联动控制器：能接收由报警控制器传递的报警信号，并对自动消防等装置发出控制信号的装置。

报警联动一体机：能为火灾探测器供电、接收、显示和传递火灾报警信号，又能对自动消防等装置发出控制信号的装置。

重复显示器：在多区域多楼层报警控制系统中，用于某区域某楼层接收探测器发出的火灾报警信号，显示报警探测器位置，发出声光警报信号的控制器。

声光报警装置：亦称为火警声光讯响器或火警声光报警装置，是一种以音响方式和闪光方式发出火灾报警信号的装置。

警铃：以音响方式发出火灾报警信号的装置。

远程控制器：可接收传送控制器发出的信号，对消防执行设备实行远距离控制的装置。

功率放大器：用于消防广播系统中的广播放大器。

消防广播控制柜：在火灾报警系统中集插放音源、功率放大器、输入混合分配器等于一体，可实现对现场扬声器控制，发出火灾报警语音信号的装置。

广播分配器：消防广播系统中对现场扬声器进行分区域控制的装置。

电动防火门：在一定时间内，连同框架能满足耐火稳定性和耐火完整性要求的电动启闭的门。

防火卷帘门：在一定时间内，连同框架能满足耐火稳定性、耐火完整性以及隔热性要求的卷帘。

细节17 消防工程施工图常用图例符号

《建筑给水排水制图标准》（GB/T 50106—2010）中，对消防设施图例做了规定，详见表1-9。但目前工程实践中，习惯图例符号还在广泛应用。消防工程施工图习惯图例见表1-10。

表1-9 消防工程施工图图例

名 称	图 例	备 注
消火栓给水管	—— XH ——	—
自动喷水灭火给水管	—— ZP ——	—
雨淋灭火给水管	—— YL ——	—
水幕灭火给水管	—— SM ——	—
水炮灭火给水管	—— SP ——	—
室外消火栓		—

名　称	图　例	备　注
室内消火栓（单口）	平面　系统	白色为开启面
室内消火栓（双口）	平面　系统	—
水泵接合器		—
自动喷洒头（开式）	平面　系统	—
自动喷洒头（闭式）	平面　系统	下喷
	平面　系统	上喷
	平面　系统	上下喷
侧墙式自动喷洒头	平面　系统	—
水喷雾喷头	平面　系统	—
直立型水幕喷头	平面　系统	—
下垂型水幕喷头	平面　系统	—
干式报警阀	平面　系统	—
湿式报警阀	平面　系统	—

续表

名 称	图 例	备 注
预作用报警阀	平面　系统	—
雨淋阀	平面　系统	—
信号闸阀		—
信号蝶阀		—
消防炮	平面　系统	—
水流指示器		—
水力警铃		—
末端试水装置	平面　系统	—
手提式灭火器		—
推车式灭火器		—

注：1. 分区管道用加注角标方式表示。

2. 建筑灭火器的设计图例可按现行国家标准《建筑灭火器配置设计规范》（GB 50140—2005）的规定确定。

表 1-10　消防工程施工图习惯图例

图 例	名 称	备 注
B	火灾报警控制器	—
⟋ 或 Y	感烟探测器	《消防技术文件用消防设备图形符号》（GB/T 4327—2008）
！ 或 W	感温探测器	《消防技术文件用消防设备图形符号》（GB/T 4327—2008）
	手动报警装置	《消防技术文件用消防设备图形符号》（GB/T 4327—2008）
	电源配电箱	—

续表

图　例	名　称	备　注
	事故照明配电箱	—
	消防泵	《消防技术文件用消防设备图形符号》（GB/T 4327—2008）
	水泵接合器	《消防技术文件用消防设备图形符号》（GB/T 4327—2008）
	报警阀	《消防技术文件用消防设备图形符号》（GB/T 4327—2008）
	开式喷头	《消防技术文件用消防设备图形符号》（GB/T 4327—2008）
	闭式喷头	《消防技术文件用消防设备图形符号》（GB/T 4327—2008）
FS	水流指示器	—
PS	压力开关	—
PIS	电触点压力表	—
LS	液位开关	—
	气体探测器	《消防技术文件用消防设备图形符号》（GB/T 4327—2008）
	感光探测器	《消防技术文件用消防设备图形符号》（GB/T 4327—2008）
	火灾警铃	《消防技术文件用消防设备图形符号》（GB/T 4327—2008）
	火灾光显示器	《消防技术文件用消防设备图形符号》（GB/T 4327—2008）
	火警专用电话	《消防技术文件用消防设备图形符号》（GB/T 4327—2008）
	诱导灯	—
	泡沫液罐	《消防技术文件用消防设备图形符号》（GB/T 4327—2008）
	消火栓	《消防技术文件用消防设备图形符号》（GB/T 4327—2008）

图　例	名　称	备　注
	泡沫比例混合器	《消防技术文件用消防设备图形符号》(GB/T 4327—2008)
	泡沫产生器	《消防技术文件用消防设备图形符号》(GB/T 4327—2008)
	ABC 干粉	《消防技术文件用消防设备图形符号》(GB/T 4327—2008)
	卤代烷	《消防技术文件用消防设备图形符号》(GB/T 4327—2008)
	二氧化碳	《消防技术文件用消防设备图形符号》(GB/T 4327—2008)

细节18　消防工程设备常用安装方法

（1）整体安装法

整体安装法，即在设备基础适当位置放置多组垫铁，将设备整体地放在垫铁之上，利用垫铁将设备找平的方法。整体安装法相对于后面要介绍的无垫铁安装法，也可叫作有垫铁安装法。整体安装法的适用范围很广，小型单机设备多采用整体安装法。

（2）三点安装法

这是一种快速找平的方法，其操作方法如下。

① 在机械设备底座下选择适当的位置，放上三个小千斤顶（或三组斜垫铁）。由于设备底座只有三个点与千斤顶接触，恰好组成一个平面。调整三个点的高度，很容易达到所要求的精度。调整好后，使标高略高于设计标高 1～2mm。

② 将永久垫铁放入所要求的位置，松紧度以手锤轻轻敲入为准，并要求全部永久垫铁具有同一松紧度。

③ 将千斤顶拆除，使机座落在永久垫铁上，拧紧地脚螺栓，并检查设备的水平度和标高，以及垫铁的松紧度。合格后进行二次灌浆。

采用三点安装法找平找正时，应注意选择千斤顶的位置，使设备的重心在所选三点的范围内，以保持设备的稳定。如果不够稳定，则可增加辅助千斤顶，但这些辅助千斤顶不起主要调整作用。同时应注意使千斤顶或垫铁具有足够的面积，以保证三点处的基础不被破坏。

（3）无垫铁安装法

无垫铁安装法是一种新的设备安装方法。

　　无垫铁安装法可分为两种：一种为混凝土早期强度承压法，即当二次灌浆层混凝土凝固后，即将千斤顶卸掉，待混凝土达到一定强度后才把地脚螺栓拧紧，这种方法能够得到比较满意的水平精度；另一种为混凝土后期强度承压法，即当二次灌浆层养护完毕后，拆掉千斤顶，拧紧地脚螺栓。

　　这两种方法各有优缺点。第一种方法当拆千斤顶时，容易产生水平误差。如果出现水平误差时，因混凝土强度低，弹性模量小，可以稍微调整地脚螺栓，从而得到理想的水平精度。第二种方法正好相反，当拆除千斤顶时，不容易产生水平误差，但如果出现水平误差，则不易调整。上述方法的选择，取决于对该方法的熟练程度，一般对设备水平度要求不太严格的，以采用第二种方法为宜。

　　无垫铁安装法操作步骤及要点如下。

　　① 基础表面处理。安装前，基础表面应铲除麻面，清除浮灰、油污。

　　② 安放千斤顶，并用三点安装法找平，千斤顶的位置离地脚螺栓最少要有 200mm 的距离，使设备在拧紧地脚螺栓时的应力能由混凝土来承受。

　　③ 灌浆前将千斤顶用木盒包起来，并在木盒上做出标记，以便拆卸。二次灌浆层混凝土强度等级要比基础混凝土高一级，其坍落度要小，约为 0～3cm，水灰比尽可能小（水灰比小，混凝土收缩小），石子粒径为 10～20mm。如有条件则可采用压力灌浆法和膨胀水泥。灌浆层厚度应在 50～100mm 以内，且应厚度一致。

　　灌浆时应切实捣固，防止发生空洞，灌浆后要立即复查水平，出现变动要立即调整。

　　④ 养护。混凝土养护期间，温度需保持在5℃以上。在此期间严防碰动设备。

　　⑤ 拆除千斤顶。养护期终了，拆除千斤顶时，应先拧松地脚螺栓，取出千斤顶，不得猛力敲打。拧紧地脚螺栓后，再用水平仪复查一次设备的水平度，最后用二次灌浆层同一强度等级的混凝土灌满千斤顶的孔穴。

　　⑥ 做好各项记录。无垫铁安装法虽然有很多优点，但是在实际操作中要达到有垫铁安装那样的水平精度，是一个比较复杂的技术问题。必须了解混凝土的性质，熟练掌握操作要领并采取必要的措施，方可获得理想的水平精度。

　　(4) 坐浆安装法

　　坐浆安装法是一种敷设设备垫铁的新工艺，能够大幅度地提高劳动生产率。增加垫铁与混凝土基础的接触面积，而且新老混凝土黏结牢固，提高安装质量。

在设备安装过程中，设备的找平一般是用垫铁和研磨基础混凝土达到的。坐浆法施工是在已达到设计强度要求的混凝土基础上，于安装设备垫铁的位置上，用风镐或其他工具凿一个锅底形凹坑，然后浇灌无收缩混凝土或无收缩水泥砂浆，并在其上放置水平垫板，调好标高和水平度，养护 1～3 天后即可安装设备。其施工操作步骤如下。

① 基础处理。坐浆前，在安装设备垫铁位置上，凿一个锅底形的凹坑，清除浮灰，用水冲洗干净，并除去积水。

② 安置木模箱。将事先做好的木模箱安置在垫铁位置上，木盒尺寸要求如图 1-4 所示。

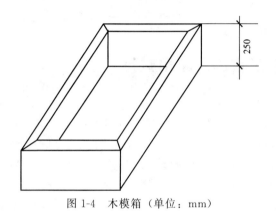

图 1-4　木模箱（单位：mm）

③ 配制水泥砂浆或混凝土。按下列推荐的配合比配制水泥砂浆或混凝土。

　　a. 水泥（52.5 级）∶砂∶石∶水＝1∶1∶1∶0.37。

　　b. 防收缩剂∶水泥∶砂∶水＝1∶1∶1∶0.4。

　　c. 水泥∶砂∶石∶水＝1∶1∶1∶适量。

水灰比一般在 0.37～0.4，经验证明 0.37 较为适当。砂、石需用水洗净。搅拌用水应洁净。砂浆或混凝土应搅拌均匀。

④ 坐浆。坐浆时，在木模里将砂浆捣实，达到表面平整，并略有出水现象为止，并将垫铁放在坐浆层上面。坐浆层厚度如图 1-5 所示。

⑤ 调整标高并找平。用水准仪和水平仪测定垫铁的标高及水平度，如不平，可调整垫铁下面的砂浆层厚度找平。

垫铁每组采用 3 块，一块平垫铁，厚约 10mm，两块斜垫块，斜度 1/15。也可采用一块 2～3mm 厚的平垫铁和两块斜度为 1/50 的斜垫铁。

⑥ 安装设备。通常在 36h 后即可进行设备安装。

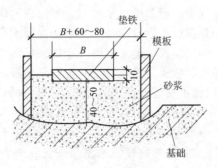

图 1-5　坐浆层尺寸（单位：mm）

B—垫铁宽度

1.3　消防工程施工常用材料

建筑材料是建筑物的基本组成部分。建筑材料可以分为结构材料、装饰材料和某些专用材料。结构材料包括木材、竹材、水泥、混凝土、石材、金属、砖瓦、陶瓷、玻璃、工程塑料、复合材料等，承受各种载荷的作用；装饰材料包括各种涂料、镀层、贴面、各色瓷砖、具有特殊效果的玻璃等；专用材料指用于防水、防潮、防火、防腐、阻燃、隔声、隔热、保温、密封等。这些建筑材料的性能直接关系到建筑物的火灾危险性大小，以及发生火灾后火势扩大蔓延的速度。

本节主要介绍消防工程施工中常用的建筑材料，如镀锌焊接钢管、无缝钢管、钢制管件、电线管、热轧等边角钢、热轧不等边角钢、热轧圆钢、方钢、六角钢及冷轧钢板和钢带等。

细节19 **镀锌焊接钢管**

镀锌焊接钢管即镀了锌的焊接钢管，焊接钢管俗称水煤气管，亦称黑铁管，现称为低压流体输送用焊接钢管。镀锌焊接钢管，又称白铁管，按壁厚可分为普通钢管和加厚钢管，按管端形式分为带螺纹管和不带螺纹管。

焊接钢管以公称直径标称。公称直径是就内径而言的标准，它近似于内径但并不一定是实际内径。由于同一规格的焊接钢管外径是相同的，而壁厚则可能不同。焊接钢管直径用字母"*DN*"作为标志符号，符号后面注明尺寸。例如 *DN*100mm，即为公称直径为 100mm 的管子。

常用的焊接钢管规格见表1-11。镀锌层的质量系数见表1-12。

表 1-11　焊接钢管规格

公称直径 /mm	外径		普通钢管			加厚钢管		
	公称尺寸 /mm	允许偏差	壁厚		理论质量 /(kg/m)	壁厚		理论质量 /(kg/m)
			公称尺寸 /mm	允许偏差 /%		公称尺寸 /mm	允许偏差 /%	
6	10.2	±0.50mm	2.00	±10	0.40	2.50	±10	0.47
8	13.5		2.50		0.68	2.80		0.74
10	17.2		2.50		0.91	2.80		0.99
15	21.3		2.80		1.28	3.50		1.54
20	26.9		2.80		1.66	3.50		2.02
25	33.7		3.20		2.41	4.00		2.93
32	42.4		3.50		3.36	4.00		3.79
40	48.3		3.50		3.87	4.50		4.86
50	60.3	±1%	3.80		5.29	4.50		6.19
65	76.1		4.00		7.11	4.50		7.95
80	88.9		4.00		8.38	5.00		10.35
100	114.3		4.00		10.88	5.00		13.48
125	139.7		4.00		13.39	5.50		18.20
150	168.3		4.50		18.18	6.00		24.02

表 1-12　镀锌层的质量系数

壁厚/mm	0.5	0.6	0.8	1.0	1.2	1.4	1.6	1.8	2.0	2.3
质量系数 c	1.255	1.112	1.159	1.127	1.106	1.091	1.080	1.071	1.064	1.055
壁厚/mm	2.6	2.9	3.2	3.6	4.0	4.5	5.0	5.4	5.6	6.3
质量系数 c	1.049	1.044	1.040	1.035	1.032	1.028	1.025	1.024	1.023	1.020
壁厚/mm	7.1	8.0	8.8	10	11	12.5	14.2	16	17.5	20
质量系数 c	1.018	1.016	1.014	1.013	1.012	1.010	1.009	1.008	1.009	1.006

细节20　无缝钢管

　　无缝钢管分为热轧（挤压、扩）和冷拔（轧）两种。常用热轧无缝钢管的规格和理论质量见表1-13。

表 1-13　热轧无缝钢管的规格和理论质量

单位：kg/m

外径/mm	壁厚/mm 2.5	3	3.5	4	4.5	5	5.5	6	6.5	7	7.5	8	8.5	9	9.5	10	11	12
32	1.82	2.15	2.46	2.76	3.05	3.33	3.59	3.85	4.09	4.32	4.53	4.73	—	—	—	—	—	—
38	2.19	2.59	2.98	3.35	3.72	4.07	4.41	4.73	5.05	5.35	5.64	5.92	—	—	—	—	—	—
42	2.44	2.89	3.32	3.75	4.16	4.56	4.95	5.33	5.69	6.04	6.38	6.71	7.02	7.32	7.60	7.89	—	—
45	2.62	3.11	3.58	4.04	4.49	4.93	5.36	5.77	6.17	6.56	6.94	7.30	7.65	7.99	8.32	8.63	—	—
50	2.93	3.48	4.01	4.54	5.05	5.55	6.04	6.51	6.97	7.42	7.86	8.29	8.70	9.10	9.49	9.86	—	—
54	—	3.77	4.36	4.93	5.49	6.04	6.58	7.10	7.61	8.11	8.60	9.07	9.54	9.99	10.43	10.85	11.67	—
57	—	3.99	4.62	5.23	5.83	6.41	6.98	7.55	8.09	8.63	9.16	9.67	10.17	10.65	11.13	11.59	12.48	13.32
60	—	4.22	4.88	5.52	6.16	6.78	7.39	7.99	8.58	9.15	9.71	10.26	10.79	11.32	11.83	12.33	13.29	14.21
63.5	—	4.48	5.18	5.87	6.55	7.21	7.87	8.51	9.14	9.75	10.36	10.95	11.53	12.10	12.65	13.19	14.24	15.24
68	—	4.81	5.57	6.31	7.05	7.77	8.48	9.17	9.86	10.53	11.19	11.84	12.47	13.09	13.71	14.30	15.46	16.57
70	—	4.96	5.74	6.51	7.27	8.01	8.75	9.47	10.18	10.88	11.56	12.23	12.89	13.54	14.17	14.80	16.01	17.16
73	—	5.18	6.00	6.81	7.60	8.38	9.16	9.91	10.66	11.39	12.11	12.82	13.52	14.20	14.88	15.54	16.82	18.05
76	—	5.40	6.26	7.10	7.93	8.75	9.56	10.36	11.14	11.91	12.67	13.42	14.15	14.87	15.58	16.28	17.63	18.94
83	—	—	6.86	7.79	8.71	9.62	10.51	11.39	12.26	13.12	13.96	14.80	15.62	16.42	17.22	18.00	19.53	21.01
89	—	—	7.38	8.38	9.38	10.36	11.33	12.23	13.22	14.15	15.07	15.98	16.87	17.76	18.63	19.48	21.16	22.79
95	—	—	7.90	8.98	10.04	11.10	12.14	13.17	14.19	15.19	16.18	17.16	18.13	19.09	20.03	20.96	22.79	24.56
102	—	—	8.50	9.67	10.82	11.96	13.09	14.20	15.31	16.40	17.48	18.54	19.60	20.64	21.67	22.69	24.69	26.63
108	—	—	—	10.26	11.49	12.70	13.90	15.09	16.27	17.43	18.59	19.73	20.86	21.97	23.08	24.17	26.31	28.41
114	—	—	—	10.85	12.15	13.44	14.72	15.98	17.23	18.47	19.70	20.91	22.11	23.30	24.48	25.65	27.94	30.19
121	—	—	—	11.54	12.93	14.30	15.67	17.02	18.35	19.68	20.99	22.29	23.58	24.86	26.12	27.37	29.84	32.26
127	—	—	—	12.13	13.59	15.04	16.48	17.90	19.31	20.71	22.10	23.48	24.84	26.19	27.53	28.85	31.47	34.03
133	—	—	—	12.72	14.26	15.78	17.29	18.79	20.28	21.75	23.21	24.66	26.10	27.52	28.93	30.33	33.10	35.81
140	—	—	—	—	15.04	16.65	18.24	19.83	21.40	22.96	24.51	26.04	27.56	29.07	30.57	32.06	34.99	37.88
146	—	—	—	—	15.70	17.39	19.06	20.72	22.36	23.99	25.62	27.22	28.82	30.41	31.98	33.54	36.62	39.66
152	—	—	—	—	16.37	18.13	19.87	21.60	23.32	25.03	26.73	28.41	30.08	31.74	33.39	35.02	38.25	41.43

细节21　电线管

（1）碳素结构钢电线钢管

碳素结构钢电线管用于电线套管。电线钢管的规格和理论质量见表 1-14。

表 1-14　电线钢管的规格和理论质量

公称尺寸 /mm	外径 /mm	外径允许 偏差/mm	壁厚 /mm	理论质量（不计管接头） /(kg/m)
13	12.70	±0.30	1.60	0.438
16	15.88	±0.30	1.60	0.581
19	19.05	±0.30	1.80	0.766
25	25.40	±0.30	1.80	1.048
32	31.75	±0.30	1.80	1.329
38	38.10	±0.30	1.80	1.611
51	50.80	±0.50	2.00	2.407
64	63.50	±0.50	2.50	3.760
76	76.20	±0.50	3.20	5.761

（2）绝缘电工套管

绝缘电工套管用于穿管。分为阻燃套管和非阻燃套管，规格见表 1-15。

表 1-15　绝缘电工套管规格

公称尺寸 /mm	外径 /mm	极限偏差 /mm	最小内径/mm 硬质套管	最小内径/mm 半硬质、波纹套管	硬质套管最小壁厚 /mm	米制螺纹	套管长度 L/m 硬质套管	套管长度 L/m 半硬质、波纹套管
16	16	−0.3	12.2	10.7	1.0	M16×1.5	$4^{+0.005}_{0}$ 也可根据运输及工程要求而定	
20	20	−0.3	15.8	14.1	1.1	M20×1.5		
25	25	−0.4	20.6	18.3	1.3	M25×1.5		25～100
32	32	−0.4	26.6	24.3	1.5	M32×1.5		
40	40	−0.4	34.4	31.2	1.9	M40×1.5		
50	50	−0.5	43.2	39.6	2.2	M50×1.5		
63	63	−0.6	57.0	52.6	2.7	M63×1.5		

（3）聚氯乙烯塑料波纹电线管

聚氯乙烯塑料波纹电线管用作建筑中电器装置连接导线的保护管。规格见表1-16和表1-17。

表1-16　聚氯乙烯塑料波纹电线管 A 系列规格

公称尺寸/mm	外径 D/mm		最小内径 d/mm	每卷长度/m
	基本尺寸	极限偏差		
9	14	±0.3	9.2	≥100
10	16	±0.3	10.7	≥100
15	20	±0.4	14.1	≥100
20	25	±0.4	18.3	≥50
25	30 32	±0.4	24.3	≥50
32	40	±0.4	31.2	≥50
40	50	±0.5	39.6	≥25
50	63	±0.6	50.6	≥15

表1-17　聚氯乙烯塑料波纹电线管 B 系列规格

公称尺寸/mm	外径 D/mm		最小内径 d/mm	每卷长度/m
	基本尺寸	极限偏差		
9	13.8	±0.10	9.3	≥100
10	15.8	±0.10	10.3	≥100
15	18.7	±0.10	13.8	≥100
20	21.2	±0.15	16.0	≥50
25	28.5	±0.15	22.7	≥50
32	34.5	±0.16	28.4	≥50
40	45.5	±0.20	35.6	≥25
50	54.5	±0.20	46.9	≥15

细节22　等边角钢

等边角钢型号、尺寸和理论质量见表1-18。

表 1-18　等边角钢型号、尺寸和理论质量

单位：kg/m

型号	边宽/mm	边厚/mm																				
		3	4	5	6	7	8	9	10	12	14	15	16	18	20	22	24	26	28	30	32	35
2	20	0.889	1.145	—	—	—	—	—	—	—	—	—	—	—	—	—	—	—	—	—	—	—
2.5	25	1.124	1.459	—	—	—	—	—	—	—	—	—	—	—	—	—	—	—	—	—	—	—
3	30	1.373	1.786	—	—	—	—	—	—	—	—	—	—	—	—	—	—	—	—	—	—	—
3.6	36	1.656	2.163	2.654	—	—	—	—	—	—	—	—	—	—	—	—	—	—	—	—	—	—
4	40	1.852	2.422	2.976	—	—	—	—	—	—	—	—	—	—	—	—	—	—	—	—	—	—
4.5	45	2.088	2.736	3.369	3.985	—	—	—	—	—	—	—	—	—	—	—	—	—	—	—	—	—
5	50	2.332	3.059	3.770	4.465	—	—	—	—	—	—	—	—	—	—	—	—	—	—	—	—	—
5.6	56	2.624	3.446	4.251	5.040	5.812	6.568	—	—	—	—	—	—	—	—	—	—	—	—	—	—	—
6	60	—	—	4.576	5.427	6.262	7.081	—	—	—	—	—	—	—	—	—	—	—	—	—	—	—
6.3	63	—	3.907	4.822	5.721	6.603	7.469	—	9.151	—	—	—	—	—	—	—	—	—	—	—	—	—
7	70	—	4.372	5.397	6.406	7.398	8.373	—	—	—	—	—	—	—	—	—	—	—	—	—	—	—
7.5	75	—		5.818	6.905	7.976	9.030	10.068	11.089	—	—	—	—	—	—	—	—	—	—	—	—	—
8	80	—	—	6.211	7.376	8.525	9.658	10.774	11.874	—	—	—	—	—	—	—	—	—	—	—	—	—

续表

型号	边宽/mm	边厚/mm																			
		3	4	5	6	7	8	9	10	12	14	15	16	18	20	22	24	26	28	30	32	35
9	90	—	—	—	8.350	9.656	10.946	12.219	13.476	15.940	—	—	—	—	—	—	—	—	—	—	—	—
10	100	—	—	—	9.366	10.830	12.276	13.708	15.120	17.898	20.611	—	23.257	—	—	—	—	—	—	—	—	—
11	110	—	—	—	—	11.928	13.535	—	16.690	19.782	22.809	—	—	—	—	—	—	—	—	—	—	—
12.5	125	—	—	—	—	—	15.504	—	19.133	22.696	26.193	—	29.625	—	—	—	—	—	—	—	—	—
14	140	—	—	—	—	—	—	—	21.488	25.522	29.490	—	33.393	—	—	—	—	—	—	—	—	—
15	150	—	—	—	—	—	18.644	—	23.058	27.406	31.688	33.804	35.905	—	—	—	—	—	—	—	—	—
16	160	—	—	—	—	—	—	—	24.729	29.391	33.987	—	38.518	—	—	—	—	—	—	—	—	—
18	180	—	—	—	—	—	—	—	—	33.159	38.383	—	43.542	48.634	—	—	—	—	—	—	—	—
20	200	—	—	—	—	—	—	—	—	—	42.894	—	48.680	54.401	60.056	—	71.168	—	—	—	—	—
22	220	—	—	—	—	—	—	—	—	—	—	—	53.901	60.250	66.533	72.751	78.902	84.987	—	—	—	—
25	250	—	—	—	—	—	—	—	—	—	—	—	—	68.956	76.180	—	90.433	97.461	104.422	111.318	118.149	128.271

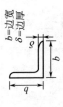

b=边宽
δ=边厚

细节23 不等边角钢

不等边角钢型号、尺寸和理论质量见表1-19。

表1-19　不等边角钢型号、尺寸和理论质量　　单位：kg/m

型号	尺寸(长边宽×短边宽)/mm	壁厚/mm											
		3	4	5	6	7	8	10	12	14	15	16	18
2.5/1.6	25×16	0.912	1.176	—	—	—	—	—	—	—		—	—
3.2/2	32×20	1.171	1.522	—	—	—	—	—	—	—		—	—
4/2.5	40×25	1.484	1.936	—	—	—	—	—	—	—		—	—
4.5/2.8	45×28	1.687	2.203	—	—	—	—	—	—	—		—	—
5/3.2	50×32	1.908	2.494	—	—	—	—	—	—	—		—	—
5.6/3.6	56×36	2.153	2.818	3.466	—	—	—	—	—	—		—	—
6.3/4	63×40	—	3.185	3.920	4.638	5.339	—	—	—	—		—	—
7/4.5	70×45	—	3.570	4.403	5.218	6.011	—	—	—	—		—	—
7.5/5	75×50	—	—	4.808	5.699	—	7.431	9.098	—	—		—	—
8/5	80×50	—	—	5.005	5.935	6.848	7.745	—	—	—		—	—
9/5.6	90×56	—	—	5.661	6.717	7.756	8.779	—	—	—		—	—
10/6.3	100×63	—	—	—	7.550	8.722	9.878	12.142	—	—		—	—
10/8	100×80	—	—	—	—	8.350	9.656	10.946	13.476	—		—	—
11/7	110×70	—	—	—	—	8.350	9.656	10.946	13.476	—		—	—
12.5/8	125×80	—	—	—	—	11.066	12.551	15.474	18.330	—		—	—
14/9	140×90	—	—	—	—	—	14.160	17.475	20.724	23.908		—	—
15/9	150×90	—	—	—	—	—	14.788	18.260	21.666	25.007	26.652	28.281	
16/10	160×100	—	—	—	—	—	—	19.872	23.592	27.247		30.835	—
18/11	180×110	—	—	—	—	—	—	22.273	26.440	30.589		34.649	
20/12.5	200×125	—	—	—	—	—	—	—	29.761	34.436		39.045	43.588

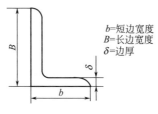

b=短边宽度
B=长边宽度
δ=边厚

细节24　热轧圆钢、方钢、六角钢

热轧圆钢、方钢、六角钢的理论质量见表1-20。

表1-20　热轧圆钢、方钢、六角钢的理论质量

d 或 a/mm	理论质量/(kg/m)		
	圆钢 d	方钢 a = 边宽	六角钢 a = 对边距离
5.5	0.186	0.237	—
6	0.222	0.283	—
6.5	0.260	0.332	—
7	0.302	0.385	—
8	0.395	0.502	0.435
9	0.499	0.636	0.551
10	0.617	0.785	0.680
11	0.746	0.950	0.823
12	0.888	1.13	0.979
13	1.04	1.33	1.05
14	1.21	1.54	1.33
15	1.39	1.77	1.53
16	1.58	2.01	1.74
17	1.78	2.27	1.96
18	2.00	2.54	2.20
19	2.23	2.83	2.45
20	2.47	3.14	2.72
21	2.72	3.46	3.00
22	2.98	3.80	3.29
23	3.26	4.15	3.60
24	3.55	4.52	3.92
25	3.85	4.91	4.25
26	4.17	5.31	4.60
27	4.49	5.72	4.96
28	4.83	6.15	5.33
29	5.18	6.60	—
30	5.55	7.06	6.12
31	5.92	7.54	—

续表

d 或 a/mm	理论质量/(kg/m)		
	圆钢 d	方钢 a=边宽	六角钢 a=对边距离
32	6.31	8.04	6.96
33	6.71	8.55	—
34	7.13	9.07	7.86
35	7.55	9.62	—
36	7.99	10.2	8.81
38	8.90	11.3	9.82
40	9.86	12.6	10.88
42	10.9	13.8	11.99
45	12.5	15.9	13.77
48	14.2	18.1	15.66
50	15.4	19.6	17.00
53	17.3	22.0	19.10
55	18.6	23.7	—
56	19.3	24.6	21.32
58	20.7	26.4	22.87
60	22.2	28.3	24.50
63	24.5	31.2	26.98
65	26.0	33.2	28.72
68	28.5	36.3	31.43
70	30.2	38.5	33.30
75	34.7	44.2	—
80	39.5	50.2	—
85	44.5	56.7	—
90	49.9	63.6	—
95	55.6	70.8	—
100	61.7	78.5	—
105	68.0	86.5	—
110	74.6	95.0	—
115	81.5	104	—
120	88.8	113	—
125	96.3	123	—
130	104	133	—

续表

d 或 a/mm	理论质量/(kg/m)		
	圆钢	方钢	六角钢
	d	a=边宽	a=对边距离
135	112	143	—
140	121	154	—
145	130	165	—
150	139	177	—
155	148	189	—
160	158	201	—
165	168	214	—
170	178	227	—
180	200	254	—
190	223	283	—
200	247	314	—
210	272	—	—
220	298	—	—
230	326	—	—
240	355	—	—
250	385	—	—
260	417	—	—
270	449	—	—
280	483	—	—
290	518	—	—
300	555	—	—
310	592	—	—

细节25 六角头螺栓

（1）六角头螺栓（C级）

常用六角头螺栓（C级）规格见表1-21。

表 1-21　常用六角头螺栓（C级）规格

螺纹规格 d/mm	螺杆长度/mm（上）／螺纹长度/mm																					
	25	30	35	40	45	50	55	60	65	70	80	90	100	110	120	130	140	150	160	180	200	220
M5	16	16	16	16	16	16	—	—	—	—	—	—	—	—	—	—	—	—	—	—	—	—
M6	—	18	18	18	18	18	18	18	—	—	—	—	—	—	—	—	—	—	—	—	—	—
M8	—	—	22	22	22	22	22	22	22	22	—	—	—	—	—	—	—	—	—	—	—	—
M10	—	—	—	—	26	26	26	26	26	26	26	26	26	—	—	—	—	—	—	—	—	—
M12	—	—	—	—	—	30	30	30	30	30	30	30	30	30	30	—	—	—	—	—	—	—
M14	—	—	—	—	—	—	—	34	34	34	34	34	34	34	34	40	40	—	—	—	—	—
M16	—	—	—	—	—	—	—	—	38	38	38	38	38	38	38	44	44	44	44	—	—	—
M18	—	—	—	—	—	—	—	—	—	—	42	42	42	42	42	48	48	48	48	48	—	—
M20	—	—	—	—	—	—	—	—	—	—	46	46	46	46	46	52	52	52	52	52	52	—
M22	—	—	—	—	—	—	—	—	—	—	—	50	50	50	50	56	56	56	56	56	56	69
M24	—	—	—	—	—	—	—	—	—	—	—	—	54	54	54	60	60	60	60	60	60	73
M27	—	—	—	—	—	—	—	—	—	—	—	—	—	60	60	66	66	66	66	66	16	79
M30	—	—	—	—	—	—	—	—	—	—	—	—	—	—	66	72	72	72	72	72	72	85
M33	—	—	—	—	—	—	—	—	—	—	—	—	—	—	—	78	78	78	78	78	78	91
M36	—	—	—	—	—	—	—	—	—	—	—	—	—	—	—	—	84	84	84	84	84	97
M39	—	—	—	—	—	—	—	—	—	—	—	—	—	—	—	—	—	90	90	90	90	103
M42	—	—	—	—	—	—	—	—	—	—	—	—	—	—	—	—	—	—	—	96	96	109
M45	—	—	—	—	—	—	—	—	—	—	—	—	—	—	—	—	—	—	—	—	102	115
M48	—	—	—	—	—	—	—	—	—	—	—	—	—	—	—	—	—	—	—	—	108	121

（注：M45 第 200mm 列为 102，第 220mm 列为 115）

（2）六角头螺栓（全螺纹、C级）

六角头螺栓（全螺纹、C级）规格见表 1-22。

表 1-22　六角头螺栓（全螺纹、C级）规格

螺纹规格 d/mm	螺杆长度/mm
M5	10,12,16,20,25,30,35,40,45,50
M6	12,16,20,25,30,35,40,45,50,55,60
M8	16,20,25,30,35,40,45,50,55,60,65,70,80
M10	20,25,30,35,40,45,50,55,60,65,70,80,90,100

续表

螺纹规格 d/mm	螺杆长度/mm
M12	25,30,35,40,45,50,55,60,65,70,80,90,100,110,120
M14	30,35,40,45,50,55,60,65,70,80,90,100,110,120,130,140
M16	30,35,40,45,50,55,60,65,70,80,90,100,110,120,130,140,150,160
M18	35,40,45,50,55,60,65,70,80,90,100,110,120,130,140,150,160,180
M20	40,45,50,55,60,65,70,75,80,90,100,110,120,130,140,150,160,180,200
M22	45,50,55,60,65,70,75,80,90,100,110,120,130,140,150,160,180,200,220
M24	50,55,60,65,70,75,80,90,100,110,120,130,140,150,160,180,200,220,240
M27	55,60,65,70,75,80,90,100,110,120,130,140,150,160,180,200,220,240,260,280
M30	60,65,70,75,80,90,100,110,120,130,140,150,160,180,200,220,240,260,280,300
M33	65,70,75,80,90,100,110,120,130,140,150,160,180,200,220,240,260,280,300,320,340,360
M36	70,75,80,90,100,110,120,130,140,150,160,180,200,220,240,260,280,300,320,340,360
M39	80,90,100,110,120,130,140,150,160,180,200,220,240,260,280,300,320,340,360,380,400
M42	80,90,100,110,120,130,140,150,160,180,200,220,240,260,280,300,320,340,360,380,400,420
M45	90,100,110,120,130,140,150,160,180,200,220,240,260,280,300,320,340,360,380,400,420,440
M48	100,110,120,130,140,150,160,180,200,220,240,260,280,300,320,340,360,380,400,420,440,460,480
M52	100,110,120,130,140,150,160,180,200,220,240,260,280,300,320,340,360,380,400,420,440,460,480,500
M56	110,120,130,140,150,160,180,200,220,240,260,280,300,320,340,360,380,400,420,440,460,480,500
M60	120,130,140,150,160,180,200,220,240,260,280,300,320,340,360,380,400,420,440,460,480,500
M64	

细节26 常用阀门

（1）闸阀

常用闸阀型号及参数见表1-23。

表 1-23　常用闸阀型号及参数

名称	型号	公称压力 PN/MPa	适用介质	适用温度/℃ ≤	公称通径 DN/mm
楔式双闸板闸阀	Z42W-1	0.1	煤气	100	300～500
伞齿轮传动楔式双闸板闸阀	Z542W-1				600～1000
电动楔式双闸板闸阀	Z942W-1				6000～1400
电动暗杆楔式双闸板闸阀	Z946T-2.5	0.25	水	—	1600,1800
电动暗杆楔式闸阀	Z945T-6	0.6			1200,1400
楔式闸阀	Z41T-10	1.0	蒸汽,水	200	50～450
楔式闸阀	Z41W-10		油品	100	50～450
平行式双闸板闸阀	Z44W-10				50～450
电动平行式双闸板闸阀	Z944W-10				100～400
暗杆楔式闸阀	Z45W-10				50～450
电动楔式闸阀	Z941T-10		蒸汽,水	200	100～450
平行式双闸板闸阀	Z44T-10				50～400
电动平行式双闸板闸阀	Z944T-10				100～400
暗杆楔式闸阀	Z45T-10		水	100	50～700
液动楔式闸阀	Z741T-10				100～600
正齿轮传动暗杆楔式闸阀	Z455T-10				800,900,1000
电动暗杆楔式闸阀	Z945T-10				100～1000
楔式闸阀	Z40H-16C	1.6	油品,蒸汽,水	350	200～400
气动楔式闸阀	Z640H-16C				200～500
电动楔式闸阀	Z940H-16C				200～400
楔式闸阀	Z40H-16Q				65～200
电动楔式闸阀	Z940H-16Q				65～200

（2）截止阀

常用截止阀型号及参数见表 1-24。

表 1-24　常用截止阀型号及参数

名称	型号	公称压力 PN/MPa	适用介质	适用温度/℃ ≤	公称通径 DN/mm
内螺纹截止阀	J11X-10	1.0	水	60	15～65

续表

名称	型号	公称压力 PN/MPa	适用介质	适用温度/℃ ≤	公称通径 DN/mm
内螺纹截止阀	J11T-16	1.6	水,蒸汽,油品	200	15～65
截止阀	J41T-16				15～150
内螺纹截止阀	J11W-16	1.6	油品	100	15～150
截止阀	J41W-16				15～65
截止阀	J41H-25K	2.5	水,蒸汽,油品	300	25～80

注：公称压力＞4.0MPa 的截止阀未列入。

（3）旋塞阀

常用旋塞阀型号及参数见表 1-25。

表 1-25　常用旋塞阀型号及参数

名称	型号	公称压力 PN/MPa	适用介质	适用温度/℃ ≤	公称通径 DN/mm
内螺纹旋塞阀	X13W-10T	1.0	水	—	15～50
内螺纹旋塞阀	X13T-10	1.0	水,蒸汽,油品	200	15～50
旋塞阀	X43W-10	1.0	水,蒸汽,油品	200	25～150
旋塞阀	X43T-10		油品,煤气	100	25～150
油封 T 型三通式旋塞阀	X48W-10	1.0	油品	100	25～100
油封旋塞阀	X47W-16	1.6	水,油品	100	25～150
旋塞阀	X43W-16I		含砂油品	580	50～125

（4）止回阀

常用止回阀型号及参数见表 1-26。

表 1-26　常用止回阀型号及参数

名称	型号	公称压力 PN/MPa	适用介质	适用温度/℃ ≤	公称通径 DN/mm
内螺纹升降式底阀	H21X-2.5	0.25	水	60	50～80
升降式底阀	H42X-2.5				50～300
旋启式底阀	H45X-2.5				1600～1800
旋启多瓣式止回阀	H45J-6	0.6			800～1600
旋启多瓣式底阀	H45X-6				1200～1400

名称	型号	公称压力 PN/MPa	适用介质	适用温度/℃ ≤	公称通径 DN/mm
旋启多瓣式底阀	H45X-10	1.0	水	50	700~1000
旋启式止回阀	H44X-10				50~600
旋启式止回阀	H44Y-10	1.0	蒸汽,水	200	50~600
旋启式止回阀	H44W-10		油类	100	50~450
内螺纹升降式止回阀	H11T-16	1.6	蒸汽,水	200	15~65
内螺纹升降式止回阀	H11W-16		油品	100	15~65

注：$PN>2.5$MPa 的止回阀未列入。

（5）减压阀

常用减压阀型号及参数见表 1-27。

表 1-27　常用减压阀型号及参数

名称及型号	公称压力 PN/MPa	适用介质	适用温度/℃ ≤	压力调节范围/MPa			阀前与阀后必须压力差/MPa	公称通径/mm
				阀前压力 P_1	阀后压力 P_2	波动范围		
活塞式减压阀 Y43H-10	1.0	空气,蒸汽	200	≤1.0	0~0.85	—	≥0.15	40,50
波纹管式减压阀 Y44T-10	1.0	蒸汽,空气,水	200	0.1~1.0	0.05~0.4	≤0.025	≤0.6 ≥0.05	20~50
供水压减阀 Y110	1.0	水	90	≤1.0	0.1~0.5	±10%	≥0.1	20,25,40
活塞式减压阀 Y43H-16	1.6	空气,水	70	<1.6	0.05~1.0	—	—	25~300
活塞式减压阀 Y43H-16	1.6	蒸汽,空气	300	0.2~1.6	0.1~0.3 0.2~0.8 0.7~1.0	≤0.05 ≤0.75 ≤0.10	≥0.15	25~200
活塞式减压阀 Y42X-25	2.5	蒸汽	350	<2.5	0.1~1.6	—	—	25~300
弹簧薄膜式减压阀 Y42X-25	2.5	空气,水	70	<2.5	0.1~1.6	—	—	25~100

名称及型号	公称压力 PN /MPa	适用介质	适用温度/℃ ≤	压力调节范围/MPa			阀前与阀后必须压力差/MPa	公称通径/mm
				阀前压力 P_1	阀后压力 P_2	波动范围		
活塞减压阀 Y43X-25	2.5	水	70	<2.5	0.1～1.6	—	—	25～100

注：$P_1>4.0$MPa 的减压阀未列入。

（6）安全阀

常见安全阀型号及参数见表1-28。

表1-28　常用安全阀型号及参数

名称	型号	公称压力 PN/MPa	密封压力范围 /MPa	适用介质	适用温度 /℃≤	公称通径 /mm
弹簧安全阀	A27W-10	1.0	0.1～1.0	蒸汽	225	15～80
弹簧安全阀	A27W-10T		0.4～1.0	空气	225	15～80
弹簧安全阀	A27H-10K		0.1～1.0	空气,蒸汽,水	200	10～100
弹簧微启式安全阀	A47H-16	1.6	0.1～1.6	空气,蒸汽,水	200	40～100
弹簧封闭微启式安全阀	A21H-16C		0.1～1.6	水,空气,油品	200	10～25
弹簧封闭微启式安全阀	A41H-16P		0.1～1.6	硝酸	200	10～25
弹簧封闭微启式安全阀	A47H-16C		0.1～1.6	空气,水,油品	300	32～80
弹簧微启式安全阀	A43H-16C	1.6	0.1～1.6	水,蒸汽	350	50～100
弹簧微启式安全阀	A48H-16	1.6	0.1～1.6	空气,水,蒸汽	350	40～80
带扳手全启式安全阀	A48H-16C	1.6	0.1～1.6	蒸汽	350	50～150
带扳手全启式安全阀	A48H-16C	1.6	0.1～1.6	空气,蒸汽	350	50～150
弹簧微启式安全阀	A47H-25	1.6	—	水,蒸汽	350	50～150

注：$PN>4.0$MPa 的减压阀未列入。

细节27 通用橡套软电缆

通用橡套软电缆型号和名称见表1-29，产品规格见表1-30。

表1-29 通用橡套软电缆型号和名称

型 号	名 称	主要用途
TQ、YQW	软型橡套软电缆	用于轻型移动电器设备和工具
YZ、YZW	中型橡套软电缆	用于各种移动电器设备和工具
YBZ、YZWB	中型橡套扁形软电缆	用于各种移动电器设备和工具
YC、YCW	重型橡套软电缆	用于各种移动电器设备,能承受较大的机械外力作用

表1-30 通用橡套软电缆规格

型 号	额定电压/V	芯 数	标称截面积/mm^2
TQ、YQW	300/300	2,3	0.3～0.5
YZ、YZW	300/500	2,3,4,5	4～6
		4(三大一小)	1.5～6
		5(三大二小,四大一小)	1.5～6
		6	0.75～6
YBZ、YZWB	300/500	2,3,4,5,6	0.75～6
YC	450/750	1	1.0～400
—	—	2	1.0～95
—	—	3,4,5	1.0～150
—	—	4(三大一小)	2.5～150
—	—	5(三大二小,四大一小)	2.5～150
YCW	450/750	2	35～95
—	—	3	120～150
—	—	4(三大一小)	2.5～150
—	—	5	35～150
—	—	5(三大二小,四大一小)	2.5～150

2

火灾自动报警系统

2.1 概述

火灾自动报警系统是人们为了早期发现和通报火灾，并且及时采取有效措施，控制和扑灭火灾，而设置在建筑物中或其他场所的一种自动消防设施。它是依据主动防火对策，以被监测的各类建筑物为警戒对象，通过自动化手段实现早期火灾探测、火灾自动报警和消防设备联动控制。它实现了对火灾的预防和控制功能，是现代消防不可缺少的安全技术设施之一。

本节主要介绍火灾自动报警系统的主要组成、基本形式、工作过程、布线及接地。

细节28 火灾自动报警系统的组成

火灾自动报警
系统的组成

火灾自动报警系统是由触发元件、火灾自动报警系统、火灾警报装置以及具有其他辅助功能的装置组成的火灾报警系统。它能够在火灾初期，将燃烧产生的烟雾、热量和光辐射等物理量，通过感温、感烟和感光等火灾探测器变成电信号，传输到火灾报警控制器，并同时显示出火灾发生的部位，记录火灾发生的时间。一般火灾自动报警系统和自动喷水灭火系统、室内消防栓系统、通风系统、防排烟系统、空调系统、防火门、防火卷帘、挡烟垂壁等相关设备联动，自动或手动发出指令、启动相应的灭火装置。图 2-1 所示为火灾自动报警系统的组成。

（1）触发元件

在火灾自动报警系统中，自动或者手动产生火灾报警信号的器件称

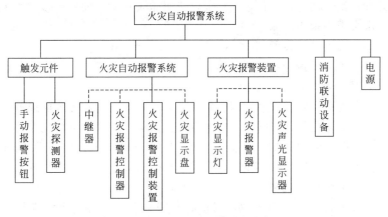

图 2-1　火灾自动报警系统组成

为触发器件，主要包括火灾探测器和手动报警按钮。火灾探测器是能对火灾参数（如烟、温、光、火焰辐射、气体浓度等）响应，并自动产生火灾报警信号的器件，按照响应火灾参数的不同，火灾探测器分成感温火灾探测器、感烟火灾探测器、感光火灾探测器、可燃气体探测器和复合火灾探测器五种基本类型。不同类型的火灾探测器适用于不同类型的火灾和不同的场所。手动火灾报警按钮是手动方式产生火灾报警信号、启动火灾自动报警系统的器件，也是火灾自动报警系统中不可缺少的组成部分之一。

（2）火灾自动报警装置

火灾报警装置是指在火灾自动报警系统中，用以接收、显示和传递火灾报警信号，并能发出控制信号和具有其他辅助功能的控制指示设备。火灾报警控制器担负着为火灾探测器提供稳定的工作电源；监视探测器及系统自身的工作状态；接受、转换、处理火灾探测器输出的报警信号；进行声光报警；指示报警的具体部位及时间；同时执行相应辅助控制等任务。是火灾报警系统中的核心组成部分。

在火灾报警装置中，还有一些如中继器、区域显示器、火灾显示盘等功能不完整的报警装置，可视它们为火灾报警控制器的演变或补充。在特定条件下应用，和火灾报警控制器同属火灾报警装置。

火灾报警控制器的基本功能主要有：主电、备电自动转换功能，备用电源充电功能，电源故障监测功能，电源工作状态指示功能，为探测器回路供电功能，探测器或系统故障声光报警，火灾声、光报警功能，火灾报警记忆功能，时钟单元功能，火灾报警优先功能，声报警音响消音及再次声响报警功能。

（3）火灾警报装置

在火灾自动报警系统中，用以发出区别于环境声、光的火灾警报信号的装置称为火灾警报装置。火灾警报器是一种最基本的火灾警报装置，一般与火灾报警控制器组合在一起，以声、光音响方式向报警区域发出火灾警报信号，以警示人们采取安全疏散、灭火救灾措施。警铃是一种火灾警报装置，用于将火灾报警信号进行声音中继的一种电气设备，大部分警铃安装在建筑物的公共空间部分，如走廊、大厅等。

（4）消防控制设备

在火灾自动报警系统中，当接收到来自触发器件的火灾报警信号后，能自动或手动启动相关消防设备并显示其状态的设备，称为消防控制设备。主要包括火灾报警控制器，自动灭火系统的控制装置，室内消火栓系统的控制装置，防烟排烟系统及空调通风系统的控制装置，常开防火门、防火卷帘的控制装置，电梯回降控制装置，火灾应急广播，消防通信设备，火灾警报装置，火灾应急照明与疏散指示标志的控制装置十类控制装置中的部分或全部。消防控制设备一般设置在消防控制中心，以便于实行集中统一控制，也有的消防控制设备设置在被控消防设备所在现场（如消防电梯控制按钮），但其动作信号则必须返回消防控制室，实行集中与分散相结合的控制方式。

（5）电源

火灾自动报警系统属于消防用电设备，其主电源应当采用消防电源，备用电源采用蓄电池。系统电源除为火灾报警控制器供电外，还为与系统相关的消防控制设备等供电。

细节29 火灾自动报警系统的基本形式

（1）火灾自动报警系统形式的选择

① 仅需要报警，不需要联动自动消防设备的保护对象宜采用区域报警系统。

② 不仅需要报警，同时需要联动自动消防设备，且只设置一台具有集中控制功能的火灾报警控制器和消防联动控制器的保护对象，应采用集中报警系统，并应设置一个消防控制室。

③ 设置两个及以上消防控制室的保护对象，或已设置两个及以上

集中报警系统的保护对象，应采用控制中心报警系统。

(2) 区域报警系统 (地方性的警报系统)

由区域火灾报警控制器与火灾探测器等组成，或者是由火灾报警控制器和火灾探测器等组成，为功能简单的火灾自动报警系统。图 2-2 所示为其构成。

区域报警系统的设计，应符合下列规定。

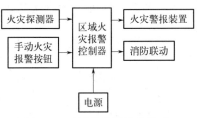

图 2-2　区域报警系统的构成

① 系统应由火灾探测器、手动火灾报警按钮、火灾声光警报器及火灾报警控制器等组成，系统中可包括消防控制室图形显示装置和指示楼层的区域显示器。

② 火灾报警控制器应设置在有人值班的场所。

③ 系统设置消防控制室图形显示装置时，该装置应具有传输表 2-1 规定的有关信息的功能；系统未设置消防控制室图形显示装置时，应设置火警传输设备。

表 2-1　**火灾报警、建筑消防设施运行状态信息**

设施名称		内容
火灾探测报警系统		火灾报警信息、可燃气体探测报警信息、电气火灾监控报警信息、屏蔽信息、故障信息
消防联动控制系统	消防联动控制器	动作状态、屏蔽信息、故障信息
	消火栓系统	消防水泵电源的工作状态,消防水泵的启、停状态和故障状态,消防水箱(池)水位、管网压力报警信息及消火栓按钮的报警信息
	自动喷水灭火系统、水喷雾(细水雾)灭火系统(泵供水方式)	喷淋泵电源工作状态,喷淋泵的启、停状态和故障状态,水流指示器、信号阀、报警阀、压力开关的正常工作状态和动作状态
	气体灭火系统、细水雾灭火系统(压力容器供水方式)	系统的手动、自动工作状态及故障状态,阀驱动装置的正常工作状态和动作状态,防护区中的防火门(窗)、防火阀、通风空调等设备的正常工作状态和动作状态,系统的启、停信息,紧急停止信号和管网压力信号
	泡沫灭火系统	消防水泵、泡沫液泵电源的工作状态,系统的手动、自动工作状态及故障状态,消防水泵、泡沫液泵的正常工作状态和动作状态

设施名称		内容
消防联动控制系统	干粉灭火系统	系统的手动、自动工作状态及故障状态,阀驱动装置的正常工作状态和动作状态,系统的启、停信息,紧急停止信号和管网压力信号
	防烟排烟系统	系统的手动、自动工作状态,防烟排烟风机电源的工作状态,风机、电动防火阀、电动排烟防火阀、常闭送风口、排烟阀(口)、电动排烟窗、电动挡烟垂壁的正常工作状态和动作状态
	防火门及卷帘系统	防火卷帘控制器、防火门监控器的工作状态和故障状态,卷帘门的工作状态,具有反馈信号的各类防火门、疏散门的工作状态和故障状态等动态信息
	消防电梯	消防电梯的停用和故障状态
	消防应急广播	消防应急广播的启动、停止和故障状态
	消防应急照明和疏散指示系统	消防应急照明和疏散指示系统的故障状态和应急工作状态信息
	消防电源	系统内各消防用电设备的供电电源、备用电源工作状态和欠压报警信息

(3) 集中报警系统（遥远的警报系统）

集中报警系统（遥远的警报系统）由集中火灾报警控制器、区域火灾报警控制器与火灾探测器等组成或是由火灾报警控制器、区域显示器与火灾探测器等所组成的功能比较复杂的火灾自动报警系统。图 2-3 所示为其构成。

集中报警系统的设计,应符合下列规定。

① 系统应由火灾探测器、手动火灾报警按钮、火灾声光警报器、消防应急广播、消防专用电话、消防控制室图形显示装置、火灾报警控制器、消防联动控制器等组成。

② 系统中的火灾报警控制器、消防联动控制器和消防控制室图形显示装置、消防应急广播的控制装置、消防专用电话总机等起集中控制作用的消防设备,应设置在消防控制室内。

③ 系统设置的消防控制室图形显示装置应具有传输表 2-1 规定的有关信息的功能。

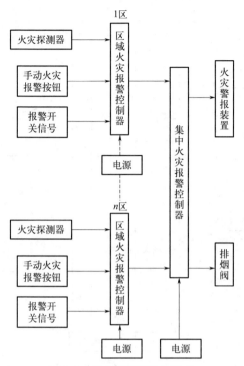

图 2-3　集中报警系统的构成

（4）控制中心报警系统（控制中心警报系统）

控制中心报警系统（控制中心警报系统）由消防控制室的消防设备、集中火灾报警控制器、区域火灾报警控制器以及火灾探测器等组成，或是由消防控制室的消防控制设备、火灾报警控制器、区域显示器以及火灾探测器而组成的功能复杂的火灾自动报警系统。图 2-4 所示为其构成。

控制中心报警系统的设计，应符合下列规定。

① 有两个及以上消防控制室时，应确定一个主消防控制室。

② 主消防控制室应能显示所有火灾报警信号和联动控制状态信号，并应能控制重要的消防设备；各分消防控制室内消防设备之间可互相传输、显示状态信息，但不应互相控制。

③ 系统设置的消防控制室图形显示装置应具有传输表 2-1 规定的有关信息的功能。

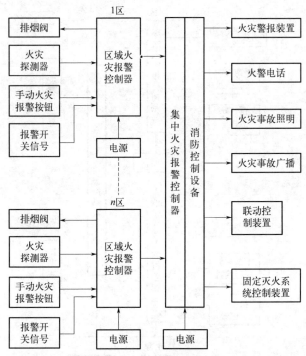

图 2-4　控制中心报警系统的构成

细节30　火灾自动报警系统的工作过程

火灾自动报警系统
的工作过程

　　设置火灾自动报警系统是为了防止和减少火灾带来的损失和危害，保护生命和财产安全。火灾自动报警系统工作原理如图 2-5 所示。安装在保护区的火灾探测器实时监测被警戒的现场或对象。当监测场所发生火灾时，火灾探测器将检测到火灾产生的烟雾、高温、火焰及火灾特有的气体等信号并转换成电信号，通过总线传送至报警控制器。如果现场人员发现火情后，也应立即直接按动手动报警按钮，发出火警信号。火灾报警控制器接收到火警信号，经确认后，通过火灾报警控制器上的声光报警显示装置显示出来，通知值班人员发生了火灾。与此同时，火灾自动报警系统通过火灾报警控制器自启动报警装置，通过消防广播或消防电话通知现场人员投入灭火操作或从火灾现场疏散；相应地自启动防、排烟设备、防火门、防火卷帘、消防电梯、火灾应急照明、切断非消防电源等减灾装置，防止火灾蔓延、控制火势及求助消防部门支援等；启动消火栓、水喷淋、水幕及气体灭火系统及装置，及时扑救火灾，减少火灾损失。一旦火灾被扑灭，整个火灾自动报警系统又回到正常监控状态。

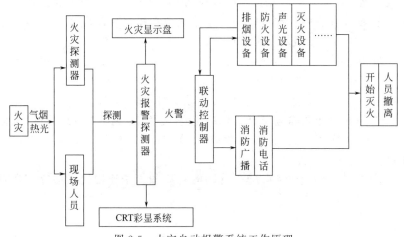

图 2-5　火灾自动报警系统工作原理

细节31 火灾自动报警系统的布线

① 各类管路明敷时，应采用单独的卡具吊装或支撑物固定，吊杆直径不应小于 6mm。

② 各类管路暗敷时，应敷设在不燃结构内，且保护层厚度不应小于 30mm。

③ 管路经过建筑物的沉降缝、伸缩缝、抗震缝等变形缝处，应采取补偿措施，线缆跨越变形缝的两侧应固定，并应留有适当余量。

④ 槽盒敷设时，应在下列部位设置吊点或支点，吊杆直径不应小于 6mm。

a. 槽盒始端、终端及接头处。

b. 槽盒转角或分支处。

c. 直线段不大于 3m 处。

⑤ 槽盒接口应平直、严密，槽盖应齐全、平整、无翘角。并列安装时，槽盖应便于开启。

⑥ 导线的种类、电压等级应符合设计文件和现行国家标准《火灾

自动报警系统设计规范》（GB 50116—2013）的规定。

⑦ 在管内或槽盒内的布线，应在建筑抹灰及地面工程结束后进行，管内或槽盒内不应有积水及杂物。

⑧ 系统应单独布线，除设计要求以外，系统不同回路、不同电压等级和交流与直流的线路，不应布在同一管内或槽盒的同一槽孔内。

⑨ 线缆在管内或槽盒内不应有接头或扭结。导线应在接线盒内采用焊接、压接、接线端子可靠连接。

⑩ 从接线盒、槽盒等处引到探测器底座、控制设备、扬声器的线路，当采用可弯曲金属电气导管保护时，其长度不应大于 2m。可弯曲金属电气导管应入盒，盒外侧应套锁母，内侧应装护口。

⑪ 系统的布线除应符合本标准上述规定外，还应符合现行国家标准《建筑电气工程施工质量验收规范》（GB 50303—2015）的相关规定。

⑫ 敷设在多尘或潮湿场所管路的管口和管子连接处，都应做密封处理。

⑬ 管路超过下列长度时，应在便于接线处装设接线盒。

a. 管子长度每超过 30m，无弯曲时。

b. 管子长度每超过 20m，有 1 个弯曲时。

c. 管子长度每超过 10m，有 2 个弯曲时。

d. 管子长度每超过 8m，有 3 个弯曲时。

⑭ 金属管子入盒，盒外侧应套锁母，内侧应装护口；在吊顶内敷设时，盒的内、外侧都应套锁母。塑料管入盒应采取相应固定措施。

⑮ 火灾自动报警系统导线敷设后，应用 500V 兆欧表测量每个回路导线对地的绝缘电阻，且绝缘电阻值不应小于 20MΩ。

⑯ 同一工程中的导线，应根据不同用途选择不同颜色加以区分，相同用途的导线颜色应一致。电源线正极应为红色，负极应为蓝色或黑色。

细节32 火灾自动报警系统的接地

火灾自动报警系统属于电子设备，接地良好与否对系统工作的影响很大。尤其是对大多数采用微机控制的火灾自动报警系统，如不能正确合理地解决好接地问题，将导致系统不能正常可靠地工作。这里所说的接地是指工作接地，即为保证系统中"零"电位点稳定可靠而采取的接地。

火灾自动报警系统接地要求如下。

① 火灾自动报警系统接地装置的接地电阻值应符合下列要求。

a. 采用专用接地装置时，接地电阻值不应大于 4Ω。

b. 采用共用接地装置时，接地电阻值不应大于 1Ω。

② 消防控制室内的电气和电子设备的金属外壳、机柜、机架和金属管、槽等。应采用等电位连接。

③ 由消防控制室接地板引至各消防电子设备的专用接地线应选用铜芯绝缘导线，其线芯截面面积不应小于 $4mm^2$。

④ 消防控制室接地板与建筑接地体之间，应采用线芯截面面积不小于 $25mm^2$ 的铜芯绝缘导线连接。

⑤ 接地装置施工完毕后，应当按规定测量接地电阻，并做记录。

2.2 火灾探测器

火灾探测器种类很多，常见的有感烟、感温、感光、气体和复合式几大类。

(1) 感烟火灾探测器

根据其结构形状分为线型和点型。线型火灾探测器根据作用原理不同分为激光型和红外光线束型。点型火灾探测器根据作用原理不同分为离子感烟型、半导体感烟型、电容式感烟型、光电感烟型。光电感烟型又分为散光型和减烟型。

(2) 感温火灾探测器

根据其结构形状分为线型和点型。线型火灾探测器根据作用原理不同分为定温型和差温型（空气管型）。定温型中分缆式型和多点型；点型感温火灾探测器分为定温型、差温型和定差温型。定温型又分为水银接点型、易爆合金型、玻璃球型、半导体型、双金属型、热电偶型、热敏电阻型。差温型分为水银接点型、易爆合金型、玻璃球型、热电偶型、半导体型、双金属型、热敏电阻型、膜金型；定差温型分为双金属型、热敏电阻型、膜金型。

(3) 感光火灾探测器

感光火灾探测器分为紫外火焰型、红外火焰型。

(4) 气体火灾探测器

气体火灾探测器分为铂丝型、半导体型、铂钯型，半导体型又分为金属氧化物型、钙钛晶体型、尖晶石型。

（5）复合式火灾探测器

复合式火灾探测器分为复合式感烟感温型、红外光束线型感烟感温型、复合式感光感温型、紫外线感光感烟型。

（6）其他火灾探测器

除上述探测器外，还有静电感应型、漏电流感应型、微差压型、超声波型。

本节主要介绍火灾探测器的施工过程中常涉及的工艺，如火灾探测器的选择、火灾探测器的接线、火灾探测器的设置部位、火灾探测器的安装、火灾探测器的调试及火灾探测器的验收等。

细节33 火灾探测器的选择

（1）根据火灾的特点选择探测器

① 对火灾初期有阴燃阶段，产生大量的烟和少量热，很小或没有火焰辐射，应选用感烟探测器。

感烟探测器作为前期、早期报警是极其有效的。凡是要求火灾损失小的重要地点，对火灾初期有阴燃阶段，即产生大量的烟和少量的热，很少或没有火焰辐射的火灾，如棉、麻织物的引燃等，都适于选用。

不适于选用的场所有：正常情况下有烟的场所，经常有粉尘及水蒸气等固体、液体微粒出现的场所，发火迅速、产生烟极少及爆炸性场合。

离子感烟与光电感烟探测器的适用场合基本相同，但应注意它们各有不同的特点。离子感烟探测器对人眼看不到的微小颗粒同样敏感，比如人能嗅到的油漆味、烤焦味等都能引起探测器动作，甚至一些分子量大的气体分子，也会使探测器发生动作，在风速过大的场合将引起探测器不稳定，且其敏感元件的寿命较光电感烟探测器的寿命短。

② 火灾发展迅速，产生大量的热、烟和火焰辐射，可选用感烟探测器、感温控测器、火焰探测器或其组合。

感温型探测器作为火灾形成早期（早期、中期）报警非常有效。因为其工作稳定，不受非火灾性烟雾汽尘等干扰。凡无法应用感烟探测器、允许产生一定的物质损失及非爆炸性的场合都可采用感温型探测器。特别适用于经常存在大量粉尘、烟雾、水蒸气的场所及相对湿度经常高于 95％的房间，但不应用于有可能产生阴燃火的场所。

定温型允许温度的较大变化，比较稳定，但火灾造成的损失较大。在 0℃ 以下的场所不宜选用。

差温型适用于火灾早期报警，火灾造成损失较小，但火灾温度升高过慢则无反应而漏报。差定温型具有差温型的优点而又比差温型更可靠，所以最好选用差定温探测器。

各种探测器都可配合使用，例如感烟与感温探测器的组合，宜用于大中型机房、洁净厂房以及防火卷帘设施的部位等处。对于蔓延迅速、有大量的烟和热产生、有火焰辐射的火灾，如油品燃烧等，宜选用三种探测器的配合。

③ 对火灾发展迅速，有强烈的火焰辐射和少量烟、热的场所，应选择火焰探测器。

④ 对火灾初期有阴燃阶段，且需要早期探测的场所，宜增设一氧化碳火灾探测器。

⑤ 对使用、生产可燃气体或可燃蒸气的场所，应选择可燃气体探测器。

⑥ 应根据保护场所可能发生火灾的部位和燃烧材料的分析，以及火灾探测器的类型、灵敏度和响应时间等选择相应的火灾探测器，对火灾形成特征不可预料的场所，可根据模拟试验的结果选择火灾探测器。

⑦ 同一探测区域内设置多个火灾探测器时，可选择具有复合判断火灾功能的火灾探测器和火灾报警控制器。

（2）根据房间高度选择探测器

房间高度，是指装设火灾探测器的安装面（顶棚或屋顶）最高点至室内地面的垂直距离。在不同高度的房间内设置火灾探测器时，应首先按表 2-2 的规定初选探测器的类型，再根据被保护对象发生火灾时的燃烧特征和可能出现的主要火灾参数（烟、温度、光）以及被保护场所的环境条件，最后确定探测器的具体型号。如被保护对象是棉、麻、木材、纸张等，在初起阴燃阶段产生大量烟雾，应考虑选用离子感烟探测器或光电感烟探测器；而锅炉房、开水间、厨房、消毒室、烘干室等场所，应选用感温探测器。因为厨房、锅炉房等场所的温度在正常情况下变化也较大，故不宜选用差温式和差定温式探测器，应选用定温探测器。火灾探测器的灵敏度等级的选择，应以正常情况下不出现误报为准进行选择。

表 2-2　根据房间高度选择探测器

房间高度/m	点型感烟火灾探测器	点型感温火灾探测器			火焰探测器
		A1、A2	B	C、D、E、F、G	
12<h≤20	不适合	不适合	不适合	不适合	适合
8<h≤12	适合	不适合	不适合	不适合	适合
6<h≤8	适合	适合	不适合	不适合	适合
4<h≤6	适合	适合	适合	不适合	适合
h≤4	适合	适合	适合	适合	适合

注：表中 A1、A2、B、C、D、E、F、G 为点型感温探测器的不同类型。

（3）根据探测器灵敏度选择探测器

火灾探测器灵敏度是指探测器对火灾某参数（烟、温度、光）所能显示出的敏感程度，一般分为Ⅰ、Ⅱ、Ⅲ级，Ⅰ级探测器灵敏度最高。

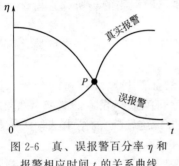

图 2-6　真、误报警百分率 η 和报警相应时间 t 的关系曲线

火灾自动报警系统的响应时间与探测器的响应时间及灵敏度有关，探测器的灵敏度愈高，响应愈快，报警时间愈早，但受干扰而误报的可能性也就愈大。报警时间（t）与报警的真实性、误警之间有一定的关系，其关系曲线如图 2-6 所示。一般火灾自动报警系统的最佳报警时间都选在图中的 P 点，也称为折中点。所以在选择探测器的灵敏度级别时，要根据使用场所的实际情况而定。例如，图书馆、计算机房等禁烟场所要选择较高灵敏度级别的探测器，而旅馆的客房则选用一般灵敏度级别的探测器；会议室、车站候车室等公共场所适宜选择较低灵敏度级别的探测器。

细节34　火灾探测器的接线

（1）火灾探测器的外形结构

火灾探测器的外形结构总体形状大致相同，随着制造厂家不同而略有差异。一般随使用场所不同，在安装方式上主要考虑露出型和埋入型两类。为方便用户辨认探测器是否动作，在外形结构上还可分为带有（动作）确认灯型与不带确认灯型两种。各种火灾探测器的外形结构如图 2-7 所示。

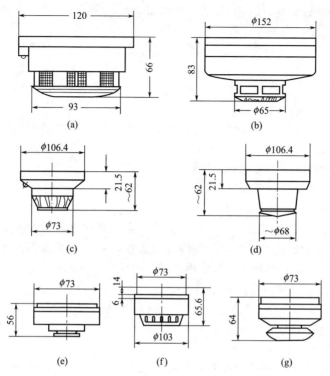

图 2-7 各种火灾探测器的外形结构示意（单位：mm）

(a) JTY-GD-2700/001 光电感烟探测器；(b) H8050 型定温探测器；
(c) JTW-DZ-262/062 定温探测器；(d) F732 离子感烟探测器；
(e) JTY-LZ-1101 离子感烟探测器；(f) JTW-SD-130 双金属
片定温探测器；(g) JTW-MC-1302 金属膜盒差温探测器

（2）火灾探测器的线制

火灾探测器的线制对火灾探测报警及消防联动控制系统报警形式和特性有较大影响。线制就是火灾探测器的接线方式（出线方式）。火灾探测器的接线端子一般为 3～5 个，但并不是每个端子一定要有进出线相连接。在消防工程中，对于火灾探测器通常采用三种接线方式，即两线制、三线制、四线制。

① 两线制。两线制一般由火灾探测器对外的信号线端和地线端组成。在实际使用中，两线制火灾探测器的 DC24V 电源端、检查线端和信号线端合一作为"信号线"形式输出，目前在火灾探测报警及消防联动控制系统产品中使用广泛。两线制接法可以完成火灾报警、断路检

查、电源供电等功能，其布线少，功能全，工程安装方便。但使火灾报警装置电路更为复杂，不具有互换性。

② 三线制。三线制在火灾探测报警及消防联动控制系统中应用比较广泛。工程实际中常用的三线制出线方式是：DC24V＋电源线、地线和信号线（检查线与信号线合一输出），或 DC24V＋电源线、检查线和信号线（地线与信号线合一输出）。

③ 四线制。四线制在火灾探测报警及消防联动控制系统中应用也较普遍。四线制的通常出线形式是：DC24V＋电源线、电源负极、信号线、检查线（一般是检入线）。

（3）火灾探测器的接线及要求

探测器的接线要求如下。

① 探测器的接线应按设计和生产厂家的要求进行，通常要求正极"＋"线应为红色，负极"－"线应为蓝色，其余线根据不同用途采用其他颜色区分，但同一工程中用途相同的导线其颜色应一致。

② 探测器的底座应固定可靠，在吊顶上安装时应先把盒子固定在主龙骨上或在顶棚上生根作支架，其连接导线必须可靠压接或焊接，当采用焊接时不得使用带腐蚀性的助焊剂，外接导线应有 0.15m 的余量，入端处应有明显标志。

③ 探测器底座的穿线孔宜封堵，安装时应采取保护措施（如装上防护罩）。

④ 一些火灾探测场所采用统一的地址编码，即由一只地址编码模块和若干个非地址编码探测器组合而成，其接线如图 2-8 所示。

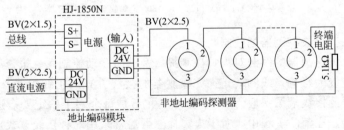

图 2-8　探测器地址编码模块接线示意

⑤ 定温缆式探测器的接线如图 2-9 所示。

（4）火灾探测器的运用方式

在消防工程中，对于保护区域内火灾信息的监测，有时是单独用一个火灾探测器进行监测，有时是用两个或若干个火灾探测器同时监测。

图 2-9　定温缆式探测器的接线示意

为了提高火灾探测报警及消防联动控制系统的工作可靠性和联动有效性，目前多采用若干个火灾探测器同时监测的并联运用方式。

①单独运用方式。火灾探测器的单独运用方式是指：每个火灾探测器构成一个探测回路，即每个火灾探测器的信号线单独送入（输入）火灾报警装置（或控制器），而独立成为一个探测回路（亦称探测支路）。单独运用方式的最大优点是接线、布线简单，在传统的多线制系统中应用较多，形成火灾探测报区不报点，但其监测的准确可靠性差一些，易于造成误报警和灭火控制系统的误动作。

②并联运用方式。火灾探测器的并联运用方式是指若干个火灾探测器的信号线根据一定关系并联在一起，然后以一个部位或区域的信号送入火灾报警装置（或控制器）。即若干个火灾探测器连接起来后仅构成一个探测回路，并配合各个火灾探测器的地址编码实现保护区域内多个探测部位火灾信息的监测与传送。这里强调的若干个火灾探测器的信号线"按一定关系并联"，大体可以分为两种形式。

a. 若干个火灾探测器的信号线以某种逻辑关系组合后，作为一个地址或部位的信号线送入火灾报警装置，如建筑中大面积房间的火灾探测。

b. 若干个火灾探测器的信号线简单地直接并联联结在一起，而后送入火灾报警装置，如地址编码火灾探测器的应用。火灾探测器并联运用的优点，是克服了因火灾探测器自身质量（损坏等）造成的大面积空间不报警现象，从而提高了探测区域火灾信号的可靠性。

细节35　火灾探测器的设置部位

火灾探测器可设置在下列部位。

①财贸金融楼的办公室、营业厅和票证库。

②电信楼、邮政楼的机房和办公室。

③商业楼、商住楼的营业厅，展览楼的展览厅和办公室。

④ 旅馆的客房和公共活动用房。

⑤ 电力调度楼、防灾指挥调度楼等的微波机房、控制机房、计算机房、动力机房和办公室。

⑥ 广播电视楼的演播室、播音室、录音室、办公室、节目播出技术用房和道具布景房。

⑦ 图书馆的书库、阅览室和办公室。

⑧ 档案楼的档案库、阅览室和办公室。

⑨ 办公楼的办公室、会议室和档案室。

⑩ 医院病房楼的病房、办公室、医疗设备室、病历档案室、药品库。

⑪ 科研楼的办公室、资料室、贵重设备室、可燃物较多的和火灾危险性较大的实验室。

⑫ 教学楼的电化教室、理化演示和实验室、贵重设备和仪器室。

⑬ 公寓（宿舍、住宅）的卧室、书房、起居室（前厅）、厨房。

⑭ 甲、乙类生产厂房及其控制室。

⑮ 甲、乙、丙类物品库房。

⑯ 设在地下室的丙、丁类生产车间和物品库房。

⑰ 堆场、堆垛、油罐等。

⑱ 地下铁道的地铁站厅、行人通道和设备间、列车车厢。

⑲ 体育馆、影剧院、会堂、礼堂的舞台、道具室、放映室、化妆室、观众厅和休息厅及其附设的一切娱乐场所。

⑳ 陈列室、展览室、营业厅、商业餐厅等公共活动用房。

㉑ 消防电梯、防烟楼梯的前室及合用前室、走道、门厅、楼梯间。

㉒ 可燃物品库房、空调机房、配电室（间）、变压器室、自备发电机房和电梯机房。

㉓ 净高超过 2.6m 且可燃物较多的技术夹层。

㉔ 敷设具有可延燃绝缘层和外护层电缆的电缆竖井、电缆夹层、电缆隧道和电缆配线桥架。

㉕ 贵重设备间和火灾危险性较大的房间。

㉖ 电子计算机的主机房、纸库、控制室、光或磁记录材料库。

㉗ 经常有人停留或可燃物较多的地下室。

㉘ 歌舞娱乐场所中经常有人滞留的房间和可燃物较多的房间。

㉙ 高层停车房、机械立体汽车库、Ⅰ类汽车库、Ⅰ、Ⅱ类地下汽车库、复式汽车库和采用升降梯作汽车疏散出口的汽车库（敞开车库可

不设）。

㉚ 污水道前室、垃圾道前室、净高超过 0.8m 的具有可燃物的闷顶、商业用或公共厨房。

㉛ 以可燃气为燃料的商业和企、事业单位的公共厨房及燃气表房。

㉜ 其他经常有人停留的场所、可燃物较多的场所或燃烧后产生重大污染的场所。

㉝ 需要设置火灾探测器的其他场所。

细节36 火灾探测器的安装

火灾报警探测器安装如图 2-10～图 2-14 所示。

① 点型感烟、感温火灾探测器的安装应符合的要求

火灾探测器
的安装

a. 探测器至墙壁、梁边的水平距离，不应小于 0.5m。

b. 探测器周围水平距离 0.5m 内，不应有遮挡物。

c. 探测器至空调送风口最近边的水平距离，不应小于 1.5m；至多孔送风顶棚孔口的水平距离，不应小于 0.5m。

d. 在宽度小于 3m 的内走道顶棚上安装探测器时，宜居中安装。点型感温火灾探测器的安装间距，不应大于 10m；点型感烟火灾探测器的安装间距，不应超过 15m。探测器至端墙的距离，不应大于安装间距的一半。

e. 探测器宜水平安装，当确需倾斜安装时，倾斜角不应大于 45°。

② 线型光束感烟火灾探测器的安装应符合的规定

a. 探测器光束轴线至顶棚的垂直距离宜为 0.3～1.0m，高度大于 12m 的空间场所增设的探测器的安装高度应符合设计文件和现行国家标准《火灾自动报警系统设计规范》（GB 50116—2013）的规定。

b. 发射器和接收器（反射式探测器的探测器和反射板）之间的距离不宜超过 100m。

c. 相邻两组探测器光束轴线的水平距离不应大于 14m，探测器光束轴线至侧墙水平距离不应大于 7m，且不应小于 0.5m。

d. 发射器和接收器（反射式探测器的探测器和反射板）应安装在固定结构上，且应安装牢固，确需安装在钢架等容易发生位移形变的结构上时，结构的位移不应影响探测器的正常运行。

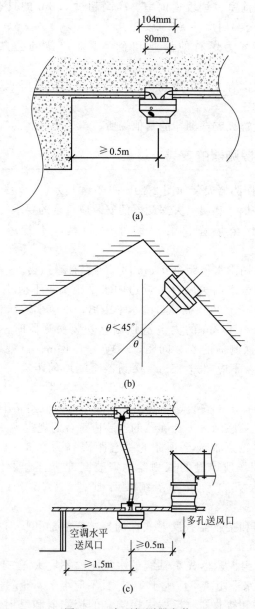

图 2-10　点型探测器安装

（a）预埋管线顶棚安装；（b）探测器倾斜安装；（c）预埋管线吊顶下安装

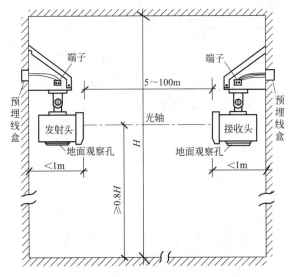

图 2-11 线型红外光束感烟探测器安装

H—建筑物内地面到顶棚的高度

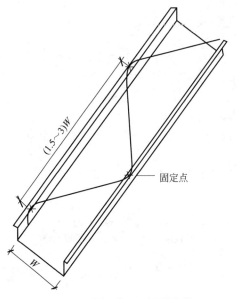

图 2-12 线型感温探测器安装

W—电缆桥架的宽度

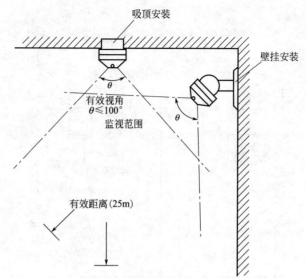

图 2-13 火焰探测器吸顶和壁挂安装

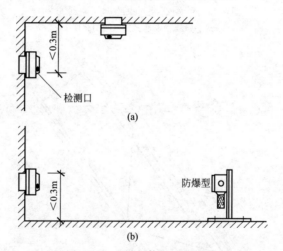

图 2-14 可燃气体探测器安装

(a) 顶装，用于探测密度小于空气的可燃气体的泄漏；(b) 地面安装，用于
探测密度大于空气的可燃气体的泄漏

e. 发射器和接收器（反射式探测器的探测器和反射板）之间的光路上应无遮挡物。

f. 应保证接收器（反射式探测器的探测器）避开日光和人工光源直接照射。

③ 线型感温火灾探测器的安装应符合的规定

a. 敷设在顶棚下方的线型差温火灾探测器至顶棚距离宜为 0.1m，相邻探测器之间的水平距离不宜大于 5m，探测器至墙壁距离宜为 1.0～1.5m。

b. 在电缆桥架、变压器等设备上安装时，宜采用接触式布置，在各种皮带输送装置上敷设时，宜敷设在装置的过热点附近。

c. 探测器敏感部件应采用产品配套的固定装置固定，固定装置的间距不宜大于 2m。

d. 缆式线型感温火灾探测器的敏感部件应采用连续无接头方式安装，如确需中间接线，应采用专用接线盒连接，敏感部件安装敷设时应避免重力挤压冲击，不应硬性折弯、扭转，探测器的弯曲半径宜大于 0.2m。

e. 分布式线型光纤感温火灾探测器的感温光纤不应打结，光纤弯曲时，弯曲半径应大于 50mm，每个光通道配接的感温光纤的始端及末端应各设置不小于 8m 的余量段，感温光纤穿越相邻的报警区域时，两侧应分别设置不小于 8m 的余量段。

f. 光栅光纤线型感温火灾探测器的信号处理单元安装位置不应受强光直射，光纤光栅感温段的弯曲半径应大于 0.3m。

④ 管路采样式吸气感烟火灾探测器的安装应符合的规定

a. 高灵敏度吸气式感烟火灾探测器当设置为高灵敏度时，可安装在天棚高度大于 16m 的场所，并应保证至少有两个采样孔高度低于 16m。

b. 非高灵敏度的吸气式感烟火灾探测器不宜安装在天棚高度大于 16m 的场所。

c. 采样管应牢固安装在过梁、空间支架等建筑结构上。

d. 在大空间场所安装时，每个采样孔的保护面积、保护半径应满足点型感烟火灾探测器的保护面积、保护半径的要求，当采样管道布置形式为垂直采样时，每 2℃温差间隔或 3m 间隔（取最小者）应设置一个采样孔，采样孔不应背对气流方向。

e. 采样孔的直径应根据采样管的长度及敷设方式、采样孔的数量等因素确定，并应满足设计文件和产品使用说明书的要求，采样孔需要现场加工时，应采用专用打孔工具。

f. 当采样管道采用毛细管布置方式时，毛细管长度不宜超过 4m。

g. 采样管和采样孔应设置明显的火灾探测器标识。

⑤ 点型火焰探测器和图像型火灾探测器的安装应符合的规定

a. 安装位置应保证其视场角覆盖探测区域，并应避免光源直接照射在探测器的探测窗口。

b. 探测器的探测视角内不应存在遮挡物。

c. 在室外或交通隧道场所安装时，应采取防尘、防水措施。

⑥ 可燃气体探测器的安装应符合的规定

a. 安装位置应根据探测气体密度确定，若其密度小于空气密度，探测器应位于可能出现泄漏点的上方或探测气体的最高可能聚集点上方，若其密度大于或等于空气密度，探测器应位于可能出现泄漏点的下方。

b. 在探测器周围应适当留出更换和标定的空间。

c. 线型可燃气体探测器在安装时，应使发射器和接收器的窗口避免日光直射，且在发射器与接收器之间不应有遮挡物，发射器和接收器的距离不宜大于 60m，两组探测器之间的轴线距离不应大于 14m。

⑦ 电气火灾监控探测器的安装应符合的规定

a. 探测器周围应适当留出更换与标定的作业空间。

b. 剩余电流式电气火灾监控探测器负载侧的中性线不应与其他回路共用，且不应重复接地。

c. 测温式电气火灾监控探测器应采用产品配套的固定装置固定在保护对象上。

⑧ 探测器底座的安装应符合的规定

a. 应安装牢固，与导线连接应可靠压接或焊接，当采用焊接时，不应使用带腐蚀性的助焊剂。

b. 连接导线应留有不小于 150mm 的余量，且在其端部应设置明显的永久性标识。

c. 穿线孔宜封堵，安装完毕的探测器底座应采取保护措施。

⑨ 探测器报警确认灯应朝向便于人员观察的主要入口方向。

⑩ 探测器在即将调试时方可安装，在调试前应妥善保管并应采取防尘、防潮、防腐蚀措施。

细节37 火灾探测器的调试

（1）探测器的离线故障报警功能

应对探测器的离线故障报警功能进行检查并记录，探测器的离线故障报警功能应符合下列规定。

① 探测器由火灾报警控制器供电的，应使探测器处于离线状态，探测器不由火灾报警控制器供电的，应使探测器电源线和通信线分别处于断开状态。

② 火灾报警控制器的故障报警和信息显示功能应符合《火灾自动报警施工及验收标准》（GB 50166—2019）第 4.1.2 条的规定。

（2）点型感烟、点型感温、点型一氧化碳火灾探测器

应对点型感烟、点型感温、点型一氧化碳火灾探测器的火灾报警功能、复位功能进行检查并记录，探测器的火灾报警功能、复位功能应符合下列规定。

① 对可恢复探测器，应采用专用的检测仪器或模拟火灾的方法，使探测器监测区域的烟雾浓度、温度、气体浓度达到探测器的报警设定阈值；对不可恢复的探测器，应采取模拟报警方法使探测器处于火灾报警状态，当有备品时，可抽样检查其报警功能；探测器的火警确认灯应点亮并保持。

② 火灾报警控制器火灾报警和信息显示功能应符合《火灾自动报警施工及验收标准》（GB 50166—2019）第 4.1.2 条的规定。

③ 应使可恢复探测器监测区域的环境恢复正常，使不可恢复探测器恢复正常，手动操作控制器的复位键后，控制器应处于正常监视状态，探测器的火警确认灯应熄灭。

（3）线型光束感烟火灾探测器

应对线型光束感烟火灾探测器的火灾报警功能、复位功能进行检查并记录，探测器的火灾报警功能、复位功能应符合下列规定。

① 应调整探测器的光路调节装置，使探测器处于正常监视状态。

② 应采用减光率为 0.9dB 的减光片或等效设备遮挡光路，探测器不应发出火灾报警信号。

③ 应采用产品生产企业设定的减光率为 1.0～10.0dB 的减光片或等效设备遮挡光路，探测器的火警确认灯应点亮并保持，火灾报警控制器的火灾报警和信息显示动能应符合《火灾自动报警施工及验收标准》（GB 50166—2019）第 4.1.2 条的规定。

④ 应采用减光率为 11.5dB 的减光片或等效设备遮挡光路，探测器的火警或故障确认灯应点亮，火灾报警控制器的火灾报警、故障报警和信息显示功能应符合《火灾自动报警施工及验收标准》（GB 50166—2019）第 4.1.2 条的规定。

⑤ 选择反射式探测器时，应在探测器正前方 0.5m 处按《火灾自

动报警施工及验收标准》（GB 50166—2019）第 4.3.6 条第 2 款～第 4 款的规定对探测器的火灾报警功能进行检查。

⑥ 应撤除减光片或等效设备，手动操作控制器的复位键后，控制器应处于正常监视状态，探测器的火警确认灯应熄灭。

（4）线型感温火灾探测器

① 应对线型感温火灾探测器的敏感部件故障功能进行检查并记录，探测器的敏感部件故障功能应符合下列规定。

a. 应使线型感温火灾探测器的信号处理单元和敏感部件间处于断路状态，探测器信号处理单元的故障指示灯应点亮。

b. 火灾报警控制器的故障报警和信息显示功能应符合《火灾自动报警施工及验收标准》（GB 50166—2019）第 4.1.2 条的规定。

② 应对线型感温火灾探测器的火灾报警功能、复位功能进行检查并记录，探测器的火灾报警功能、复位功能应符合下列规定。

a. 对可恢复探测器，应采用专用的检测仪器或模拟火灾的方法，使任一段长度为标准报警长度的敏感部件周围温度达到探测器报警设定阈值；对不可恢复的探测器，应采取模拟报警方法使探测器处于火灾报警状态，当有备品时，可抽样检查其报警功能；探测器的火警确认灯应点亮并保持。

b. 火灾报警控制器的火灾报警和信息显示功能应符合《火灾自动报警施工及验收标准》（GB 50166—2019）第 4.1.2 条的规定。

c. 应使可恢复探测器敏感部件周围的温度恢复正常，使不可恢复探测器恢复正常监视状态，手动操作控制器的复位键后，控制器应处于正常监视状态，探测器的火警确认灯应熄灭。

③ 应对标准报警长度小于 1m 的线型感温火灾探测器的小尺寸高温报警响应功能进行检查并记录，探测器的小尺寸高温报警响应功能应符合下列规定。

a. 应在探测器末端采用专用的检测仪器或模拟火灾的方法，使任一段长度为 100mm 的敏感部件周围温度达到探测器小尺寸高温报警设定阈值，探测器的火警确认灯应点亮并保持。

b. 火灾报警控制器的火灾报警和信息显示功能应符合《火灾自动报警施工及验收标准》（GB 50166—2019）第 4.1.2 条的规定。

c. 应使探测器监测区域的环境恢复正常，剪除试验段敏感部件，恢复探测器的正常连接，手动操作控制器的复位键后，控制器应处于正常监视状态，探测器的火警确认灯应熄灭。

（5） 管路采样式吸气感烟火灾探测器

应对管路采样式吸气感烟火灾探测器的采样管路气流故障报警功能进行检查并记录，探测器的采样管路气流故障报警功能应符合下列规定。

① 应根据产品说明书改变探测器的采样管路气流，使探测器处于故障状态，探测器或其控制装置的故障指示灯应点亮。

② 火灾报警控制器的故障报警和信息显示功能应符合《火灾自动报警施工及验收标准》（GB 50166—2019）第 4.1.2 条的规定。

③ 应恢复探测器的正常采样管路气流，使探测器和控制器处于正常监视状态。

（6） 管路采样式吸气感烟火灾探测器

应对管路采样式吸气感烟火灾探测器的火灾报警功能、复位功能进行检查并记录，探测器的火灾报警功能、复位功能应符合下列规定。

① 应在采样管最末端采样孔加入试验烟，使监测区域的烟雾浓度达到探测器报警设定阈值，探测器或其控制装置的火警确认灯应在120s 内点亮并保持。

② 火灾报警控制器的火灾报警和信息显示功能应符合《火灾自动报警施工及验收标准》（GB 50166—2019）第 4.1.2 条的规定。

③ 应使探测器监测区域的环境恢复正常，手动操作控制器的复位键后，控制器应处于正常监视状态，探测器或其控制装置的火警确认灯应熄灭。

（7） 点型火焰探测器和图像型火灾探测器

应对点型火焰探测器和图像型火灾探测器的火灾报警功能、复位功能进行检查并记录，探测器的火灾报警功能、复位功能应符合下列规定。

① 在探测器监视区域内最不利处应采用专用检测仪器或模拟火灾的方法，向探测器释放试验光波，探测器的火警确认灯应在30s 点亮并保持。

② 火灾报警控制器的火灾报警和信息显示功能应符合《火灾自动报警施工及验收标准》（GB 50166—2019）第 4.1.2 条的规定。

③ 应使探测器监测区域的环境恢复正常，手动操作控制器的复位键后，控制器应处于正常监视状态，探测器的火警确认灯应熄灭。

细节38 火灾探测器的验收

（1） 点型火灾探测器的验收

① 点型火灾探测器的安装应满足火灾探测器的安装要求。

② 点型火灾探测器的规格、数量、型号应符合设计要求。

③ 点型火灾探测器的功能验收应按点型感烟、感温火灾探测器调试的要求进行检查，检查结果应符合要求。

（2）线型感温火灾探测器的验收

① 线型感温火灾探测器的安装应满足火灾探测器的安装要求。

② 线型感温火灾探测器的规格、型号、数量应符合设计要求。

③ 线型感温火灾探测器的功能验收应按线型感温火灾探测器调试的要求进行检查，检查结果应符合要求。

（3）红外光束感烟火灾探测器的验收

① 红外光束感烟火灾探测器的安装应满足火灾探测器的安装要求。

② 红外光束感烟火灾探测器的规格、型号、数量应符合设计要求。

③ 红外光束感烟火灾探测器的功能验收应按红外光束感烟火灾探测器调试的要求进行检查，结果应符合要求。

（4）通过管路采样的吸气式火灾探测器的验收

① 通过管路采样的吸气式火灾探测器的安装应符合火灾探测器的安装要求。

② 通过管路采样的吸气式火灾探测器的规格、型号、数量应符合设计要求。

③ 采样孔加入试验烟，空气吸气式火灾探测器在120s内应当发出火灾报警信号。

④ 依据说明书使采样管气路处于故障时，通过管路采样的吸气式火灾探测器在100s内应发出故障信号。

（5）点型火焰探测器和图像型火灾探测器的验收

① 点型火焰探测器和图像型火灾探测器的安装应满足火灾探测器的安装要求。

② 点型火焰探测器和图像型火灾探测器的规格、型号、数量应符合设计要求。

③ 在探测区域最不利处模拟火灾，探测器应能正确响应。

2.3　火灾报警控制器

火灾报警控制器是火灾自动报警系统的核心，是一种可为火灾探测器供电，以及将探测器接收到的火灾信号接收、显示和传递，并且能发出声、光报警信号，同时显示及记录火灾发生的部位和时间，并能向联动控制器发出联动通知信号的报警控制装置。

本节主要介绍火灾报警控制器的施工过程中常涉及的工艺，如火灾报警控制器的分类、火灾报警控制器的构造、火灾报警控制器的技术参数、火灾报警控制器的工作原理、火灾报警控制器的接线、火灾报警控制器的调试、可燃气体报警控制器的调试及火灾报警控制器的检测验收等。

细节39 火灾报警控制器的分类

（1）按使用环境分类

① 陆用型火灾报警控制器。陆用型火灾报警控制器在建筑物内或其附近安装，是最通用的火灾报警控制器。

② 船用型火灾报警控制器。船用型火灾报警控制器用于船舶、海上作业。根据国家标准，其技术性能指标相应提高，例如工作环境温度、湿度、耐腐蚀、抗颠簸等要求高于陆用型火灾报警控制器。

（2）按其防爆性能分类

① 非防爆型火灾报警控制器。无防爆性能，目前民用建筑中使用的绝大部分火灾报警控制器就属于这一类。

② 防爆型火灾报警控制器。有防爆性能，常用于有防爆要求的场所，如石油、化工企业用的工业型火灾报警控制器。其性能指标应满足《火灾报警控制器》（GB 4717—2005）等国家标准的要求。

（3）按内部电路设计分类

① 普通型火灾报警控制器。普通型火灾报警控制器电路设计采用通用逻辑组合型式。具有成本低廉、使用简单等特点，易于实现标准单元的插板组合方式进行功能扩展，其功能一般较简单。

② 微机型火灾报警控制器。微机型火灾报警控制器电路设计采用微机结构，对硬件和程序软件均有相应要求。具有功能方便、技术要求复杂、硬件可靠性高等特点，是火灾报警控制器设计发展的首选型式。

（4）按系统布线方式分类

① 多线制火灾报警控制器。多线制（也称为二线制）报警控制器按用途分为区域报警控制器和集中报警控制器两种。区域报警控制器（总根数为 $n+1$），以进行区域范围内的火灾监测和报警工作。因此，每台区域报警控制器与其区域内的控制器等正确连接后，经过严格调试验收合格后，就构成了完整独立的火灾自动报警系统，区域报警控制器是多线制火灾自动报警系统的主要设备之一。而集中报警控制器则是连

接多台区域报警控制器，收集处理来自各区域报警器送来的报警信号，以扩大监控区域范围。所以集中控制器主要用于监探器容量较大的火灾自动报警系统中。

多线制火灾报警控制器的探测器与控制器的连接采用一一对应方式。每个探测器至少有一根线与控制器连接，因此其连线较多，仅适用于小型火灾自动报警系统。

② 总线制火灾报警控制器。总线制火灾报警控制器是与智能型火灾探测器和模块相配套，采用总线接线方式，有二总线、三总线等不同型式，通过软件编程，分布式控制。同时系统采用国际标准的 CAN、RS485、RS232 接口，实现主网（即主机与各从机之间）、从网（即各控制器与火灾显示盘之间）及计算机、打印机的通信，使系统成为集报警、监视和控制为一体的大型智能化火灾报警控制系统。

控制器与探测器采用总线（少线）方式连接。所有探测器均并联或串联在总线上（一般总线数量为 2～4 根），具有安装、调试、使用方便，工程造价较低的特点，适用于大型火灾自动报警系统。目前总线制火灾自动报警系统已经在工程中得到普遍使用。

（5）按信号处理方式分类

① 有阈值火灾报警控制器。使用有阈值火灾探测器，处理的探测信号为阶跃开关量信号，对火灾探测器发出的火灾报警信号不能进行进一步的处理，火灾报警取决于探测器。

② 无阈值火灾报警控制器。使用无阈值火灾探测器，处理的探测信号为连续的模拟量信号。其报警主动权掌握在控制器方面，可以具有智能结构，是将来火灾报警控制器的发展方向。

（6）按控制范围分类

① 区域报警控制器。区域报警控制器由输入回路、声报警单元、自动监控单元、光报警单元、手动检查试验单元、输出回路和稳压电源、备用电源等组成。

控制器直接连接火灾探测器，处理各种报警信息，是组成自动报警系统最常用的设备之一。区域火灾报警控制器的主要功能有：供电功能、火警记忆功能、消声后再声响功能、输出控制功能、监视传输线切断功能、主备电源自动转换功能、熔丝烧断告警功能、火警优先功能和手动检查功能。

② 集中报警控制器。集中报警控制器由输入回路、声报警单元、自动监控单元、光报警单元、手动检查试验单元和稳压电源、备用电源

等组成。

集中报警控制器一般不与火灾探测器相连，而与区域火灾报警控制器相连。处理区域级火灾报警控制器送来的报警信号，常使用在较大型系统中。

集中火灾报警控制器的电路除输入单元和显示单元的构成和要求与区域火灾报警控制器有所不同外，其基本组成部分与区域火灾报警控制器大同小异。

③ 通用火灾报警控制器。通用火灾报警控制器兼有区域，集中两级火灾报警控制器的双重特点。通过设置或修改某些参数（可以是硬件或者是软件方面），既可作区域级使用，连接探测器；又可作集中级使用，连接区域火灾报警控制器。

（7）按其容量分类

① 单路火灾报警控制器。单路火灾报警控制器仅处理一个回路的探测器工作信号，通常仅用在某些特殊的联动控制系统。

② 多路火灾报警控制器。多路火灾报警控制器能同时处理多个回路的探测器工作信号，并显示具体报警部位。它的性能价格比较高，是目前最常见的使用类型。

（8）按结构型式分类

① 壁挂式火灾报警控制器。一般来说，壁挂式火灾报警控制器的连接探测器回路数相应少一些。控制功能较简单，通常区域火灾报警控制器常采用这种结构。

② 台式火灾报警控制器。台式火灾报警控制器连接探测器回路数较多，联动控制功能较复杂。操作使用方便，一般常见于集中火灾报警控制器。

③ 柜式火灾报警控制器。柜式火灾报警控制器与台式火灾报警控制器基本相同。内部电路结构多设计成插板组合式，易于功能扩展。

细节40 火灾报警控制器的构造

火灾报警控制器完成了从模拟向数字化的转变，本细节以 JB-QG-GST9000 型超大屏幕图文液晶显示火灾报警控制器为例，介绍其构造。

JB-QG-GST9000 火灾报警控制器（联动型）是大屏幕网络型火灾报警控制器，为适应工程设计的需要，本控制器兼有联动控制功能，可以与其他产

火灾自动报警系统
控制器主机的讲解

品配套使用，组成配置灵活的报警联动一体化控制系统，特别适合大中型火灾报警及消防联动一体化控制系统的应用。

（1）JB-QG-GST9000 火灾报警控制器的特点

JB-QG-GST9000 型控制器采用柜式结构，为了适应工程设计的需要，本控制器兼有联动控制功能，可以与其他产品配套使用，组成配置灵活的报警联动一体化控制系统，特别适合大中型火灾报警及消防联动一体化控制系统的应用。

① 单机容量大、可靠性高。本控制器采用柜式/琴台结构，单台容量可达 60 个回路总计 14520 个总线制报警联动点，充分满足大型单体建筑中的区域消防报警系统的设计要求。回路板间电气隔离，一条总线的短路、接地故障不影响其他总线的正常工作，完全摒除了不同总线间的电气干扰。不论对联动类还是报警类总线设备，控制器都设有不掉电备份，保证系统调试完成时注册到的设备全部受到监控。

② 图形化彩色显示界面。本控制器采用图形化彩色显示界面，不同信息采用不同窗口显示，界面清晰易懂、方便直观，通过简单的操作（通过键盘的数字键或方向键操作）就可实现系统提供的多种功能。另外新的便捷操作途径，使用户可以大幅度提高效率。

③ 灵活的模块化结构和多种功能配置选择。本控制器主控部分由接口统一的各类功能模块组成，配置灵活方便，通过调整接入的回路板数实现总线设备从 1 点到 4840 点间的任意配置。若接入联网接口卡或其他接口卡，丰富的接口使系统还可以连接其他消防设备。

④ 配备智能手动消防启动盘。本控制器配接智能手动消防启动盘，智能手动消防启动盘上的每一个启/停键均可通过定义与系统所连接的任意一个总线设备关联，完成对该总线制联动设备的启/停控制。

⑤ 配备直接控制盘。本控制器配备直接控制盘，可对消防泵、排烟机、送风机等重要设备进行直接控制。本控制盘具有输出线断线、短路故障检测功能，可更大限度地保障控制盘本身与终端设备之间连接的可靠性。直接控制盘实现两线对启停双控设备的控制。

⑥ 调试方便快捷。为方便用户及工作人员使用，控制中增加了一些便捷的调试方式，可以快速明确控制设备状态和发现问题。

（2）JB-QG-GST9000 火灾报警控制器的主要技术指标

① 液晶屏规格：800×600 点，10.4in（264.16mm）彩色液晶屏。

② 控制器容量

a. 最大 60 个总线制回路，每回路 242 个编码地址点。

b. 手动盘≤12。

c. 直控盘≤24。

d. 卡槽数（回路板＋通信板）≤36。

③ 回路带载能力。每回路最大输出能力为700mA，实际带载情况应根据负载最大工作电流、线路长度和线路截面积计算。为保证设备可靠工作，应确保线路末端电压≥16V。

④ 外形尺寸（长×宽×高）：550mm×460mm×1715mm。

细节41　火灾报警控制器的技术参数

报警控制器主要技术参数如下。

（1）总容量

总容量即报警器控制器最大报警点（地址编码的地址数量）的数量，包括火灾探测器、消火栓启动按钮开关、手动报警按钮开关、输出/输入模块和总线控制模块等地址点。一般关系为：总容量＝回路数×回路容量。

（2）回路容量

回路容量即每个报警回路的最大报警点（地址编码点）的数量。

（3）回路数

报警总线的回路数量，即控制器输出报警回路的数量。

（4）显示容量

显示容量指可配置或连接火灾显示盘的数量。

（5）联动容量

联动容量即多线控制联动点的最大控制数量。

（6）联网容量

联网容量即火灾报警控制器可以联网构成报警控制局域网系统的控制器的数量。

（7）显示形式

火灾控制器显示屏形式一般有数码管显示屏、液晶显示屏、荧光屏显示屏等，主要用于显示系统编程和系统运行的状态和信息。同时还可通过输出接口外接数据显示装置。

细节42　火灾报警控制器的工作原理

（1）二线制火灾报警控制器的工作原理

二线制报警控制器属于多线制火灾自动报警系统的设备，有区域报警控制器与集中报警控制器两种。其优点是性能安全可靠，价格低廉；缺点是配线较多，自动化程度较低，已逐渐被二总线智能型火灾报警控制器所取代。

① 二线制区域报警控制器。区域报警控制器是负责对一个报警区域进行火灾监测的自动工作装置。一个报警区域包括很多个探测区域（或称探测部位）。一个探测区域可有一个或者几个探测器进行火灾监测，同一个探测区域的若干个探测器是互相并联的，共同占用一个部位编号，同一个探测区域允许并联的探测器数量视产品型号不同而有所不同，少则五六个，多则二三十个。

区域火灾报警控制器是由电子线路（或集成电路）组成的成套自动化装置，它连接本区域内的所有火灾探测器，以进行一定区域范围内的火灾监测和报警工作。因此，每台区域报警及其管辖区域内探测器正确连接后，经过严格调试验收合格后，即构成了完整独立的火灾自动报警系统。

二线制区域报警控制器的工作原理框图如图 2-15 所示。

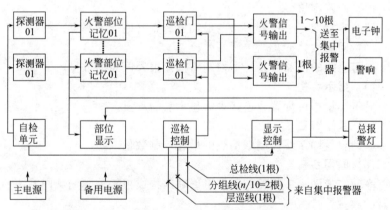

图 2-15　二线制区域报警控制器的工作原理框图

下面详细介绍火灾自动报警和模拟火灾信号检查两方面内容。

a. 火灾自动报警。当被监视的区域内出现火情时，火灾自动报警步骤如下。

ⅰ. 探测器首先接收到火灾信号，即烟雾、温度和光。

ⅱ. 其本身的报警确认灯亮，同时向区域报警控制器通过导线发送火警信号。

ⅲ. 报警控制器接收到火警信号后，能立即由火警记忆单元记忆下报警部位，并通过部位显示单元由部位显示数码管把部位显示出来。

ⅳ. 总报警灯红光闪亮，表示有火警发生，同时由报警装置发出变调的报警音响，时钟停走，记录首先报火警时间，外控触点闭合（触点容量通常为24V、0.5A），以便操作控制其他消防设备（如排风机、消防水泵等）。

为了安装试调和检测维修方便，区域报警控制器与火灾探测器之间的连接，区域报警控制器与集中报警控制器之间的连接，以及区域报警控制器外控触点与其联动的某些消防设备之间的连接等，都需经过端子箱。

b. 模拟火灾信号检查。报警控制器把火灾控制器分成2组，即2个检查单元，每个单元有10个部位。在检查时，每次同时可检查10个部位，20个部位2次就可全部检查完，这个过程是自动完成的。由此可见，分组线 $n/10=2$ 根。如按一下区域报警控制器上的检查按钮，自检单元便开始工作，自检单元电路能自动地依次对每组探测器发出模拟火灾信号，对探测器及报警回路进行巡回检查。如果探测器及其回路接线完好，则探测器本身的确认灯亮，报警控制器上相应的部位号灯、总火灾报警灯亮，同时总音响设备发出变调的声音，这就表示整个报警系统无故障，如果某组的探测器确认灯不亮，相应的部位不显示，表明这一回路的探测器或与此相应的回路出现了故障，应当予以排除。

② 二线制集中报警控制器。由于高层建筑和建筑群体的监视区域大，监视部位多。为了能够全面、随时了解整个建筑各监视部位的火灾和故障情况，就需要在消防中心控制室内设置集中报警控制器。集中报警控制器是与若干个区域报警控制器配合使用的一种自动报警和监控装置，有效地解决了区域报警控制器监视区域小、监视部位少的问题。集中报警控制器有台式和柜式两种，其型号较多，但工作原理与功能基本相同。

集中报警控制器的工作原理框图如图2-16所示。

下面简单介绍集中报警控制器的工作原理。

a. 故障检查。在集中报警控制器中设有"自检电路"，可以自动巡回检查各区域报警控制器的各个监视部位探测器及其回路连接导线是否存在故障，以便确保整个系统始终处于正常的监控状态。

集中报警控制器故障检查的步骤如下。

ⅰ. 当按下巡检按钮时，启动自动巡检控制电路，此时每秒有100～200个计数脉冲给计算器计数。

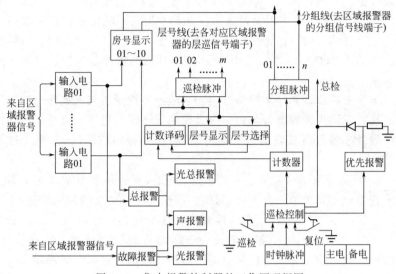

图 2-16　集中报警控制器的工作原理框图

ⅱ. 经脉冲分配器产生 n 个分组脉冲、m 个层巡脉冲和 1 个总检信号。这三种信号经传输线可同时进入某区域报警控制器，其中总检信号是区域报警控制器的巡检控制门封锁信号与模拟火灾信号。

ⅲ. 在进行系统故障巡检时，集中报警控制器便输出总检信号加至各区域报警控制器，即撤除对各区域报警控制器的巡检控制门的封锁。与此同时，还输出分组脉冲和层巡脉冲时序信号。

电路除了对有故障的部位（序号或点）停留 2s 以外，同时也发出单调音响，闪烁黄色灯光，电子钟不停走，其外控触点不动作。

b. 火警巡检

ⅰ. 当某个区域报警控制器向集中报警控制器发出火警信号后，巡检控制电路自行启动（或按巡检开关），这时总检信号被接通，层巡检脉冲以一定的巡检速度（如以每秒 100～200 计数脉冲的速度）巡检火警部位。

ⅱ. 巡检到时，层号、序号显示均停 2s，同时发出变调的火警音响，总报警灯（红）闪烁，时钟停走，记录下首次火警发生的时间。

ⅲ. 2s 后，巡检又继续进行，按顺序巡检新的火警点。假如此时有多个火警报警点，由于巡检脉冲信号按顺序依次送入各区域报警器，所以显示器就按顺序依次显示几个火警点。

在火警过程中，若遇到故障报警，或在某一探测区域发生故障的同时，而另一个探测区域发生火警时，均会使故障报警信号让位于火警信号。

（2）总线制火灾报警控制器的工作原理

智能型火灾自动控制系统是由火灾探测器将发生火灾期间所产生的烟、光、温等信号以模拟量形式连同外界相关的环境参量（如温度、湿度等）同时传送给火灾报警控制器，火灾报警控制器再根据获取的数据及内部存储的大量数据，利用火灾模型数据来判断火灾是否存在，从而在解决火灾真伪和误报、漏报等方面的技术上有了新的突破。目前总线制智能型火灾报警控制器在建筑自动消防工程中得到日益广泛的应用。

① 总线制报警控制器的基本构成。一般总线制火灾报警控制器主要由五种类型的功能板（线路）组成：CPU板、发送板、系统配置板（也称为控制板）、显示板及直流变换电源板。

壁挂机中开关电源24V、4.2A，还备有充电电源板，台式、柜式机的电源板常称为主机电源板，开关电源24V、8A。

a. CPU板。CPU板采用MCS-51系列中的80C31单片微机，构成系统的心脏，控制着各种功能板的工作时序。CPU板还配备一个RS-485串引接口，用于主机与从机之间的联机，三个RS-232串行接口，其通信方式为单向发送。其中一个RS-232串行接口将火警信号送给联动控制器，另外一个RS-232串行接口将火警与断线故障信号送给PC微机。发送板的原理实质上是二总线传输技术的核心，其主要作用是将并行数据转变成串行数据，再加到总线上，同时接收回传的回答信号。从单片微机系统角度而言，该功能板为数据采集器，采集各编码模块的工作状态。假设火灾报警控制器配置8块发送板，则对应共用8对输入数据总线，每对输入数据总线上可带99个、127个或250个编码模块（包括探测器编码底座和监视、控制模块等）。报警控制器可以自动检测编码模块的工作状态。因此各种火灾探测器、手动报警按钮、水流指示器、压力开关等开关量信号均需经相应的编码模块才能将信号传递给报警控制器。

b. 发送板。由于报警控制器和火灾显示盘（或称为楼层复示器）之间的通信原理在硬件上与发送板到编码模块的通信原理基本相同，故可采用相同的发送板，称为层发送板。报警控制器配置两块层发送板，对应两对输出总线，在每对输出通信总线上可并接引至楼层复示器，按输入总线上的火警点或断路故障等信息经报警控制器在相应楼层（或防火分区）的楼层复示器上重复显示。

c. 系统配置板。系统配置板（控制板）的作用是确定火灾报警控制器的功能和容量。如通过系统配置板配置火灾显示盘（输出总线回路线）、打印机、联动控制器接口、CRT 彩显接口，输入总线回路数以及与从机的通信接口、编程键盘接口等。当某编码模块发出火警信号或者断路故障时，打印机可自动打印出编码模块的地址和发生时间；而利用编程键盘可对编码模块、显示点等进行现场编程、系统自检、查询和复位、时钟调整等操作。另外，显示板上的数码和状态指示灯等的数据及驱动信号也由系统配置板提供。

d. 显示面板。显示面板的作用是用声、光报警显示装置反映火灾报警控制器的运行状态，包括编码模块的状态（正常、火警、断线故障）、供电电源（交流主电或直流备电）状态以及时钟显示。显示面板上的时钟不是单片微机系统内部时钟，二者之间没有直接关系，一般开机时，除需调整面板上的时钟外，还应当调整系统内部时钟（通过编程键盘进行）。八只数码管的显示方式为动态扫描显示，假设有 1~8 个数码管，先在最左边第一个数码管显示"1"一段时间（通常为 1ms），然后将其熄灭，再在左边第二个数码管显示"2"，以此从左至右逐位显示，往复进行。由于人眼的视觉暂留特性，总的效果就是"1、2、3、4、5、6、7、8"8 个数字同时显示出来。这种方法的优点是可以节省很多相应的接口线和驱动电路等硬件。

e. 电源。火灾自动报警控制器的直流工作电压，应当符合国家标准《标准电压》（GB/T 156—2017）的有关规定，其电源部分由主电源和备用电源组成。在图 2-17 中的备用电源多采用镍镉蓄电池、免维护的碱性蓄电池和铅酸蓄电池等，可反复充电使用。主电源为 220V 交流电，经开关型稳压电源（简称开关电源）整流、滤波、稳压环节变换成直流电 24V，并有过流、过压保护等环节。充电电源板可实现对蓄电池浮充电，而直流变换电源板是将开关电源输出的 +24V 电压或蓄电池提供的 24V 电压变换成报警控制器主机所需的工作电压（+5V、±12V：+24V、+35V）。所有功能板上所需的各种工作电压都由直流电源板通过 STD 总线提供。

总线制报警控制器的基本构成如图 2-17 所示。

② 总线制火灾自动报警系统的常用模块。模块是二总线火灾自动报警系统的套配装置，也是与火灾报警控制器连接的接口。常用模块有隔离模块、探测器编码底座、控制模块（或称输出模块）、监视模块（或称输入模块）、输入输出模块等。

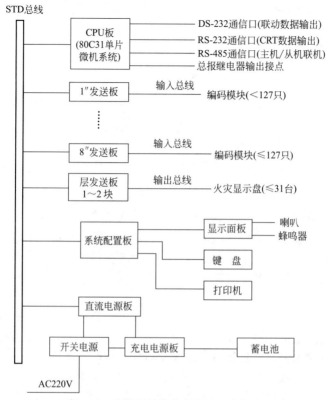

图 2-17　总线制报警控制器的基本构成

　　a. 总线隔离模块。由于所有并行赋址的总线制火灾自动报警系统都存在一个共同问题,即当回路总线上发生一处短路故障时,将会引起整个回路总线瘫痪。所以,在工程设计中应采取必要的保护措施。目前所采取的保护措施是选用总线隔离模块,即将总线隔离模块分别接入总线的各段或干线与支线的节点处。这样,一旦总线上发生短路故障,隔离模块就会自动把发生短路故障的部分从总线上切除,以保证其余部分的总线通信正常。待短路故障排除后,还可自动恢复整个回路总线的正常通信。

　　隔离模块在回路总线中的接线方式如图 2-18 所示,其 1、2 端为总线接入端子,3、4 端为总线接出端子。通常以每隔 25 个编址单元(包括探测器、模块、手动报警按钮等)设一个隔离模块,即每个回路总线上设置隔离模块数量 $n = A/25$,其中 A 为该回路线内各类编址单元的总数量。

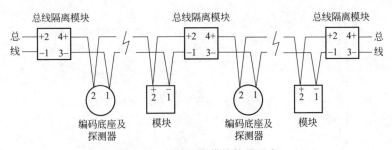

图 2-18　总线隔离模块接线示意

1,2—与总线连接的端子；3,4—总线接出端子

b. 智能监视模块。监视模块主要用来监视接收消火栓按钮、手动破玻报警按钮、水流指示器、压力开关、继电器接点、信号阀等开关量报警信号，再通过总线送入报警控制器，由报警控制器发出声光报警信号、指示具体报警地址，即按监控和报警两种状态，显示在报警控制器上。与此同时，报警控制器还可发出有关联动控制指令，控制某些消防设备投入运行。

智能监视模块（智能输入模块）为无源开关量信号与火灾自动报警控制器连接通信的接口模块，即可将开关信号转换成相应的数字信号，属于二总线火灾自动报警系统的配套器件。在监视模块内设有二进制编码开关，可以现场编址，占用回路总线上的一个地址。

监视模块通常安装在所监视设备或器件的近旁，其接线如图 2-19 所示。模块上 1、2 端子与回路总线连接（可参阅有关产品说明书，如有的监视模块的接线有极性要求，有的则无极性要求），在开关量信号两端应并联 $47\sim120k\Omega$ 的终端电阻，以监视断线故障。在接线时，监视模块上的两根回路总线和两根与被监视设备连接的状态反馈线宜选用

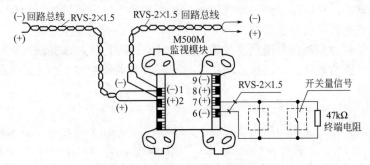

图 2-19　智能监视模块接线示意

多股铜芯塑料软非屏蔽双绞导线。

c. 智能控制模块。智能控制模块（智能输出模块）在控制模块内设有编码开关，可以现场编址，占用回路总线上的一个地址。

控制模块主要用于在火灾时，报警控制器通过控制模块控制所需要联动的有关消防设备，如排烟阀、送风阀、排烟风机、正压风机、防火卷帘门、警铃、消防泵和喷淋泵等。与智能监视模块相同，1、2端子和回路总线连接，另外有的控制模块对接线无极性要求，有的对接线则有极性要求，应视产品而定。

控制模块分为有源输出和无源输出两种。

ⅰ. 有源输出控制模块。对于有源输出控制模块，其3、4端子接直流电源DC24V，6、7端子与被控制的设备（如继电器线圈）连接，在负载两端应并联47kΩ的终端电阻，以监视断线故障，如图2-20所示。

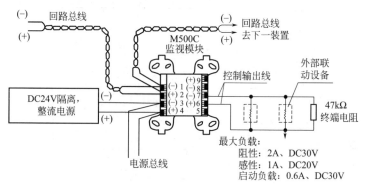

图 2-20　有源输出控制模块

ⅱ. 无源输出控制模块。对于无源输出控制模块，其4、6端子为常开触头，5、6端子为常闭触头，如图2-21所示，如联动控制阻性负载，其触点容量为30V、2A，如联动控制感性负载，其能点容量为AC120V、2A，所以可直接联动警铃、声光报警器、防火门和排烟阀等。

d. 智能输入/输出模块。智能输入/输出模块（智能型监视/控制模块），为监视模块与控制模块的组合器件，在模块上设有二进制编码开关，可以现场编址，占用回路总线中的一个地址。

ⅰ. 智能单输入/输出模块。图2-22为智能单输入/输出模块。图中所示的回授信号为"电源＋"（即＋24V），也可改用"电源－"（即

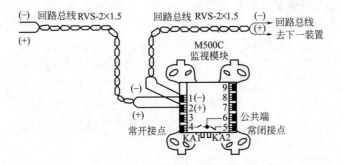

图 2-21　无源输出控制模块

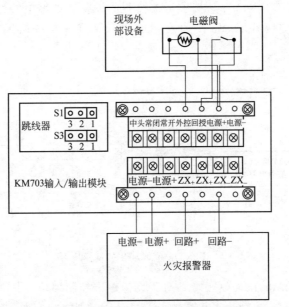

图 2-22　智能单输入/输出模块端子接线

地）作为回授信号。它可将火灾报警控制器的指令转换成对外部受控设备的控制信号，该信号可为有源的 DC24V 直流电压，信号或无源的触点联动信号。当外部受控设备动作后，再将受控设备的动作信号（一般为开关量信号）经智能监视/控制模块转换成报警控制器能识别的二进制数字信号，通过回路总线传输给报警控制器，从而实现对现场受控设备是否动作的确认，在工程中常用于联动控制防火卷帘门、防火门、消防电梯、排烟阀、排烟风机、防火阀、正压风机和非编址的声光报警器、警铃等消防设备，同时接收受控消防设备动作的反馈信号，还可监控断线故障。同样，在报警控制器上也可进行声光报警，显示联动设备的动作状态。在图中还有一组常开、常闭无源触点，可联动确认信号装置。

ⅱ. 智能双输入/输出模块。双输入/输出模块为一个模块需占用回路总线的两个编码地址，可分别输出两路 DC24V 的控制信号（控制 A、控制 B）和分别接收两路回授信号（包括回授信号 A、B），还具有故障报警、断线监控功能。因此具有两个联动控制设备的启动和回授功能，如图 2-23 所示。

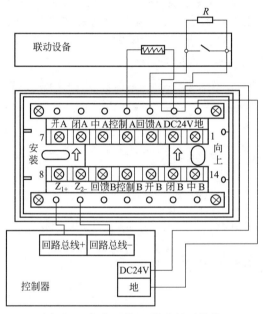

图 2-23 智能双输入/输出端子接线
1,7,8,14—端子连接点

e. 线型感温探测器接口模块。缆式线型感温探测器接口模块内置单片计算机，采用电子编码，可将线型感温探测器接入火灾报警系统信号二总线。线型感温探测器（线缆）的首端与接口模块的编码接口连接，末端则与接口模块的终端连接。线型感温探测器接口模块的终端为缆式线型感温探测器的专用附件，接于整条感温电缆的末端，无需接入火灾报警控制器。终端上带有感温电缆火警测试开关，便于工程调试时模拟测试线型感温探测器的报警性能。每个接口模块可以连接两路感温电缆，每路占用一个编码点。因此，线型感温探测器由线型感温线缆、编码接口及终端三部分组成。

这种探测器特别适用于电缆隧道内的动力电缆及控制电缆的火警早期预报，可在电厂、钢厂、化工厂、古建筑物等场合使用。如图 2-24 所示，编码接口 $1 \sim n$ 上有 Z_1、Z_2 和 LZ_{11}、LZ_{21}，Z_1、Z_2 和 LZ_{12}、LZ_{22} 两对接线端子，分别用于报警控制器的回路总线的连接和转接，其总线连接宜采用 RVPS 型阻燃屏蔽铜芯双绞导线，截面积 $\geqslant$ $1.0mm^2$，在编码接口上还设有 WL_{11}、WL_{21} 和 WL_{12}、WL_{22} 两对接线端子，可以分别与线型感温线缆连接。所以编码接口宜安装在现场缆式感温探测器的起始端附近。"终端"可安装在墙上或电缆铺架上，终端底座与壳盖为插接连接方式。内设有接线端子 LZ_{11}、LZ_{21}（LZ_{21}、LZ_{22}）与线型缆式感温探测器连接。

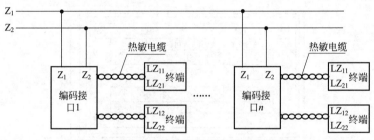

图 2-24 线型感温探测器接口模块接线示意

细节43 火灾报警控制器的接线

随着消防业的快速发展，火灾报警控制器的接线形式变化也很快，对于不同厂家生产的不同型号的火灾报警控制器其线制各异，比如三线制、四线制、两线制、全总线制及二总线制等。本节仅介绍传统的两线制和现代的全总线制、二总线制三种。

（1）两线制

两线制接线，其配线较多，自动化程度较低，大多在小系统中应用，目前已很少使用。两线制接线如图 2-25 所示。

因生产厂家的不同，其产品型号也不完全相同，两线制的接线计算方法有所区别，以下介绍的计算方法具有一般性。

① 区域报警控制器的配线。区域报警控制器既要与其区域内的探测器连接，又可能要和集中报警控制器连接。

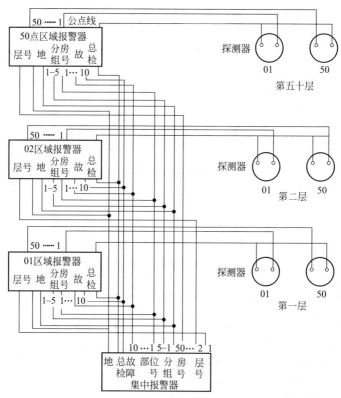

图 2-25 两线制接线

区域报警控制器输出导线是指该台区域报警控制器与配套的集中报警控制器之间连接导线的数目。区域报警控制器的输出导线根数 N_0 为：

$$N_0 = 10 + n/10 + 4 \qquad (2\text{-}1)$$

式中　10——与集中报警控制器连接的火警信号线数；

　　　n——报警回路；

　　　$n/10$——巡检分组线（取整数）；

　　　4——层巡线、故障线、地线和总检线各 1 根。

② 集中报警控制器的配线。集中报警控制器配线根数是指与其监控范围内的各区域报警控制器之间的连接导线。其配线根数为：

$$Q_i = 10 + n/10 + m + 3 \qquad (2\text{-}2)$$

式中　Q_i——集中报警控制器的配线根数；

　　　m——层巡（层号）线；

3——故障信号线 1 根、总检线 1 根、地线 1 根。

（2）全总线制

全总线制接线方式在大系统中显示出它明显的优势，接线非常简单，大大缩短了施工工期。

区域报警器输入线为 5 根，为 P、S、T、G 及 V 线，即电源线、信号线、巡检控制线、回路地线及 DC24V 线。

区域报警器输出线数等于集中报警器接出的六条总线，即 P_0、S_0、T_0、G_0、C_0、D_0，其中 C_0 为同步线，D_0 为数据线。之所以称之为四全总线（或称总线）是因为该系统中所使用的探测器、手动报警按钮等设备均采用 P、S、T、G 四根出线引至区域报警器上。如图 2-26 所示。

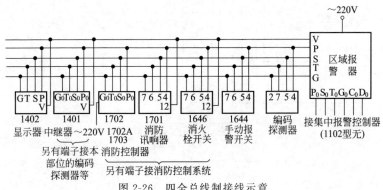

图 2-26　四全总线制接线示意

（3）二总线制

二总线制（共 2 根导线）其系统接线如图 2-27 所示。其中 S－为公共地线；则 S＋同时完成供电、选址、自检、报警等多种功能的信号传输。其优点是接线简单、用线量较少。现已广泛应用，特别是目前逐步应用的智能型火灾报警系统更是建立在二总线制的运行机制上。

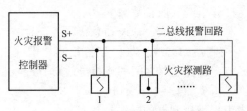

图 2-27　二总线制连接方式

细节44 火灾报警控制器的调试

----

① 应切断火灾报警控制器的所有外部控制连线，并将任意一个总线回路的火灾探测器、手动火灾报警按钮等部件相连接后接通电源，使控制器处于正常监视状态。

② 应对火灾报警控制器下列主要功能进行检查并记录，控制器的功能应符合现行国家标准《火灾报警控制器》（GB 4717—2005）的规定。

　　a. 自检功能。

　　b. 操作级别。

　　c. 屏蔽功能。

　　d. 主、备电源的自动转换功能。

　　e. 故障报警功能：Ⅰ. 备用电源连线故障报警功能；Ⅱ. 配接部件连线故障报警功能。

　　f. 短路隔离保护功能。

　　g. 火警优先功能。

　　h. 消音功能。

　　i. 二次报警功能。

　　j. 负载功能。

　　k. 复位功能。

③ 火灾报警控制器应依次与其他回路相连接，使控制器处于正常监视状态，在备电工作状态下，按②条第 e 款第Ⅱ项、第 f 款、第 j 款、第 k 款的规定对火灾报警控制器进行功能检查并记录，控制器的功能应符合现行国家标准《火灾报警控制器》（GB 4717—2005）的规定。

细节45 可燃气体报警控制器调试

----

① 对多线制可燃气体报警控制器，应将所有回路的可燃气体探测器与控制器相连接；对总线制可燃气体报警控制器，应将任一回路的可燃气体探测器与控制器相连接。应切断可燃气体报警控制器的所有外部控制连线，接通电源，使控制器处于正常监视状态。

② 应对可燃气体报警控制器下列主要功能进行检查并记录，控制器的功能应符合现行国家标准《可燃气体报警控制器》（GB 16808—2008）的规定。

a. 自检功能。

b. 操作级别。

c. 可燃气体浓度显示功能。

d. 主、备电源的自动转换功能。

e. 故障报警功能：Ⅰ. 备用电源连线故障报警功能；Ⅱ. 配接部件连线故障报警功能。

f. 总线制可燃气体报警控制器的短路隔离功能。

g. 可燃气体报警功能。

h. 消音功能。

i. 控制器负载功能。

j. 复位功能。

③ 对总线制可燃气体报警控制器，应依次将其他回路与可燃气体报警控制器相连接，使控制器处于正常监视状态，在备电工作状态下，按②条第 e 款第Ⅱ项、第 f 款、第 i 款、第 j 款的规定对可燃气体报警控制器进行功能检查并记录，控制器的功能应符合现行国家标准《可燃气体报警控制器》（GB 16808—2008）的规定。

细节46 火灾报警控制器的验收

① 火灾报警控制器的安装应满足控制器类设备安装的要求。

② 火灾报警控制器的规格、型号、容量、数量应符合设计要求。

③ 火灾报警控制器的功能验收应按火灾报警控制器调试的要求进行检查，检查结果应符合现行国家标准《火灾报警控制器》（GB 4717—2005）和产品使用说明书的有关要求。

2.4 其他火灾报警装置

为便于发生火灾时人工直接进行手动操作发出火灾报警信号，建筑物的走廊、楼梯口以及人员密集的公共场所应设置手动报警按钮。当现场发生火灾并确认后，声光讯响器可由消防控制中心的火灾报警控制器启动，发出强烈的声光警报信号。联动控制模块是集控制和计算机技术的现场消防设备的监控转换模块，在消防控制中心远方直接手动或联动控制消防设备的启停运行，或通过输入模块监视消防设备的运行状态。

本节主要介绍火灾自动报警系统中的其他火灾报警装置，其中包括：手动报警按钮，声光讯响器，短路隔离器，火灾显示盘，联动控制模块，消防控制室，消防电话，消防设备应急电源等。本节还将介绍火灾自动报警及联动系统的调试办法及疏散指示灯的检测验收要求。

细节47　手动报警按钮

手动报警按钮是由人工手动方式操作的火灾报警辅助设备。手动报警按钮主要设置在建筑物的楼梯口、走廊以及人员密集的公共场所，并设置在明显和便于操作的部位，以便发生火灾时，敲碎有机玻璃片，由人工直接进行手动操作向火灾报警控制器或消防控制室发出火灾报警信号。

手动报警
按钮的安装

（1）手动报警按钮的分类

手动报警按钮按是否带电话可分为普通型和带电话插孔型，根据是否带编码可分为编码型和非编码型，其外形如图 2-28 所示。

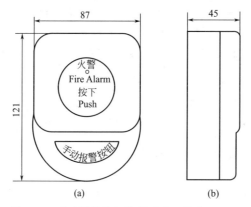

图 2-28　手动报警按钮外形示意（单位：mm）
(a) 正面；(b) 侧面

手动报警按钮底盒背面和底部各有一个敲落孔，既能明装也可暗装，明装时可将底盒装在预埋盒上，暗装时可将底盒装进埋入墙内的预埋盒里，如图 2-29 所示。

① 普通型手动报警按钮。普通型手动报警按钮操作方式一般为人工手动压下玻璃（一般为可恢复型），分为带编码型和不带编码型（子型），编码型手动报警按钮通常可带数个子型手动报警按钮。

② 带电话插孔手动报警按钮。带电话插孔手动报警按钮附加有电话插孔，以供巡逻人员使用手持电话机插入插孔后，可直接与消防控制

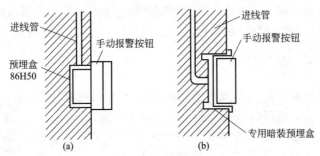

图 2-29　手动报警按钮安装示意

（a）明装；（b）暗装

室或消防中心进行电话联系。电话接线端子通常连接于二线制（非编码型）消防电话系统，如图 2-30 所示。

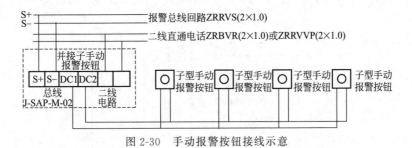

图 2-30　手动报警按钮接线示意

（2）手动报警按钮的作用原理

手动报警按钮一般安装设置在公共场所。当人工确认火灾发生时，可随即按下按钮玻璃（可用专用工具使其复位），可直接向报警控制器发出火灾报警信号。控制器收到报警信号后，可根据手动报警按钮的编码地址，显示出报警按钮的编号或位置，并发出音响或声光警报。

（3）手动报警按钮的设置

手动报警按钮的设置要求如下。

① 每个防火分区应至少设置一只手动火灾报警按钮。从一个防火分区内的任何位置到最邻近的手动火灾报警按钮的步行距离不应大于30m。手动火灾报警按钮宜设置在疏散通道或出入口处。列车上设置的手动火灾报警按钮，应设置在每节车厢的出入口和中间部位。

② 手动火灾报警按钮应设置在明显和便于操作的部位。当采用壁挂方式安装时，其底边距地高度宜为 1.3～1.5m，且应有明显的标志。

（4）手动报警按钮的布线

手动报警按钮接线端子如图 2-31、图 2-32 所示。

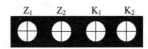

图 2-31　手动报警按钮（不带插孔）接线端子

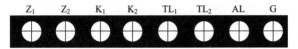

图 2-32　手动报警按钮（带消防电话插孔）接线端子

图 2-31 和图 2-32 中各端子的意义见表 2-3。

表 2-3　手动报警按钮各端子的意义

端子		意义	说明
Z_1、Z_2	图 2-32	无极性信号二总线端子	布线时 Z_1、Z_2 采用 RVS 双绞线，导线截面≥1.0mm²
	图 2-33	与控制器信号二总线连接的端子	布线时信号 Z_1、Z_2 采用 RVS 双绞线，截面积≥1.0mm²
K_1、K_2	图 2-32	无源常开输出端子	—
	图 2-33	DC24V 进线端子及控制线输出端子，用于提供直流 24V 开关信号	—
AL、G	图 2-33	与总线制编码电话插孔连接的报警请求线端子	报警请求线 AL、G 采用 BV 线，截面积≥1.0mm²
TL_1、TL_2	图 2-33	与总线制编码电话插孔或多线制电话主机连接音频接线端子	消防电话线 TL_1、TL_2 采用 RVVP 屏蔽线，截面积≥1.0mm²

细节48　声光讯响器

声光讯响器是一种安装在现场的声光报警设备，当现场发生火灾并确认后，安装在现场的声光警报器可由消防控制中心的火灾报警控制器启动，发出强烈的声光警报信号，以达到提醒现场人员注意的目的。

声光讯响器

(1) 声光讯响器的分类

声光讯响器通常分非编码型与编码型两种，编码型声光讯响器可直接接入火灾报警控制器的信号二总线（需由电源系统提供 2 根 DC24V 电源线），非编码型声光讯响器不含编码电路，可直接由有源 DC24V 常开触点进行控制。在系统设计时一般选用编码声光讯响器，这样可靠性得以提高。同时便于扑救火灾时及时正确引导有关人员寻找着火楼层。

(2) 声光讯响器的技术指标

声光讯响器的技术指标见表 2-4。

表 2-4 声光讯响器的技术指标

工作电压	DC24V	
监视电流	≤0.8mA	
线制	HX-100B 编码型声光讯响器接口与火灾报警控制器采用无极性二总线连接，另需 2 根 DC24V 电源线	
	HX-100A 非编码型声光讯响器采用两根线与 DC24V 有源常开触点连接	
报警音响	≥80dB	
使用环境	温度	$-10\sim+50℃$
	相对湿度	≤95％（40℃±2℃）
外形尺寸	90mm×90mm×45mm	
Z_1、Z_2	与火灾报警控制器信号二总线连接的端子，对于 HX-100A 型声光讯响器，此端子无效	
D_1、D_2	与 DC24V 电源线（HX-100B）或 DC24V 常开控制触点（HX-100A）连接的端子，无极性	
S_1、G	外控输入端子	

声光讯响器接线端子如图 2-33 所示。

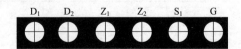

图 2-33 HX-100B 型声光讯响器接线端子示意

(3) 声光讯响器的安装

声光讯响器一般安装在公共走廊、各层楼梯口、消防电梯前室口等处。声光讯响器采用壁挂式安装，在普通高度空间下，以距顶棚 0.2m

处为宜。

(4) 声光讯响器的布线

声光讯响器的布线要求如下。

① 信号二总线 Z_1、Z_2 采用 RVS 型双绞线，截面积$\geqslant 1.0 \text{mm}^2$。

② 电源线 D_1、D_2 采用 BV 线，截面积$\geqslant 1.5 \text{mm}^2$。

③ S_1、G 采用 RV 线，截面积$\geqslant 0.5 \text{mm}^2$。

细节49 短路隔离器

(1) 短路隔离器的作用

短路隔离器用在传输总线上，对各分支线在总线短路时通过短路部分两端呈高阻或开路状态，从而使该短路障碍的影响仅限于被隔离部分，且不影响控制器和总线上其他部分的正常工作。其主要作用与功能有以下几个方面。

① 隔离故障部位，保护报警控制器以免使其过载而损坏。

② 不影响报警总线其他分支回路及其部件的正常工作。

③ 短路保护动作后，能根据自身编码向报警控制器发出故障报警信号。

④ 当短路故障消除后，能自动恢复故障线路的接通而转入正常工作。

(2) 短路隔离器的技术指标

以 ZN908 为例，ZN908 短路隔离器的技术指标见表 2-5。

表 2-5 ZN908 短路隔离器的技术指标

工作电压	DC19~25V 脉冲
工作电流	<1.0mA
环境温度	温度−10~+50℃
相对湿度	<95%,40℃
线制	二总线,分极性
外形尺寸	110mm×68mm×30mm

(3) 短路隔离器的布线

短路隔离器的布线要求为：直接与信号二总线连接，无需其他布线。可选用截面积$\geqslant 1.0 \text{mm}^2$ 的 RVS 双绞线。

以 LD-8313 短路隔离器为例，短路隔离器的接线端子如图 2-34 所示。

Z_1　　Z_2　　A　　Z_{01}　　Z_{02}

图 2-34　LD-8313 短路隔离器接线端子示意

注：Z_1、Z_2—无极性信号二总线输入端子；Z_{01}、Z_{02}—无极性信号二总
线输出端子，最多可接入 50 个编码设备（含各类探测器或编码模块）；
A—动作电流选择端子，与 Z_{01} 短接时，隔离器最多可接入 100 个
编码设备（含各类探测器或编码模块）。

细节50　火灾显示盘

火灾显示盘是显示报警区域内的各种报警设备火警及故障信息的设备，不但可以显示自身所在回路的故障及火灾信息，也可以显示其他回路的故障及火灾信息，甚至整个控制器的信息可以用于异地监视中控室报警器的全部火灾及故障信息。火灾显示盘适用于各防火监视分区或楼层，通常设置在楼层或其他重要场所，以便在火灾报警时警示值班或消防人员。常用的火灾显示盘有数码显示式、液晶汉显式和 LED 图形显示式等，下面以海湾 ZF-500 型汉字液晶显示火灾显示盘为例加以说明。

(1) 火灾显示盘的作用原理

建筑物内发生火灾后，消防控制中心的火灾报警控制器产生报警，同时把报警信号传输到失火区域的火灾显示盘上；火灾显示盘将报警的探测器编号及相关信息显示出来，同时发出声光报警信号，以通知失火区域的人员。火灾显示盘报警信息显示窗，可以将报警探测器编码号显示出来，满足大范围的报警显示要求。当用一台报警控制器同时监控数个楼层或防火分区时，可在每个楼层或防火分区设置火灾显示盘以取代区域报警控制器。

(2) 火灾显示盘的功能及特点

ZF-500 型火灾显示盘是用单片机设计开发的汉字式火灾显示盘，用来显示火警探测器部位编号及其汉字信息并同时发出声光报警信号，显示内容清晰直观，便于人员确认。它通过总线与火灾报警控制器相连，处理并显示控制器传送过来的数据。当用一台报警器同时监控数个楼层或防火分区时，可以在每个楼层或防火分区设置火灾显示盘以取代区域报警控制器。

（3）火灾显示盘的技术指标

火灾显示盘的技术指标见表 2-6。

表 2-6　火灾显示盘的技术指标

项　目	技　术　指　标	
显示范围	每屏显示四条汉字报警信息，后续报警信息可滚屏显示	
显示容量	最多不超过 126 条汉字报警信息	
线制	与火灾报警控制器间采用有极性二总线连接，另需 2 根 DC24V 电源供电线（不分极性）	
使用环境	温度	0～＋40℃
	相对湿度	≤95％，不结露
电源	采用 DC24V 电源集中供电	
功耗	静态功耗≤2W，最大功耗≤5W	
外形尺寸	206mm×115mm×44mm	

（4）火灾显示盘的安装

①　在建筑物每个楼层各楼梯口或消防电梯前室等明显部位，应装设识别火灾楼层的火灾显示盘。

②　火灾显示盘配合专用安装底座采用壁挂式安装，其底座外形如图 2-35 所示。

③　火灾显示盘安装如图 2-36 所示。火灾显示盘与底座间可直接卡接，安装显示盘前可以先将底座固定在墙壁上。

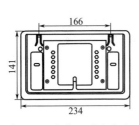

图 2-35　火灾显示盘底座
外形（单位：mm）

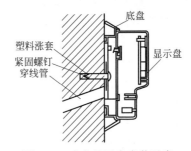

图 2-36　火灾显示盘安装示意

（5）火灾显示盘的接线

常用的火灾显示盘有数码显示式、液晶汉显式和 LED 图形显示式等，其安装形式和报警控制器相类似，其接线如图 2-37 所示。

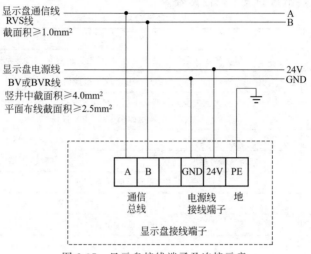

显示盘通信线 ——— A
RVS线 ——— B
截面积≥1.0mm²

显示盘电源线 ——— 24V
BV或BVR线 ——— GND
竖井中截面积≥4.0mm²
平面布线截面积≥2.5mm²

| A | B | | GND | 24V | PE |

通信 电源线 地
总线 接线端子

显示盘接线端子

图 2-37　显示盘接线端子及连接示意

细节51　联动控制模块

联动控制模块是集控制和计算机技术的现场消防设备的监控转换模块，在消防控制中心远方直接手动或联动控制消防设备的启停运行，或通过输入模块监视消防设备的运行状态。

(1) 总线联动控制模块

总线控制模块是采用二总线制方式控制的一次动作的电子继电器，如只控制启动或只控制停止等。主要用于排烟口、送风口、防火阀、排烟阀、非消防电源切断等一次动作的一般消防设备。总线控制模块连接于报警控制器的报警总线回路上，可由消防控制室进行联动或远方手动控制现场设备。

HJ-1825 总线联动控制模块的接线端子如图 2-38 所示。输出接点用来联动控制消防设备的动作；无源反馈用于现场设备动作状态的信号反馈；并配置有 DC24V 直流电源，与本继电器（总线联动控制模块）输出接点组合接成有源输出控制电路。

总线控制模块与所控设备的接线如图 2-39 所示。

用 LD-8301 与 LD-8302（非编码型）模块配合使用时，可实现对大电流（直流）启动设备的控制及交流 220V 设备的转换控制，可以防止

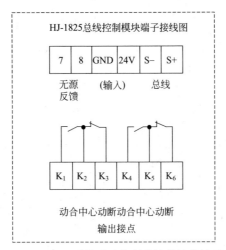

图 2-38 HJ-1825 总线联动控制模块的接线端子示意
7,8—无源反馈端子

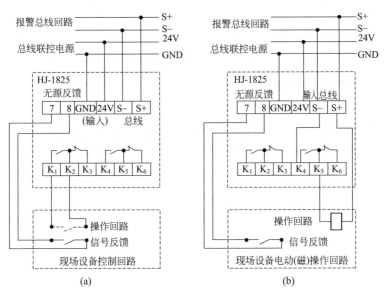

图 2-39 总线控制模块与所控设备的接线示意
(a) 无源接线控制；(b) 有源接线控制
7,8—无源反馈端子

由于使用 LD-8301 型模块直接控制设备造成将交流电引入控制系统总
线的危险。如图 2-40 所示。

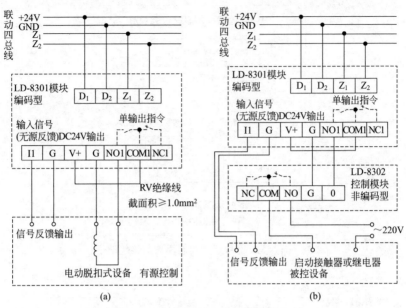

图 2-40　单动作切换控制模块接线示意

(a) 直流控制；(b) 交流控制

（2）多线联动控制模块

多线控制模块是二次动作的电子继电器，如既控制启动，又控制停止等，所以有时称双动作切换控制模块。主要用于水泵、排烟机、送风机、排风机等二次动作的重要消防设备。多线控制模块一般连接于报警控制器的多线控制回路上，可由消防控制室进行联动或远方手动控制现场设备。

HJ-1807 多线联动控制模块的接线端子如图 2-41 所示。

模块输出接点（常开与常闭接点）用来联动控制消防设备的动作；无源反馈用于现场设备动作状态的无源信号反馈；有源反馈用于现场设备动作状态的有源信号反馈。

多线控制模块与所控设备的接线如图 2-42 所示。

细节52　消防控制室

消防控制室是建筑消防系统的信息中心、控制中心、日常运行管理中心以及各自动消防系统运行状态监控中心，也是建筑发生火灾和进行日常火灾演练时的应急指挥中心。

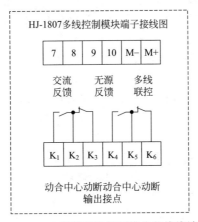

图 2-41 HJ-1807 多线联动控制模块的接线端子示意

7,8—交流反馈端子；9,10—无源反馈端子

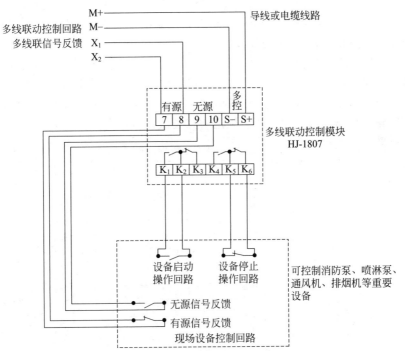

图 2-42 多线控制模块与所控设备的接线示意

（1）建筑防火设计

具有消防联动功能的火灾自动报警系统的保护对象中应设置消防控制室。消防控制室的设置应符合下列规定。

① 单独建造的消防控制室，其耐火等级不应低于二级。

② 附设在建筑内的消防控制室，宜设置在建筑内首层的靠外墙部位，也可设置在建筑的地下一层，但应采用耐火极限不低于2.00h的隔墙和耐火极限不低于1.50h的楼板，与其他部位隔开，并应设置直通室外的安全出口。

③ 消防控制室送、回风管的穿墙处应设防火阀。

④ 消防控制室内严禁穿过与消防设施无关的电气线路及管路。

⑤ 消防控制室不应设置在电磁场干扰较强及其他影响消防控制室设备工作的设备用房附近。

（2）消防控制室的功能要求

消防控制室内设置的消防设备应包括火灾报警控制器、消防联动控制器、消防控制室图形显示装置、消防专用电话总机、消防应急广播控制装置、消防应急照明和疏散指示系统控制装置、消防电源监控器等设备或具有相应功能的组合设备。

消防控制室内设置的消防控制室图形显示装置应能显示表2-1规定的建筑物内设置的全部消防系统及相关设备的动态信息和表2-7规定的消防安全管理信息，并应为远程监控系统预留接口，同时应具有向远程监控系统传输表2-1和表2-7规定的有关信息的功能。

表2-7　消防安全管理信息

序号	名　称		内　容
1	基本情况		单位名称、编号、类别、地址、联系电话、邮政编码、消防控制室电话；单位职工人数、成立时间、上级主管(或管辖)单位名称、占地面积、总建筑面积、单位总平面图(含消防车道、毗邻建筑等)；单位法人代表、消防安全责任人、消防安全管理人及专兼职消防管理人的姓名、身份证号码、电话
2	主要建(构)筑物等信息	建(构)筑物	建筑物名称、编号、使用性质、耐火等级、结构类型、建筑高度、地上层数及建筑面积、地下层数及建筑面积、隧道高度及长度等,建造日期、主要储存物名称及数量、建筑物内最大容纳人数、建筑立面图及消防设施平面布置图；消防控制室位置,安全出口的数量、位置及形式(指疏散楼梯)；毗邻建筑的使用性质、结构类型、建筑高度、与本建筑的间距
		堆场	堆场名称、主要堆放物品名称、总储量、最大堆高、堆场平面图(含消防车道、防火间距)

续表

序号	名 称		内 容
2	主要建(构)筑物等信息	储罐	储罐区名称、储罐类型(指地上、地下、立式、卧式、浮顶、固定顶等)、总容积、最大单罐容积及高度、储存物名称、性质和形态、储罐区平面图(含消防车道、防火间距)
		装置	装置区名称、占地面积、最大高度、设计日产量、主要原料、主要产品、装置区平面图(含消防车道、防火间距)
3	单位(场所)内消防安全重点部位信息		重点部位名称、所在位置、使用性质、建筑面积、耐火等级、有无消防设施、责任人姓名、身份证号码及电话
4	室内外消防设施信息	火灾自动报警系统	设置部位、系统形式、维保单位名称、联系电话;控制器(含火灾报警、消防联动、可燃气体报警、电气火灾监控等)、探测器(含火灾探测、可燃气体探测、电气火灾探测等)、手动报警按钮、消防电气控制装置等的类型、型号、数量、制造商;火灾自动报警系统图
		消防水源	市政给水管网形式(指环状、支状)及管径、市政管网向建(构)筑物供水的进水管数量及管径、消防水池位置及容量、屋顶水箱位置及容量、其他水源形式及供水量、消防泵房设置位置及水泵数量、消防给水系统平面布置图
		室外消火栓	室外消火栓管网形式(指环状、支状)及管径、消火栓数量、室外消火栓平面布置图
		室内消火栓系统	室内消火栓管网形式(指环状、支状)及管径、消火栓数量、水泵接合器位置及数量、有无与本系统相连的屋顶消防水箱
		自动喷水灭火系统(含雨淋、水幕)	设置部位、系统形式(指湿式,干式,预作用,开式,闭式等)、报警阀位置及数量、水泵接合器位置及数量、有无与本系统相连的屋顶消防水箱、自动喷水灭火系统图
		水喷雾(细水雾)灭火系统	设置部位、报警阀位置及数量、水喷雾(细水雾)灭火系统图
		气体灭火系统	系统形式(指有管网、无管网,组合分配,独立式、高压、低压等)、系统保护的防护区数量及位置、手动控制装置的位置、钢瓶间位置、灭火剂类型、气体灭火系统图
		泡沫灭火系统	设置部位、泡沫种类(指低倍、中倍、高倍,抗溶、氟蛋白等)、系统形式(指液上、液下,固定、半固定等)、泡沫灭火系统图
		干粉灭火系统	设置部位、干粉储罐位置、干粉灭火系统图
		防烟排烟系统	设置部位、风机安装位置、风机数量、风机类型、防烟排烟系统图
		防火门及卷帘	设置部位、数量
		消防应急广播	设置部位、数量、消防应急广播系统图

序号	名　称		内　容
4	室内外消防设施信息	应急照明和疏散指示系统	设置部位、数量、应急照明和疏散指示系统图
		消防电源	设置部位、消防主电源在配电室是否有独立配电柜供电、备用电源形式(市电、发电机、紧急电源系统等)
		灭火器	设置部位、配置类型(指手提式、推车式等)、数量、生产日期、更换药剂日期
5	消防设施定期检查及维护保养信息		检查人姓名、检查日期、检查类别(指日检、月检、季检、年检等)、检查内容(指各类消防设施相关技术规范规定的内容)及处理结果、维护保养日期、内容
6	日常防火巡查记录	基本信息	值班人员姓名、每日巡查次数、巡查时间、巡查部位
		用火用电	用火、用电、用气有无违章情况
		疏散通道	安全出口、疏散通道、疏散楼梯是否畅通,是否堆放可燃物;疏散走道、疏散楼梯、顶棚装修材料是否合格
		防火门、防火卷帘	常闭防火门是否处于正常工作状态,是否被锁闭;防火卷帘是否处于正常工作状态,防火卷帘下方是否堆放物品影响使用
		消防设施	疏散指示标志、应急照明是否处于正常完好状态;火灾自动报警系统探测器是否处于正常完好状态;自动喷水灭火系统喷头、末端放(试)水装置、报警阀是否处于正常完好状态;室内、室外消火栓系统是否处于正常完好状态;灭火器是否处于正常完好状态
7	火灾信息		起火时间、起火部位、起火原因、报警方式(指自动、人工等)、灭火方式(指气体、喷水、水喷雾、泡沫、干粉灭火系统、灭火器、消防队等)

　　消防控制室应设有用于火灾报警的外线电话。消防控制室应有相应的竣工图纸、各分系统控制逻辑关系说明、设备使用说明书、系统操作规程、应急预案、值班制度、维护保养制度及值班记录等文件资料。

　　具有两个或两个以上消防控制室时，应确定主消防控制室和分消防控制室。主消防控制室的消防设备应对系统内共用的消防设备进行控制，并显示其状态信息；主消防控制室内的消防设备应能显示各分消防控制室内消防设备的状态信息，并可对分消防控制室内的消防设备及其控制的消防系统和设备进行控制；各分消防控制室之间的消防设备之间可以互相传输、显示状态信息，但不应互相控制。

消防控制室内设置的消防设备应为符合国家市场准入制度的产品。消防控制室的设计、建设和运行应符合国家现行有关标准的规定。消防设备组成系统时，各设备之间应满足系统兼容性要求。

（3）消防控制室资料

消防控制室内应保存下列纸质和电子档案资料。

① 建（构）筑物竣工后的总平面布局图、建筑消防设施平面布置图、建筑消防设施系统图及安全出口布置图、重点部位位置图等。

② 消防安全管理规章制度、应急灭火预案、应急疏散预案等。

③ 消防安全组织结构图，包括消防安全责任人、管理人、专职、义务消防人员等内容。

④ 消防安全培训记录、灭火和应急疏散预案的演练记录。

⑤ 值班情况、消防安全检查情况及巡查情况的记录。

⑥ 消防设施一览表，包括消防设施的类型、数量、状态等内容。

⑦ 消防系统控制逻辑关系说明、设备使用说明书、系统操作规程、系统和设备维护保养制度等。

⑧ 设备运行状况、接报警记录、火灾处理情况、设备检修检测报告等资料，这些资料应能定期保存和归档。

（4）消防控制室管理及应急程序

① 消防控制室管理应符合的要求

a. 应实行每日 24h 专人值班制度，每班不应少于 2 人，值班人员应持有消防控制室操作职业资格证书。

b. 消防设施日常维护管理应符合相关要求。

c. 应确保火灾自动报警系统、灭火系统和其他联动控制设备处于正常工作状态，不得将应处于自动状态的设在手动状态。

d. 应确保高位消防水箱、消防水池、气压水罐等消防储水设施水量充足，确保消防泵出水管阀门、自动喷水灭火系统管道上的阀门常开；确保消防水泵、防排烟风机、防火卷帘等消防用电设备的配电柜启动开关处于自动位置（通电状态）。

② 消防控制室的值班应急程序应符合的要求

a. 接到火灾警报后，值班人员应立即以最快方式确认。

b. 火灾确认后，值班人员应立即确认火灾报警联动控制开关处于自动状态，同时拨打"119"报警，报警时应说明着火单位地点、起火部位、着火物种类、火势大小、报警人姓名和联系电话。

c. 值班人员应立即启动单位内部应急疏散和灭火预案，并同时报告单位负责人。

（5）消防控制室的设备布置

① 设备面盘前的操作距离，单列布置时不应小于1.5m；双列布置时不应小于2m。

② 在值班人员经常工作的一面，设备面盘至墙的距离不应小于3m。

③ 设备面盘后的维修距离不宜小于1m。

④ 设备面盘的排列长度大于4m时，其两端应设置宽度不小于1m的通道。

⑤ 与建筑其他弱电系统合用的消防控制室内，消防设备应集中设置，并应与其他设备间有明显间隔。

（6）消防控制室的控制与显示功能

① 消防控制室图形显示装置。消防控制室图形显示装置应能用同一界面显示建（构）筑物周边消防车道、消防登高车操作场地、消防水源位置，以及相邻建筑的防火间距、建筑面积、建筑高度、使用性质等情况；应能显示消防系统及设备的名称、位置和动态信息；当有火灾报警信号、监管报警信号、反馈信号、屏蔽信号、故障信号输入时，应有相应状态的专用总指示，在总平面布局图中应显示输入信号所在的建（构）筑物的位置，在建筑平面图上应显示输入信号所在的位置和名称，并记录时间、信号类别和部位等信息；应在10s内显示输入的火灾报警信号和反馈信号的状态信息，在100s内显示其他输入信号的状态信息；应采用中文标注和中文界面，界面对角线长度不应小于430mm；应能显示可燃气体探测报警系统、电气火灾监控系统的报警信息、故障信息和相关联动反馈信息。

② 火灾报警控制器。火灾报警控制器应能显示火灾探测器、火灾显示盘、手动火灾报警按钮的正常工作状态，火灾报警状态，屏蔽状态及故障状态等相关信息；应能控制火灾声光警报器的启动和停止。

③ 消防联动控制器

a. 应能将消防系统及设备的状态信息传输到消防控制室图形显示装置。

b. 对自动喷水灭火系统的控制和显示应符合下列要求：应能显示喷淋泵电源的工作状态；应能显示喷淋泵（稳压或增压泵）的启、停状态和故障状态，并显示水流指示器、信号阀、报警阀、压力开关等设备的正常工作状态和动作状态；应能显示消防水箱（池）最低水位信息和管网最低压力报警信息；应能手动控制喷淋泵的启、停，并显示其手动启、停和自动启动的动作反馈信号。

c. 对消火栓系统的控制和显示应符合下列要求：应能显示消防水泵电源的工作状态；应能显示消防水泵（稳压或增压泵）的启、停状态和故障状态，并显示消火栓按钮的正常工作状态和动作状态及位置等信息、消防水箱（池）最低水位信息和管网最低压力报警信息；应能手动和自动控制消防水泵启、停，并显示其动作反馈信号。

d. 对气体灭火系统的控制和显示应符合下列要求：应能显示系统的手动、自动工作状态及故障状态；应能显示系统的驱动装置的正常工作状态和动作状态，并能显示防护区域中的防火门（窗）、防火阀、通风空调等设备的正常工作状态和动作状态；应能手动控制系统的启、停，并显示延时状态信号、紧急停止信号和管网压力信号。

e. 对水喷雾、细水雾灭火系统的控制和显示应符合下列要求：水喷雾灭火系统、采用水泵供水的细水雾灭火系统应符合自动喷水灭火系统的要求，采用压力容器供水的细水雾灭火系统应符合气体灭火系统的要求。

f. 对泡沫灭火系统的控制和显示应符合下列要求：应能显示消防水泵、泡沫液泵电源的工作状态；应能显示系统的手动、自动工作状态及故障状态；应能显示消防水泵、泡沫液泵的启、停状态和故障状态，并显示消防水箱（池）最低水位和泡沫液罐最低液位信息；应能手动控制消防水泵和泡沫液泵的启、停，并显示其动作反馈信号。

g. 对干粉灭火系统的控制和显示应符合下列要求：应能显示系统的手动、自动工作状态及故障状态；应能显示系统的驱动装置的正常工作状态和动作状态，并能显示防护区域中的防火门（窗）、防火阀、通风空调等设备的正常工作状态和动作状态；应能手动控制系统的启动和停止，并显示延时状态信号、紧急停止信号和管网压力信号。

h. 对防烟排烟系统及通风空调系统的控制和显示应符合下列要求：应能显示防烟排烟系统风机电源的工作状态；应能显示防烟排烟系统的手动、自动工作状态及防烟排烟系统风机的正常工作状态和动作状态；应能控制防烟排烟系统及通风空调系统的风机和电动排烟防火阀、电控挡烟垂壁、电动防火阀、常闭送风口、排烟阀（口）、电动排烟窗的动作，并显示其反馈信号。

i. 对防火门及防火卷帘系统的控制和显示应符合下列要求：应能显示防火门控制器、防火卷帘控制器的工作状态和故障状态等动态信息；应能显示防火卷帘、常开防火门、人员密集场所中因管理需要平时常闭的疏散门及具有信号反馈功能的防火门的工作状态；应能关闭防火卷帘和常开防火门，并显示其反馈信号。

j. 对电梯的控制和显示应符合下列要求：应能控制所有电梯全部回降首层，非消防电梯应开门停用，消防电梯应开门待用，并显示反馈信号及消防电梯运行时所在楼层；应能显示消防电梯的故障状态和停用状态。

④ 消防电话总机。消防电话总机应符合下列要求。

a. 应能与各消防电话分机通话，并具有插入通话功能。

b. 应能接收来自消防电话插孔的呼叫，并能通话。

c. 应有消防电话通话录音功能。

d. 应能显示各消防电话的故障状态，并能将故障状态信息传输给消防控制室图形显示装置。

⑤ 消防应急广播控制装置。消防应急广播控制装置应符合下列要求。

a. 应能显示处于应急广播状态的广播分区、预设广播信息。

b. 应能分别通过手动和按照预设控制逻辑自动控制选择广播分区、启动或停止应急广播，并在扬声器进行应急广播时自动对广播内容进行录音。

c. 应能显示应急广播的故障状态，并能将故障状态信息传输给消防控制室图形显示装置。

⑥ 消防应急照明和疏散指示系统控制装置。消防应急照明和疏散指示系统控制装置应符合下列要求。

a. 应能手动控制自带电源型消防应急照明和疏散指示系统的主电工作状态和应急工作状态的转换。

b. 应能分别通过手动和自动控制集中电源型消防应急照明和疏散指示系统、集中控制型消防应急照明和疏散指示系统从主电工作状态切换到应急工作状态。

c. 受消防联动控制器控制的系统应能将系统的故障状态和应急工作状态信息传输给消防控制室图形显示装置。

d. 不受消防联动控制器控制的系统应能将系统的故障状态和应急工作状态信息传输给消防控制室图形显示装置。

⑦ 消防电源监控器。消防电源监控器应符合下列要求。

a. 应能显示消防用电设备的供电电源和备用电源的工作状态和故障报警信息。

b. 应能将消防用电设备的供电电源和备用电源的工作状态和欠压报警信息传输给消防控制室图形显示装置。

(7) 消防控制室图形显示装置的信息记录要求

① 应记录表 2-1 中规定的建筑消防设施运行状态信息，记录容量不应少于 10000 条，记录备份后方可被覆盖。

② 应具有产品维护保养的内容和时间、系统程序的进入和退出时间、操作人员姓名或代码等内容的记录，存储记录容量不应少于 10000 条，记录备份后方可被覆盖。

③ 应记录表 2-7 中规定的消防安全管理信息及系统内各个消防设备（设施）的制造商、产品有效期，记录容量不应少于 10000 条，记录备份后方可被覆盖。

④ 应能对历史记录打印归档或刻录存盘归档。

(8) 信息传输要求

① 消防控制室图形显示装置应能在接收到火灾报警信号或联动信号后 10s 内将相应信息按规定的通信协议格式传送给监控中心。

② 消防控制室图形显示装置应能在接收到建筑消防设施运行状态信息后 100s 内将相应信息按规定的通信协议格式传送给监控中心。

③ 当具有自动向监控中心传输消防安全管理信息功能时，消防控制室图形显示装置应能在发出传输信息指令后 100s 内将相应信息按规定的通信协议格式传送给监控中心。

④ 消防控制室图形显示装置应能接收监控中心的查询指令并按规定的通信协议格式将规定的信息传送给监控中心。

⑤ 消防控制室图形显示装置应有信息传输指示灯，在处理和传输信息时，该指示灯应闪亮，在得到监控中心的正确接收确认后，该指示灯应常亮并保持直至该状态复位。当信息传送失败时应有声、光指示。

⑥ 火灾报警信息应优先于其他信息传输。

⑦ 信息传输不应受保护区域内消防系统及设备任何操作的影响。

细节53 消防电话

- -

(1) 安装

消防电话分机和电话插孔的安装应符合下列规定。

① 宜安装在明显、便于操作的位置，采用壁挂方式安装时，其底边距地（楼）面的高度宜为 1.3～1.5m。

② 避难层中，消防专用电话分机或电话插孔的安装间距不应大于 20m。

③ 应设置明显的永久性标识。

④ 电话插孔不应设置在消火栓箱内。

(2) 调试

① 应接通电源，使消防电话总机处于正常工作状态，对消防电话总机下列主要功能进行检查并记录，电话总机的功能应符合现行国家标准《消防联动控制系统》（GB 16806—2006）的规定：

a. 自检功能；

b. 故障报警功能；

c. 消音功能；

d. 电话分机呼叫电话总机功能；

e. 电话总机呼叫电话分机功能。

② 应对消防电话分机进行下列主要功能检查并记录，电话分机的功能应符合现行国家标准《消防联动控制系统》（GB 16806—2006）的规定：

a. 呼叫电话总机功能；

b. 接受电话总机呼叫功能。

③ 应对消防电话插孔的通话功能进行检查并记录，电话插孔的通话功能应符合现行国家标准《消防联动控制系统》（GB 16806—2006）的规定。

细节54 消防设备应急电源和备用蓄电池的安装

(1) 安装

① 应安装在通风良好的场所，当安装在密封环境中时应有通风措施，电池安装场所的环境温度不应超出电池标称的工作温度范围；

② 不应安装在火灾爆炸危险场所；

③ 酸性电池不应安装在带有碱性介质的场所，碱性电池不应安装在带有酸性介质的场所。

(2) 调试

① 应将消防设备与消防设备应急电源相连接，接通消防设备应急

电源的主电源，使消防设备应急电源处于正常工作状态。

② 应对消防设备应急电源下列主要功能进行检查并记录，消防设备应急电源的功能应符合现行国家标准《消防联动控制系统》（GB 16806—2006）的规定：

　　a. 正常显示功能；

　　b. 故障报警功能；

　　c. 消音功能；

　　d. 转换功能。

（3）验收

消防设备应急电源的验收应满足下列要求。

① 消防设备应急电源的安装应满足本细节（1）的要求。

② 消防设备应急电源的功能验收应按本细节（2）的要求进行检查，检查结果应符合要求。

细节55 火灾自动报警及联动系统的调试

在各子系统的分步调试结束后，就可进行最后的火灾自动报警系统及消防联动系统的调试了。这是整个消防系统调试最后的也是最关键的步骤。火灾自动报警系统及联动系统的调试分为两部分内容：一是自动报警系统自身器件的连接、登录、联动关系的编制及输入；二是模拟火灾信号检查各系统是否按照编制的逻辑关系执行。

（1）自动报警系统自身器件的连接

首先要完成火灾自动报警系统中的探测器、手动报警按钮、输入模块、输出模块、消火栓手动报警按钮、复示器、区域机等设施的连接。

（2）地址编码及登录

地址编码及登录步骤如下。

① 先按设备所设置的部位、编号，对火灾探测器、手动报警按钮、消火栓按钮、输出/输入模块、联动控制模块等火灾报警与联动器件进行地址编码。

② 进行联动控制逻辑关系的编制。

③ 按消防要求将地址编码及联动控制逻辑关系登录至报警控制器。报警控制器将逐点注册外接设备，显示注册结果。注意，在编码、编程、登录和调试时，应按火灾报警控制器的产品说明及技术资料的要求进行。

为便于施工安装和系统调试，一般可先行将报警与联动器件的地址编码、名称、类型等参数，标注在图纸中的器件附近；同时也可将报警与联动器件的地址编码、名称、类型等参数汇集成表，以便在安装和调试中查阅和登录。

（3）系统联调

各消防系统、设备、器件分别调试完毕后，即可进行火灾自动报警与联动系统的联合调试。调试步骤如下。

① 先通过模拟火灾信号，检查火灾探测器、手动报警按钮等火灾报警系统工作正常，报警控制器显示的地址编码、名称、类型等参数应准确无误。

② 通过模拟火灾信号或其他方式，逐个检验各消防联动系统（主要有消火栓灭火系统、防排烟系统、自动喷水灭火系统、防火卷帘门装置、电源与电梯强切装置、气体灭火系统等）联动控制逻辑关系的动作对象与顺序，并应满足设置要求和消防规范要求，各类反馈信号应指示正常，地址编码显示正确，声光报警音调正常。

细节56 疏散指示灯的检测验收

疏散指示灯的检测应符合下列要求。

① 疏散指示灯的指示方向应与实际疏散方向相一致，墙上安装时安装高度应在 1m 以下且间距不宜大于 20m，人防工程不宜大于 10m。

② 疏散指示灯的照度应不小于 0.5lx，人防工程不低于 1lx。

③ 疏散指示灯采用蓄电池作为备用电源时，其应急工作时间应当不小于 20min，建筑物高度超过 100m 时其应急工作时间应不小于 30min。

④ 疏散指示灯的主备电源切换时间应不大于 5s。

3

消火栓灭火系统

3.1 概述

消火栓灭火系统是当前应用最为广泛的灭火设备系统，由消火栓、水泵、水箱、水泵接合器及管网组成。如图 3-1 和图 3-2 所示。

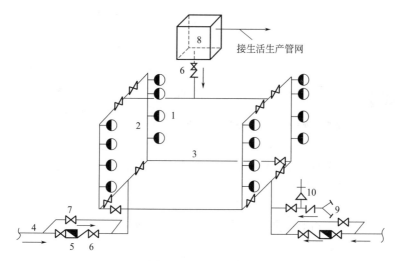

图 3-1　高压室内消火栓给水系统

1—室内消火栓；2—消防竖管；3—干管；4—进户管；5—水表；6—止回阀；

7—旁通管及阀门；8—水箱；9—水泵接合器；10—安全阀

本节主要介绍消火栓灭火系统的构成，消火栓灭火系统的给水系统，消火栓灭火系统专用设备和材料，材料进场检验。

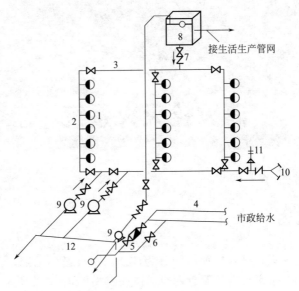

接生活生产管网

市政给水

图 3-2　设有消防泵和水箱的室内消火栓给水系统

1—室内消火栓；2—消防竖管；3—干管；4—进户管；5—水表；

6—旁通管及阀门；7—止回阀；8—水箱；9—水泵；

10—水泵接合器；11—安全阀；12—水池

细节57　消火栓灭火系统的给水系统

(1) 低层建筑室内消火栓给水系统

根据设置水泵及水箱情况，可分为三种类型。

① 无加压泵和水箱的室内消火栓给水系统。室外给水管网的水压及水量任何时候都能满足室内最不利点消火栓的设计水压和水量时，常采用这种无加压泵和水箱的室内消火栓给水系统。

② 设有水箱的室内消火栓给水系统。在水压变化较大，用水量最大时，室外管网不能保证室内最不利点消火栓的水压及水量，而当用水量较小时，室外管网的压力又较大，能向高位水箱补水的情况下，常采用这种给水系统。如图 3-1 所示。

③ 设有消防水泵和水箱的室内消火栓给水系统。当室外给水管网的水压和水量经常不能满足室内消火栓给水系统的水压和水量要求，或室外采用消防水池给水系统时，应设置消防水泵加压，同时设置消防水箱给水系统。如图 3-2 所示。

（2）高层建筑室内消火栓给水系统

① 按服务范围分。有独立的室内消火栓给水系统，即每幢高层建筑设置一个单独加压的室内消火栓给水系统；区域集中的室内消火栓给水系统，即数幢或数十幢高层建筑物共用一个加压泵房的室内消火栓给水系统。

② 按建筑高度分。有不分区给水方式消防给水系统及分区给水方式消防给水系统。

③ 按消防给水压力分。有高压消防给水系统；准高压消防给水系统；临时高压消防给水系统。

细节58　消火栓灭火系统专用设备和材料

（1）消火栓

消火栓是一个带内螺纹接头的阀门，一端连消防主管，另一端与水龙带连接。有室外消火栓和室内消火栓之分。

① 室外消火栓。室外消火栓是指设置在建筑物外消防给水管网的一种供水设备。由本体、进水弯管、阀塞、出水口及排水口等组成。它的作用是向消防车提供消防用水或直接接出水带、水枪进行灭火。按设置条件分为地上式消火栓和地下式消火栓；按压力分为低压消火栓和高压消火栓。

② 室内消火栓。室内消火栓设置在建筑物内消火栓箱中。由水枪、水带、消火栓三部分组成。水枪一般采用直流式，喷口直径有 13mm、16mm、19mm，13mm 和 19mm 口径的分别配 50mm、65mm 的接口，16mm 口径配 50mm 或 65mm 的接口。水龙带有橡胶和麻织两种。

（2）消防水泵接合器

消防水泵接合器是消防队使用消防车从室外水源取水，向室内管网供水的接口。建筑物遇大火，消防用水不足时，可通过它将水送至室内消防给水管网，补充消防用水量的不足。室内消防水泵发生故障时，消防车从室外消火栓取水，通过它将水送至室内消防给水管网。室内消防用水不足，而消防水泵工作正常时，可通过它将水送到位于建筑物内的消防水池，室内消防水泵压力不足时，可以通过它将水送至室内消防给水管网。

水泵接合器分为地上式、地下式、墙壁式三类。

（3）消防水箱

建筑室内消防水箱（包括水塔、气压水罐）是储存扑救初期火灾消防用水的储水设备，它提供扑救初期火灾的水量和保证扑救初期火灾时灭火设备有必要的水压。消防水箱按使用情况分为专用消防水箱，生活、消防共用水箱，生产、消防共用水箱和生活、生产、消防共用水箱。

细节59 材料进场检验

① 消防给水及消火栓系统施工前应对采用的主要设备、系统组件、管材管件及其他设备、材料进行进场检查，并应符合下列要求。

a. 主要设备、系统组件、管材管件及其他设备、材料，应符合国家现行相关产品标准的规定，并应具有出厂合格证或质量认证书。

b. 消防水泵、消火栓、消防水带、消防水枪、消防软管卷盘或轻便水龙、报警阀组、电动（磁）阀、压力开关、流量开关、消防水泵接合器、沟槽连接件等系统主要设备和组件，应经国家消防产品质量监督检验中心检测合格。

c. 稳压泵、气压水罐、消防水箱、自动排气阀、信号阀、止回阀、安全阀、减压阀、倒流防止器、蝶阀、闸阀、流量计、压力表、水位计等，应经相应国家消防产品质量监督检验中心检测合格。

d. 气压水罐、组合式消防水池、屋顶消防水箱、地下水取水和地表水取水设施，以及其附件等，应符合国家现行相关产品标准的规定。

② 消防水泵和稳压泵的检验应符合下列要求。

a. 消防水泵和稳压泵的流量、压力和电机功率应满足设计要求。

b. 消防水泵产品质量应符合现行国家标准《消防泵》（GB 6245—2006）、《离心泵技术条件（Ⅰ类）》（GB/T 16907—2014）或《离心泵技术条件（Ⅱ类）》（GB/T 5656—2008）的有关规定。

c. 稳压泵产品质量应符合现行国家标准《离心泵技术条件（Ⅱ类）》（GB/T 5656—2008）的有关规定。

d. 消防水泵和稳压泵的电机功率应满足水泵全性能曲线运行的要求。

e. 泵及电机的外观表面不应有碰损，轴心不应有偏心。

③ 消火栓的现场检验应符合下列要求。

a. 室外消火栓应符合现行国家标准《室外消火栓》（GB 4452—2011）的性能和质量要求。

b. 室内消火栓应符合现行国家标准《室内消火栓》（GB 3445—2018）的性能和质量要求。

c. 消防水带应符合现行国家标准《消防水带》（GB 6246—2011）的性能和质量要求。

d. 消防水枪应符合现行国家标准《消防水枪》（GB 8181—2005）的性能和质量要求。

e. 消火栓、消防水带、消防水枪的商标、制造厂等标志应齐全。

f. 消火栓、消防水带、消防水枪的型号、规格等技术参数应符合设计要求。

g. 消火栓外观应无加工缺陷和机械损伤；铸件表面应无结疤、毛刺、裂纹和缩孔等缺陷；铸铁阀体外部应涂红色油漆，内表面应涂防锈漆，手轮应涂黑色油漆；外部漆膜应光滑、平整、色泽一致，应无气泡、流痕、皱纹等缺陷，并应无明显碰、划等现象。

h. 消火栓螺纹密封面应无伤痕、毛刺、缺丝或断丝现象。

i. 消火栓的螺纹出水口和快速连接卡扣应无缺陷和机械损伤，并应能满足使用功能的要求。

j. 消火栓阀杆升降或开启应平稳、灵活，不应有卡涩和松动现象。

k. 旋转型消火栓其内部构造应合理，转动部件应为铜或不锈钢，并应保证旋转可靠、无卡涩和漏水现象。

l. 减压稳压消火栓应保证可靠、无堵塞现象。

m. 活动部件应转动灵活，材料应耐腐蚀，不应卡涩或脱扣。

n. 消火栓固定接口应进行密封性能试验，应以无渗漏、无损伤为合格。试验数量宜从每批中抽查 1%，但不应少于 5 个，应缓慢而均匀地升压 1.6MPa，应保压 2min。当两个及两个以上不合格时，不应使用该批消火栓。当仅有 1 个不合格时，应再抽查 2%，但不应少于 10 个，并应重新进行密封性能试验；当仍有不合格时，亦不应使用该批消火栓。

o. 消防水带的织物层应编织得均匀，表面应整洁，应无跳双经、断双经、跳纬及划伤，衬里（或覆盖层）的厚度应均匀，表面应光滑平整、无折皱或其他缺陷。

p. 消防水枪的外观质量应符合 d. 的有关规定，消防水枪的进出口口径应满足设计要求。

q. 消火栓箱应符合现行国家标准《消火栓箱》（GB 14561—2019）的性能和质量要求。

r. 消防软管卷盘和轻便水龙应符合现行国家标准《消防软管卷盘》（GB 15090—2005）和现行行业标准《轻便消防水龙》（XF 180—2016）

的性能和质量要求。

④ 消防炮、洒水喷头、泡沫产生装置、泡沫比例混合装置、泡沫液压力储罐和泡沫喷头等水灭火系统的专用组件的进场检查，应符合现行国家标准《自动喷水灭火系统施工及验收规范》（GB 50261—2017）、《泡沫灭火系统技术标准》（GB 50151—2021）等的有关规定。

⑤ 管材、管件应进行现场外观检查，并应符合下列要求。

a. 镀锌钢管应为内外壁热镀锌钢管，钢管内外表面的镀锌层不应有脱落、锈蚀等现象，球墨铸铁管球墨铸铁内涂水泥层和外涂防腐涂层不应脱落，不应有锈蚀等现象，钢丝网骨架塑料复合管管道壁厚度均匀、内外壁应无划痕，各种管材管件应符合表 3-1 所列相应标准。

表 3-1　消防给水管材及管件标准

国家现行标准	管材及管件
《低压流体输送用焊接钢管》（GB/T 3091—2015）	低压流体输送用镀锌焊接钢管
《输送流体用无缝钢管》（GB/T 8163—2018）	输送流体用无缝钢管
《水及燃气用球墨铸铁管、管件和附件》（GB/T 13295—2019/XG1—2021）	离心铸造球墨铸铁管和管件
《流体输送用不锈钢无缝钢管》（GB/T 14976—2012）	流体输送用不锈钢无缝钢管
《自动喷水灭火系统　第11部分:沟槽式管接件》（GB 5135.11—2006）	沟槽式管接件
《钢丝网骨架塑料(聚乙烯)复合管材及管件》（CJ/T 189—2007）	钢丝网骨架塑料(PE)复合管

b. 表面应无裂纹、缩孔、夹渣、折叠和重皮。

c. 管材管件不应有妨碍使用的凹凸不平的缺陷，其尺寸公差应符合现行国家产品标准的规定。

d. 螺纹密封面应完整、无损伤、无毛刺。

e. 非金属密封垫片应质地柔韧、无老化变质或分层现象，表面应无折损、皱纹等缺陷。

f. 不圆度应符合现行国家产品标准的规定。

g. 球墨铸铁管承口的内工作面和插口的外工作面应光滑、轮廓清晰，不应有影响接口密封性的缺陷。

h. 钢丝网骨架塑料（PE）复合管内外壁应光滑、无划痕，钢丝骨料与塑料应黏结牢固等。

⑥ 阀门及其附件的现场检验应符合下列要求。

a. 阀门的商标、型号、规格等标志应齐全，阀门的型号、规格应符合设计要求。

b. 阀门及其附件应配备齐全，不应有加工缺陷和机械损伤。

c. 报警阀和水力警铃的现场检验，应符合现行国家标准《自动喷水灭火系统施工及验收规范》（GB 50261—2017）的有关规定。

d. 闸阀、截止阀、球阀、蝶阀和信号阀等通用阀门，应符合现行国家《工业阀门 压力试验》（GB/T 13927—2022）和《自动喷水灭火系统 第 6 部分：通用阀门》（GB 5135.6—2018）等的有关规定。

e. 消防水泵接合器应符合现行国家标准《消防水泵接合器》（GB 3446—2013）的性能和质量要求。

f. 自动排气阀、减压阀、泄压阀、止回阀等阀门性能，应符合现行国家标准《工业阀门 压力试验》（GB/T 13927—2022）、《自动喷水灭火系统 第 6 部分：通用阀门》（GB 5135.6—2018）、《压力释放装置 性能试验规范》（GB/T 12242—2021）、《减压阀 性能试验方法》（GB/T 12245—2006）、《安全阀 一般要求》（GB/T 12241—2021）等的有关规定。

g. 阀门应有清晰的铭牌、安全操作指示标志、产品说明书和水流方向的永久性标志。

⑦ 消防水泵控制柜的检验应符合下列要求。

a. 消防水泵控制柜的控制功能应符合《消防给水及消火栓系统技术规范》（GB 50974—2014）第 11 章和设计要求，并应经国家批准的质量监督检验中心检测合格的产品。

b. 控制柜体应端正，表面应平整，涂层颜色应均匀一致，应无眩光，并应符合现行国家标准《高度进制为 20mm 的面板、架和柜的基本尺寸系列》（GB/T 3047.1—1995）的有关规定，且控制柜外表面不应有明显的磕碰伤痕和变形掉漆。

c. 控制柜面板应设有电源电压、电流、水泵（启）停状况、巡检状况、火警及故障的声光报警等显示。

d. 控制柜导线的颜色应符合现行国家标准的有关规定。

e. 面板上的按钮、开关、指示灯应易于操作和观察且有功能标示，并应符合现行国家标准的有关规定。

f. 控制柜内的电器元件及材料的选用，应符合现行国家标准《控制用电磁继电器可靠性试验通则》（GB/T 15510—2008）等的有关规定，并应安装合理，其工作位置应符合产品使用说明书的规定。

g. 控制柜应按现行国家标准《电工电子产品基本环境试验　第 2 部分：试验方法　试验 A：低温》（GB/T 2423.1—2008）的有关规定进行低温实验检测，检测结果不应产生影响正常工作的故障。

h. 控制柜应按现行国家标准《电工电子产品基本环境试验　第 2 部分：试验方法　试验 B：高温》（GB/T 2423.2—2008）的有关规定进行高温试验检测，检测结果不应产生影响正常工作的故障。

i. 控制柜应按现行行业标准的有关规定进行湿热试验检测，检测结果不应产生影响正常工作的故障。

j. 控制柜应按现行行业标准的有关规定进行振动试验检测，检测结果柜体结构及内部零部件应完好无损，并不应产生影响正常工作的故障。

k. 控制柜温升值应按现行国家标准《低压成套开关设备和控制设备　第 1 部分：总则》（GB/T 7251.1—2023）的有关规定进行试验检测，检测结果不应产生影响正常工作的故障。

l. 控制柜中各带电回路之间及带电间隙和爬电距离，应按现行行业标准的有关规定进行试验检测，检测结果不应产生影响正常工作的故障。

m. 金属柜体上应有接地点，且其标志、线号标记、线径应按现行行业标准的有关规定检测绝缘电阻；控制柜中带电端子与机壳之间的绝缘电阻应大于 20MΩ，电源接线端子与地之间的绝缘电阻应大于 50MΩ。

n. 控制柜的介电强度试验应按现行国家标准《电气控制设备》（GB/T 3797—2016）的有关规定进行介电强度测试，测试结果应无击穿、无闪络。

o. 在控制柜的明显部位应设置标志牌和控制原理图等。

p. 设备型号、规格、数量、标牌、线路图纸及说明书、设备表、材料表等技术文件应齐全，并应符合设计要求。

⑧ 压力开关、流量开关、水位显示与控制开关等仪表的进场检验，应符合下列要求。

a. 性能规格应满足设计要求。

b. 压力开关应符合现行国家标准《自动喷水灭火系统　第 10 部分：压力开关》（GB 5135.10—2006）的性能和质量要求。

c. 水位显示与控制开关应符合现行国家标准有关水位测量仪器的规定。

d. 流量开关应能在管道流速为 $0.1\sim10\mathrm{m/s}$ 时可靠启动,其他性能宜符合现行国家标准《自动喷水灭火系统 第 7 部分:水流指示器》(GB 5135.7—2018) 的有关规定。

e. 外观完整不应有损伤。

3.2 室内消火栓安装

室内消火栓是室内管网向火场供水的,带有阀门的接口为工厂、仓库、高层建筑、公共建筑及船舶等室内固定消防设施,通常安装在消火栓箱内,与消防水带和水枪等器材配套使用。

本节主要介绍室内消火栓的安装,如消火栓系统的组成、消火栓系统给水方式、室内消火栓的配置、室内消火栓的设置位置、消火栓栓口压力技术参数、城市交通隧道室内消火栓设置的技术规定、室内消防给水管道布置要求、消防水箱的设置要求、消火栓按钮安装、室内消火栓布置要求、消火栓安装要求、消火栓系统的配线等。

细节60 消火栓系统的组成

采用消火栓灭火是最常用的灭火方式,它由蓄水池、加压送水装置(水泵)及室内消火栓等主要设备构成,如图 3-3 所示。这些设备的电气控制包括水池的水位控制、消防用水和加压水泵的启动。水位控制应能显示出水位的变化情况和高/低水位报警及控制水泵的开/停。室内消火栓系统由水枪、水龙带、消火栓、消防管道等组成。为保证水枪在灭火时具有足够的水压,需要采用加压设备。常用的加压设备有消防水泵和气压给水装置两种。采用消防水泵时,在每个消火栓内设置消防按钮,灭火时用小锤击碎按钮上的玻璃小窗,按钮不受压而复位,从而通过控制电路启动消防水泵;水压增高后,灭火水管有水,用水枪喷水灭火。采用气压给水装置时,由于采用了气压水罐,并以气水分离器来保证供水压力,所以以水泵功率较小,可采用电接点压力表,通过测量供水压力来控制水泵的启动。

(1)室内消火栓

室内消火栓分为单阀和双阀两种。单阀消火栓又分为单出口、双出口和直角双出口三种。双阀消火栓为双出口。在低层建筑中,多采用单阀单出口消火栓,消火栓口直径有 $DN50$ 和 $DN65$ 两种。对应的水枪最小流量分别为 2.5L/s 和 5L/s。双出口消火栓直径为 $DN65$,用于每

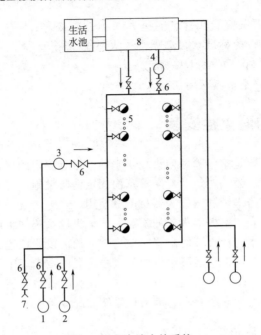

图 3-3　室内消火栓系统

1—1 号消火栓泵；2—2 号消火栓泵；3—中途泵；4—顶层消防泵；5—消火栓；

6—单向阀；7—消防接合器；8—消防水箱

支水枪最小流量不小于 5L/s。

（2）水龙带

消防水龙带有麻质、棉织和衬胶水龙带。前两种水龙带抗折叠性能较好，后者水流阻力小，规格有 $DN50$ 和 $DN65$ 两种，长度有 15m、20m 和 25m 三种。

（3）水枪

室内一般采用直流式水枪，喷口直径有 13mm、16mm 和 19mm 三种类型。喷嘴口径为 13mm 的水枪配 $DN50$ 接口；喷嘴口径为 16mm 的水枪配 $DN50$ 或 $DN65$ 两种接口；喷嘴口径为 19mm 的水枪配 $DN65$ 接口。

（4）消防卷盘（消防水喉设备）

消防卷盘是由 $DN25$ 的小口径消火栓、内径不小于 19mm 的橡胶胶带和口径不小于 6mm 的消防卷盘喷嘴组成，胶带缠绕在卷盘上。

消火栓、水枪、水龙带设于消防箱内，常用消防箱的规格有 800mm×650mm×200mm，用钢板和铝合金等制作。消防卷盘设备可与 $DN65$ 的消火栓同放置在一个消防箱内，也可设单独的消防箱。

（5）水泵接合器

当建筑物发生火灾，室内消防水泵不能启动或流量不足时，消防车可由室外消火栓、水池或天然水源取水，通过水泵接合器向室内消防给水管网供水。水泵接合器是消防车或移动式水泵向室内消防管网供水的连接口。水泵接合器的接口直径有 $DN65$ 和 $DN80$ 两种，分地上式、地下式和墙壁式三种类型，如图 3-4 所示。

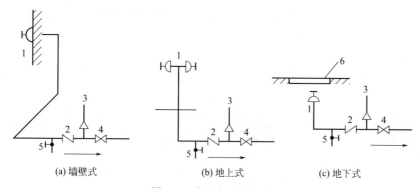

(a) 墙壁式 　　　　(b) 地上式 　　　　(c) 地下式

图 3-4　消防水泵接合器

1—消防接口；2—止回阀；3—安全阀；4—阀门；5—放水阀；6—井盖

细节61 消火栓系统给水方式

室内消火栓给水系统的给水方式由室外给水管网所能提供的水量、水压及室内消火栓给水系统所需水压和水量的要求来确定。

① 无加压泵和水箱的室内消火栓给水系统如图 3-5 所示。当建筑物高度不大，而室外给水管网的压力和流量在任何时候均能够满足室内最不利点消火栓所需的设计流量和压力时，宜采用此种方式。

② 设有水箱的室内消火栓给水系统如图 3-6 所示。在室外给水管网中水压变化较大的居住区和城市，当生产、生活用水量达到最大时，室外管网不能保证室内最不利点消火栓的流量和压力；而当生活、生产用水量较小时，室内管网的压力较高，昼夜内间断地满足室内需求，在这种情况下，宜采用此种方式。当室外管网水压较大时，室外管网向水箱充水，由水箱储存一定水量，以备消防使用。

③ 设有消防水泵和水箱的室内消火栓给水系统如图 3-7 所示。当室外管网水压经常不能满足室内消火栓给水系统的水量和水压要求时，宜采用此给水方式。

132 消防工程施工现场细节详解（第三版）

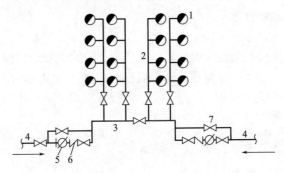

图 3-5 无加压泵和水箱的室内消火栓给水系统

1—室内消火栓；2—消防竖管；3—干管；4—进户管；5—水表；6—止回阀；7—闸门

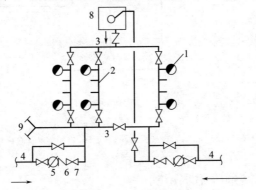

图 3-6 设有水箱的室内消火栓给水系统

1—室内消火栓；2—消防竖管；3—干管；4—进户管；5—水表；
6—止回阀；7—阀门；8—水箱；9—水泵接合器

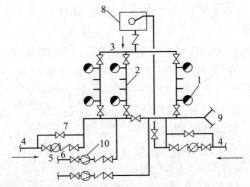

图 3-7 设有消防泵和水箱的室内消火栓给水系统

1—室内消火栓；2—消防竖管；3—干管；4—进户管；5—水表；
6—止回阀；7—阀门；8—水箱；9—水泵接合器；10—消防泵

细节62 室内消火栓的配置

室内消火栓的配置应符合下列要求。

① 应采用 DN65 室内消火栓,并可与消防软管卷盘或轻便水龙设置在同一箱体内。

② 应配置公称直径 65mm 有内衬里的消防水带,长度不宜超过 25.0m;消防软管卷盘应配置内径不小于 19mm 的消防软管,其长度宜为 30.0m;轻便水龙应配置公称直径 25mm 有内衬里的消防水带,长度宜为 30.0m。

③ 宜配置当量喷嘴直径 16mm 或 19mm 的消防水枪,但当消火栓设计流量为 2.5L/s 时宜配置当量喷嘴直径 11mm 或 13mm 的消防水枪;消防软管卷盘和轻便水龙应配置当量喷嘴直径 6mm 的消防水枪。

细节63 室内消火栓的设置位置

建筑室内消火栓的设置位置应满足火灾扑救要求,并应符合下列规定。

① 室内消火栓应设置在楼梯间及其休息平台和前室、走道等明显易于取用,以及便于火灾扑救的位置。

② 住宅的室内消火栓宜设置在楼梯间及其休息平台。

③ 汽车库内消火栓的设置不应影响汽车的通行和车位的设置,并应确保消火栓的开启。

④ 同一楼梯间及其附近不同层设置的消火栓,其平面位置宜相同。

⑤ 冷库的室内消火栓应设置在常温穿堂或楼梯间内。

细节64 消火栓栓口压力技术参数

室内消火栓栓口压力和消防水枪充实水柱,应符合下列规定。

① 消火栓栓口动压力不应大于 0.50MPa;当大于 0.70MPa 时必须设置减压装置。

② 高层建筑、厂房、库房和室内净空高度超过 8m 的民用建筑等场所,消火栓栓口动压不应小于 0.35MPa,且消防水枪充实水柱应按 13m 计算;其他场所,消火栓栓口动压不应小于 0.25MPa,且消防水枪充实水柱应按 10m 计算。

细节65 城市交通隧道室内消火栓设置的技术规定

城市交通隧道室内消火栓系统的设置应符合下列规定。

① 隧道内宜设置独立的消防给水系统。

② 管道内的消防供水压力应保证用水量达到最大时，最低压力不应小于 0.30MPa，但当消火栓栓口处的出水压力超过 0.70MPa 时，应设置减压设施。

③ 在隧道出入口处应设置消防水泵接合器和室外消火栓。

④ 消火栓的间距不应大于 50m，双向同行车道或单行通行但大于 3 车道时，应双面间隔设置。

⑤ 隧道内允许通行危险化学品的机动车，且隧道长度超过 3000m 时，应配置水雾或泡沫消防水枪。

细节66 室内消防给水管道布置要求

① 下列消防给水应采用环状给水管网：

a. 向两栋或两座及以上建筑供水时；

b. 向两种及以上水灭火系统供水时；

c. 采用设有高位消防水箱的临时高压消防给水系统时；

d. 向两个及以上报警阀控制的自动水灭火系统供水时。

② 向室外、室内环状消防给水管网供水的输水干管不应少于两条，当其中一条发生故障时，其余的输水干管应仍能满足消防给水设计流量。

③ 室内消防给水管网应符合下列规定：

a. 室内消火栓系统管网应布置成环状，当室外消火栓设计流量不大于 20L/s，且室内消火栓不超过 10 个时，除第①条外，可布置成枝状；

b. 当由室外生产生活消防合用系统直接供水时，合用系统除应满足室外消防给水设计流量以及生产和生活最大小时设计流量的要求外，还应满足室内消防给水系统的设计流量和压力要求；

c. 室内消防管道管径应根据系统设计流量、流速和压力要求经计算确定；室内消火栓竖管管径应根据竖管最低流量经计算确定，但不应小于 $DN100$。

④ 室内消火栓给水管网宜与自动喷水等其他水灭火系统的管网分

开设置；当合用消防泵时，供水管路沿水流方向应在报警阀前分开设置。

⑤ 消防给水管道的设计流速不宜大于 2.5m/s，自动水灭火系统管道设计流速，应符合现行国家标准《自动喷水灭火系统设计规范》（GB 50084—2017）、《泡沫灭火系统设计规范》（GB 50151—2021）、《水喷雾灭火系统设计规范》（GB 50219—2014）和《固定消防炮灭火系统设计规范》（GB 50338—2003）的有关规定，但任何消防管道的给水流速不应大于 7m/s。

细节67 高位消防水箱的设置要求

① 临时高压消防给水系统的高位消防水箱的有效容积应满足初期火灾消防用水量的要求，并应符合下列规定。

a. 一类高层公共建筑，不应小于 $36m^3$，但当建筑高度大于 100m 时，不应小于 $50m^3$，当建筑高度大于 150m 时，不应小于 $100m^3$。

b. 多层公共建筑、二类高层公共建筑和一类高层住宅，不应小于 $18m^3$，当一类高层住宅建筑高度超过 100m 时，不应小于 $36m^3$。

c. 二类高层住宅，不应小于 $12m^3$。

d. 建筑高度大于 21m 的多层住宅，不应小于 $6m^3$。

e. 工业建筑室内消防给水设计流量当小于或等于 25L/s 时，不应小于 $12m^3$，大于 25L/s 时，不应小于 $18m^3$。

f. 总建筑面积大于 $10000m^2$ 且小于 $30000m^2$ 的商店建筑，不应小于 $36m^3$，总建筑面积大于 $30000m^2$ 的商店，不应小于 $50m^3$，当与本条 a 规定不一致时应取其较大值。

② 高位消防水箱的设置位置应高于其所服务的水灭火设施，且最低有效水位应满足水灭火设施最不利点处的静水压力，并应按下列规定确定。

a. 一类高层公共建筑，不应低于 0.10MPa，但当建筑高度超过 100m 时，不应低于 0.15MPa。

b. 高层住宅、二类高层公共建筑、多层公共建筑，不应低于 0.07MPa，多层住宅不宜低于 0.07MPa。

c. 工业建筑不应低于 0.10MPa，当建筑体积小于 $20000m^3$ 时，不宜低于 0.07MPa。

d. 自动喷水灭火系统等自动水灭火系统应根据喷头灭火需求压力确定，但最小不应小于 0.10MPa。

e. 当高位消防水箱不能满足本条 a、b 的静压要求时，应设稳压泵。

③ 高位消防水箱可采用热浸锌镀锌钢板、钢筋混凝土、不锈钢板等建造。

④ 高位消防水箱的设置应符合下列规定。

a. 屋顶露天高位消防水箱的人孔和进出水管的阀门等应采取防止被随意关闭的保护措施。

b. 严寒、寒冷等冬季冰冻地区的消防水箱应设置在消防水箱间内，其他地区宜设置在室内，当必须在屋顶露天设置时，应采取防冻隔热等安全措施。

c. 高位消防水箱与基础应牢固连接。

⑤ 高位消防水箱间应通风良好，不应结冰，当必须设置在严寒、寒冷等冬季结冰地区的非采暖房间时，应采取防冻措施，环境温度或水温不应低于 5℃。

⑥ 高位消防水箱应符合下列规定。

a. 室内临时高压消防给水系统的高位消防水箱有效容积和压力应能保证初期灭火所需水量。

b. 高位消防水箱的最低有效水位应根据出水管喇叭口和防止旋流器的淹没深度确定，当采用出水管喇叭口时，应符合现行国家标准的规定；当采用防止旋流器时应根据产品确定，且不应小于 150mm 的保护高度。

c. 高位消防水箱的通气管、呼吸管等应符合《消防给水及消火栓系统技术规范》（GB 50974—2014）第 4.3.10 条的规定。

d. 高位消防水箱外壁与建筑本体结构墙面或其他池壁之间的净距，应满足施工或装配的需要，无管道的侧面，净距不宜小于 0.7m；安装有管道的侧面，净距不宜小于 1.0m，且管道外壁与建筑本体墙面之间的通道宽度不宜小于 0.6m，设有人孔的水箱顶，其顶面与其上面的建筑物本体板底的净空不应小于 0.8m。

e. 进水管的管径应满足消防水箱 8h 充满水的要求，但管径不应小于 $DN32$，进水管宜设置液位阀或浮球阀。

f. 进水管应在溢流水位以上接入，进水管口的最低点高于溢流边缘的高度应等于进水管管径，但最小不应小于 100mm，最大不应大于 150mm。

g. 当进水管为淹没出流时，应在进水管上设置防止倒流的措施或在管道上设置虹吸破坏孔和真空破坏器，虹吸破坏孔的孔径不宜小于管径的 1/5，且不应小于 25mm；但当采用生活给水系统补水时，进水管不应淹没出流。

　　h. 溢流管的直径不应小于进水管直径的 2 倍，且不应小于 $DN100mm$，溢流管的喇叭口直径不应小于溢流管直径的 $1.5\sim2.5$ 倍。

　　i. 高位消防水箱出水管管径应满足消防给水设计流量的出水要求，且不应小于 $DN100mm$。

　　j. 高位消防水箱出水管应位于高位消防水箱最低水位以下，并应设置防止消防用水进入高位消防水箱的止回阀。

　　k. 高位消防水箱的进、出水管应设置带有指示启闭装置的阀门。

细节68　消火栓按钮安装

　　消火栓按钮安装在消火栓内，可直接接入控制总线。按钮还带有一对动合输出控制触点，可用来做直接起泵开关。消火栓按钮的安装方法如图 3-8 所示。

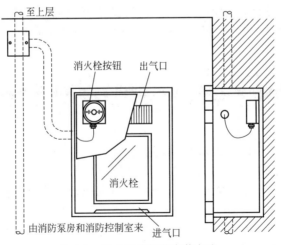

至上层

消火栓按钮　出气口

消火栓

由消防泵房和消防控制室来　　进气口

图 3-8　消火栓按钮的安装方法

　　消火栓按钮的信号总线采用 RVS 型双绞线，截面积$\geqslant1.0mm^2$；控制线和应答线采用 BV 线，截面积$\geqslant1.5mm^2$。用消火栓按钮 LD-8403 启动消防泵的接线如图 3-9 所示。

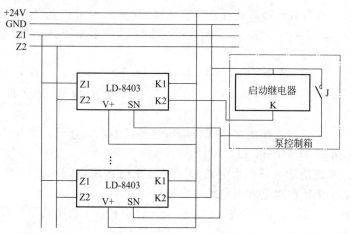

图 3-9　消火栓按钮 LD-8403 启动消防泵接线图

细节69 室内消火栓布置要求

① 设置室内消火栓的建筑，包括设备层在内的各层均应设置消火栓。

② 屋顶设有直升机停机坪的建筑，应在停机坪出入口处或非电器设备机房处设置消火栓，且距停机坪机位边缘的距离不应小于 5.0m。

③ 消防电梯前室应设置室内消火栓，并应计入消火栓使用数量。

④ 室内消火栓的布置应满足同一平面有 2 支消防水枪的 2 股充实水柱同时达到任何部位的要求，但建筑高度小于或等于 24.0m 且体积小于或等于 $5000m^3$ 的多层仓库、建筑高度小于或等于 54m 且每单元设置一部疏散楼梯的住宅，以及《消防给水及消火栓系统技术规范》（GB 50974—2014）表 3.5.2 中规定可采用 1 支消防水枪的场所，可采用 1 支消防水枪的 1 股充实水柱到达室内任何部位。

⑤ 建筑室内消火栓栓口的安装高度应便于消防水龙带的连接和使用，其距地面高度宜为 1.1m；其出水方向应便于消防水带的敷设，并宜与设置消火栓的墙面成 90°或向下。

⑥ 设有室内消火栓的建筑应设置带有压力表的试验消火栓，其设置位置应符合下列规定。

a. 多层和高层建筑应在其屋顶设置，严寒、寒冷等冬季结冰地区可设置在顶层出口处或水箱间内等便于操作和防冻的位置。

b. 单层建筑宜设置在水力最不利处，且应靠近出入口。

⑦ 室内消火栓宜按直线距离计算其布置间距，并应符合下列规定。

a. 消火栓按 2 支消防水枪的 2 股充实水柱布置的建筑物，消火栓的布置间距不应大于 30.0m。

b. 消火栓按 1 支消防水枪的 1 股充实水柱布置的建筑物，消火栓的布置间距不应大于 50.0m。

⑧ 消防软管卷盘和轻便水龙的用水量可不计入消防用水总量。

⑨ 室内消火栓栓口压力和消防水枪充实水柱，应符合下列规定。

a. 消火栓栓口动压力不应大于 0.50MPa；当大于 0.70MPa 时必须设置减压装置。

b. 高层建筑、厂房、库房和室内净空高度超过 8m 的民用建筑等场所，消火栓栓口动压不应小于 0.35MPa，且消防水枪充实水柱应按 13m 计算；其他场所，消火栓栓口动压不应小于 0.25MPa，且消防水枪充实水柱应按 10m 计算。

⑩ 建筑高度不大于 27m 的住宅，当设置消火栓时，可采用干式消防竖管，并应符合下列规定。

a. 干式消防竖管宜设置在楼梯间休息平台，且仅应配置消火栓栓口。

b. 干式消防竖管应设置消防车供水接口。

c. 消防车供水接口应设置在首层便于消防车接近和安全的地点。

d. 竖管顶端应设置自动排气阀。

⑪ 住宅户内宜在生活给水管道上预留一个接 DN15mm 消防软管或轻便水龙的接口。

⑫ 跃层住宅和商业网点的室内消火栓应至少满足一股充实水柱到达室内任何部位，并宜设置在户门附近。

细节70 消火栓系统的配线

消火栓系统的配线及相互关系如图 3-10 所示。

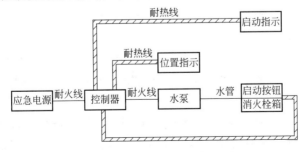

图 3-10 消火栓系统配线及相互关系

3.3 消防给水及消火栓系统施工

建筑消火栓系统是把室外给水系统提供的水量，经过加压（外网压力不满足需要时）输送到用于扑灭建筑物内的火灾而设置的固定灭火设备，是建筑物种最基本的灭火设施。虽然消火栓给水系统的控火、灭火效果不如自动喷水灭火效果好，但其系统简单，造价低，是目前高层住宅、综合楼及商场等建筑普遍采用灭火系统。建筑消火栓给水系统由以下消火栓设备组成：水枪、消火栓、消防管道、消防水池、高位水箱、水泵接合器及增压水泵等。消火栓系统在建筑灭火中起关键作用，按照我国的《建筑设计防火规范》要求，并非所有的建筑体系均需布置消火栓灭火系统，消火栓灭火系统设置有相应的布置原则。

本节主要介绍消防系统附件的安装，如消防给水及消火栓系统的安装，消防水泵的安装，天然水源取水口、地下水井、消防水池和消防水箱安装，气压水罐安装，稳压泵的安装，消防水泵接合器的安装等。

细节71 消防给水及消火栓系统的安装

消防给水及消火栓系统的安装应符合下列要求。

① 消防水泵、消防水箱、消防水池、消防气压给水设备、消防水泵接合器等供水设施及其附属管道安装前，应清除其内部污垢和杂物。

② 消防供水设施应采取安全可靠的防护措施，其安装位置应便于日常操作和维护管理。

③ 管道的安装应采用符合管材的施工工艺，管道安装中断时，其敞口处应封闭。

细节72 消防水泵的安装

（1）安装前

① 安装前要对水泵进行手动盘车，检查其灵活性。除小型管道泵可把水泵直接安装在管道上而不做基础外，大多数水泵的安装都需要设置混凝土基础。

② 水泵安装前应对土建施工的基础进行复查验收，保证水泵基础符合相应水泵产品样本中水泵安装基础图的要求。设备基础的位置、尺寸、高度及地脚螺孔的位置和尺寸，应当符合设计规定。设备基础表面

要平整光滑，并清除地脚螺栓预留孔内的杂物。

(2) 减振设施

当有减振要求时，水泵应当配有减振设施，将水泵安装在减振台座上。减振台座是在水泵的底座下增设槽钢框架或混凝土板，框架或者混凝土板通过地脚螺栓与基础紧固，减振台座下使用减振装置。常用的减振设施有橡胶隔振垫、橡胶剪切减振器以及阻尼弹簧减振器等。

(3) 水泵安装操作

① 水泵的分体安装。在水泵装配前，应当首先检查零件主要装配尺寸和影响装配的缺陷，清洗零件后方可进行装配。水泵分体安装时，应当先安装水泵，再安装电动机。水泵吊装可用起重机或三脚架和倒链滑车，钢丝绳系在泵体吊环上，水泵就位后找正找平，使水泵高度、水平及中心位置符合设计要求。小型水泵的找正，通常用水平尺放在水泵轴上测量轴向水平，放在水泵进（出）口垂直法兰面上测量径向水平。大型水泵则采用水准仪及吊线法找正，然后固定泵体，最后安装电动机，使电动机联轴器同水泵联轴器对接，使水泵轴中心线与电动机轴中心线在同一水平线上。

② 水泵的整体安装。首先清除泵座底面上的油腻及污垢，把水泵吊装放置在水泵基础上；其次通过调整水泵底座和基础之间的垫铁厚度，使水泵底座找正找平；再次对水泵的轴线、进出水口中心线进行检查及调整；最后固定泵体，用水泥砂浆浇灌地脚螺栓孔，当水泥砂浆凝固后，找平泵座并拧紧地脚螺栓螺母。

③ 消防水泵机组外轮廓面与墙和相邻机组间的间距应符合表 3-2 的规定。

表 3-2　消防水泵相邻两个机组及机组至墙壁间的最小间距

电动机容量/kW	消防水泵相邻两个机组及机组至墙壁间的最小间距/m
＜22	0.6
≥22 至≤55	0.8
＞55 至＜255	1.2
＞255	1.5

除了以上机组间距要求外，泵房主要人行通道宽度不宜小于 1.2m，电气控制柜前通道宽度不宜小于 1.5m。

④ 水泵机组基础的平面尺寸，若未明确，无隔振安装应当较水泵机组底座四周各宽出 100～150mm；有隔振安装应较水泵隔振台座四周

各宽出 150mm。

⑤ 水泵机组基础的顶面标高，无隔振安装时应当高出泵房地面不小于 0.1m；有隔振安装时可高出泵房地面不小于 0.05m。泵房内管道管外底距地面的距离：当管径为 150mm 时，不应小于 0.2m；当管径为 200mm 时，不应小于 0.25m。

⑥ 水泵吸水管水平段偏心大小头应当采用管顶平接，避免产生气囊及漏气现象。

细节73 天然水源取水口、地下水井、消防水池和消防水箱安装

天然水源取水口、地下水井、消防水池和消防水箱安装施工，应符合下列要求。

① 天然水源取水口、地下水井、消防水池和消防水箱的水位、出水量、有效容积、安装位置，应符合设计要求。

② 天然水源取水口、地下水井、消防水池、消防水箱的施工和安装，应符合现行国家标准《给水排水构筑物工程施工及验收规范》（GB 50141—2008）、《管井技术规范》（GB 50296—2014）和《建筑给水排水及采暖工程施工质量验收规范》（GB 50242—2002）的有关规定。

③ 消防水池和消防水箱出水管或水泵吸水管应满足最低有效水位出水不掺气的技术要求。

④ 安装时池外壁与建筑本体结构墙面或其他池壁之间的净距，应满足施工、装配和检修的需要。

⑤ 钢筋混凝土制作的消防水池和消防水箱的进出水等管道应加设防水套管，钢板等制作的消防水池和消防水箱的进出水等管道宜采用法兰连接，对有振动的管道应加设柔性接头。组合式消防水池或消防水箱的进水管、出水管接头宜采用法兰连接，采用其他连接时应做防锈处理。

⑥ 消防水池、消防水箱的溢流管、泄水管不应与生产或生活用水的排水系统直接相连，应采用间接排水方式。

细节74 气压水罐安装

气压水罐安装应符合下列要求。

① 气压水罐有效容积、气压、水位及设计压力应符合设计要求。

② 气压水罐安装位置和间距、进水管及出水管方向应符合设计要求；出水管上应设止回阀。

③ 气压水罐宜有有效水容积指示器。

细节75 稳压泵的安装

稳压泵的安装应符合下列要求。

① 规格、型号、流量和扬程应符合设计要求，并应有产品合格证和安装使用说明书。

② 稳压泵的安装应符合现行国家标准《机械设备安装工程施工及验收通用规范》（GB 50231—2009）和《风机、压缩机、泵安装工程施工及验收规范》（GB 50275—2010）的有关规定。

细节76 消防水泵接合器的安装

消防水泵接合器的安装应符合下列规定。

① 消防水泵接合器的安装，应按接口、本体、连接管、止回阀、安全阀、放空管、控制阀的顺序进行，止回阀的安装方向应使消防用水能从消防水泵接合器进入系统，整体式消防水泵接合器的安装，应按其使用安装说明书进行。

② 消防水泵接合器的设置位置应符合设计要求。

③ 消防水泵接合器永久性固定标志应能识别其所对应的消防给水系统或水灭火系统，当有分区时应有分区标识。

④ 地下消防水泵接合器应采用铸有"消防水泵接合器"标志的铸铁井盖，并应在其附近设置指示其位置的永久性固定标志。

⑤ 墙壁消防水泵接合器的安装应符合设计要求。设计无要求时，其安装高度距地面宜为0.7m；与墙面上的门、窗、孔、洞的净距离不应小于2.0m，且不应安装在玻璃幕墙下方。

⑥ 地下消防水泵接合器的安装，应使进水口与井盖底面的距离不大于0.4m，且不应小于井盖的半径。

⑦ 消火栓水泵接合器与消防通道之间不应设有妨碍消防车加压供水的障碍物。

⑧ 地下消防水泵接合器井的砌筑应有防水和排水措施。

细节77 市政和室外消火栓的安装

市政和室外消火栓的安装应符合下列规定。

① 市政和室外消火栓的选型、规格应符合设计要求。

② 管道和阀门的施工和安装，应符合现行国家标准《给水排水管道工程施工及验收规范》（GB 50268—2008）、《建筑给水排水及采暖工程施工质量验收规范》（GB 50242—2002）的有关规定。

③ 地下式消火栓顶部进水口或顶部出水口应正对井口。顶部进水口或顶部出水口与消防井盖底面的距离不应大于 0.4m，井内应有足够的操作空间，并应做好防水措施。

④ 地下式室外消火栓应设置永久性固定标志。

⑤ 当室外消火栓安装部位火灾时存在可能落物危险时，上方应采取防坠落物撞击的措施。

⑥ 市政和室外消火栓安装位置应符合设计要求，且不应妨碍交通，在易碰撞的地点应设置防撞设施。

细节78 市政消防水鹤的安装

① 市政消防水鹤的选型、规格应符合设计要求。

② 管道和阀门的施工和安装，应符合现行国家标准《给水排水管道工程施工及验收规范》（GB 50268—2008）、《建筑给水排水及采暖工程施工质量验收规范》（GB 50242—2002）的有关规定。

③ 市政消防水鹤的安装空间应满足使用要求，并不应妨碍市政道路和人行道的畅通。

细节79 室内消火栓及消防软管卷盘或轻便水龙的安装

室内消火栓及消防软管卷盘或轻便水龙的安装应符合下列规定。

① 室内消火栓及消防软管卷盘和轻便水龙的选型、规格应符合设计要求。

② 同一建筑物内设置的消火栓、消防软管卷盘和轻便水龙应采用统一规格的栓口、消防水枪和水带及配件。

③ 试验用消火栓栓口处应设置压力表。

④ 当消火栓设置减压装置时，应检查减压装置符合设计要求，且安装时应有防止砂石等杂物进入栓口的措施。

⑤ 室内消火栓及消防软管卷盘和轻便水龙应设置明显的永久性固定标志，当室内消火栓因美观要求需要隐蔽安装时，应有明显的标志，并应便于开启使用。

⑥ 消火栓栓口出水方向宜向下或与设置消火栓的墙面成 $90°$，栓口

不应安装在门轴侧。

⑦ 消火栓栓口中心距地面应为 1.1m，特殊地点的高度可特殊对待，允许偏差±20mm。

细节80 消火栓箱的安装

消火栓箱的安装应符合下列规定。

① 消火栓的启闭阀门设置位置应便于操作使用，阀门的中心距箱侧面应为 140mm，距箱后内表面应为 100mm，允许偏差±5mm。

② 室内消火栓箱的安装应平正、牢固，暗装的消火栓箱不应破坏隔墙的耐火性能。

③ 箱体安装的垂直度允许偏差为±3mm。

④ 消火栓箱门的开启不应小于 120°。

⑤ 安装消火栓水龙带，水龙带与消防水枪和快速接头绑扎好后，应根据箱内构造将水龙带放置。

⑥ 双向开门消火栓箱应有耐火等级应符合设计要求，当设计没有要求时应至少满足 1h 耐火极限的要求。

⑦ 消火栓箱门上应用红色字体注明"消火栓"字样。

细节81 管道连接方式

当管道采用螺纹、法兰、承插、卡压等方式连接时，应符合下列要求。

① 采用螺纹连接时，热浸镀锌钢管的管件宜采用现行国家标准《可锻铸铁管路连接件》（GB/T 3287—2011）的有关规定，热浸镀锌无缝钢管的管件宜采用现行国家标准《锻制承插焊和螺纹管件》（GB/T 14383—2021）的有关规定。

② 螺纹连接时螺纹应符合现行国家标准《55°密封管螺纹 第 2 部分：圆锥内螺纹与圆锥外螺纹》（GB/T 7306.2—2000）的有关规定，宜采用密封胶带作为螺纹接口的密封，密封带应在阳螺纹上施加。

③ 法兰连接时法兰的密封面形式和压力等级应与消防给水系统技术要求相符合；法兰类型宜根据连接形式采用平焊法兰、对焊法兰和螺纹法兰等，法兰选择应符合现行国家标准的有关规定。

④ 当热浸镀锌钢管采用法兰连接时应选用螺纹法兰，当必须焊接连接时，法兰焊接应符合现行国家标准《现场设备、工业管道焊接工程

施工规范》（GB 50236—2011）和《工业金属管道工程施工规范》（GB 50235—2010）的有关规定。

⑤ 球墨铸铁管承插连接时，应符合现行国家标准《给水排水管道工程施工及验收规范》（GB 50268—2008）的有关规定。

⑥ 钢丝网骨架塑料复合管施工安装时除应符合《消防给水及消火栓系统技术规范》（GB 50974—2014）的有关规定外，还应符合现行行业标准《埋地聚乙烯给水管道工程技术规程》（CJJ 101—2016）的有关规定。

⑦ 管径大于 $DN50mm$ 的管道不应使用螺纹活接头，在管道变径处应采用单体异径接头。

细节82 沟槽连接件（卡箍）连接

沟槽连接件（卡箍）连接应符合下列规定。

① 沟槽式连接件（管接头）、钢管沟槽深度和钢管壁厚等，应符合现行国家标准《自动喷水灭火系统 第11部分：沟槽式管接件》（GB 5135.11—2006）的有关规定。

② 有振动的场所和埋地管道应采用柔性接头，其他场所宜采用刚性接头，当采用刚性接头时，每隔 4～5 个刚性接头应设置一个挠性接头，埋地连接时螺栓和螺母应采用不锈钢件。

③ 沟槽式管件连接时，其管道连接沟槽和开孔应用专用滚槽机和开孔机加工，并应做防腐处理；连接前应检查沟槽和孔洞尺寸，加工质量应符合技术要求；沟槽、孔洞处不应有毛刺、破损性裂纹和脏物。

④ 沟槽式管件的凸边应卡进沟槽后再紧固螺栓，两边应同时紧固，紧固时发现橡胶圈起皱应更换新橡胶圈。

⑤ 机械三通连接时，应检查机械三通与孔洞的间隙，各部位应均匀，然后紧固到位；机械三通开孔间距不应小于1m，机械四通开孔间距不应小于2m；机械三通、机械四通连接时支管的直径应满足表3-2的规定，当主管与支管连接不符合表3-3时应采用沟槽式三通、四通管件连接。

表3-3 机械三通、机械四通连接时支管直径　单位：mm

主管直径 DN		65	80	100	125	150	200	250	300
支管直径 DN	机械三通	40	40	65	80	100	100	100	100
	机械四通	32	32	50	65	80	100	100	100

⑥ 配水干管（立管）与配水管（水平管）连接，应采用沟槽式管件，不应采用机械三通。

⑦ 埋地的沟槽式管件的螺栓、螺帽应做防腐处理。水泵房内的埋地管道连接应采用挠性接头。

⑧ 采用沟槽连接件连接管道变径和转弯时，宜采用沟槽式异径管件和弯头；当需要采用补芯时，三通上可用一个，四通上不应超过两个；公称直径大于 $DN50mm$ 的管道不宜采用活接头。

⑨ 沟槽连接件应采用三元乙丙橡胶（EDPM）C 型密封胶圈，弹性应良好，应无破损和变形，安装压紧后 C 型密封胶圈中间应有空隙。

细节83 钢丝网骨架塑料复合管材、管件以及管道附件的连接

钢丝网骨架塑料复合管材、管件以及管道附件的连接，应符合下列要求。

① 钢丝网骨架塑料复合管材、管件以及管道附件，应采用同一品牌的产品；管道连接宜采用同种牌号级别，且压力等级相同的管材、管件以及管道附件。不同牌号的管材以及管道附件之间的连接，应经过试验，并应判定连接质量能得到保证后再连接。

② 连接应采用电熔连接或机械连接，电熔连接宜采用电熔承插连接和电熔鞍形连接；机械连接宜采用锁紧型和非锁紧型承插式连接、法兰连接、钢塑过渡连接。

③ 钢丝网骨架塑料复合管给水管道与金属管道或金属管道附件的连接，应采用法兰或钢塑过渡接头连接，与直径小于或等于 $DN50mm$ 的镀锌管道或内衬塑镀锌管的连接，宜采用锁紧型承插式连接。

④ 管道各种连接应采用相应的专用连接工具。

⑤ 钢丝网骨架塑料复合管材、管件与金属管、管道附件的连接，当采用钢制喷塑或球墨铸铁过渡管件时，其过渡管件的压力等级不应低于管材公称压力。

⑥ 在 -5℃ 以下或大风环境条件下进行热熔或电熔连接操作时，应采取保护措施，或调整连接机具的工艺参数。

⑦ 管材、管件以及管道附件存放处与施工现场温差较大时，连接前应将钢丝网骨架塑料复合管管材、管件以及管道附件在施工现场放置一段时间，并应使管材的温度与施工现场的温度相当。

⑧ 管道连接时，管材切割应采用专用割刀或切管工具，切割断面应平整、光滑、无毛刺，且应垂直于管轴线。

⑨ 管道合拢连接的时间宜为常年平均温度，且宜为第二天上午的8～10时。

⑩ 管道连接后，应及时检查接头外观质量。

细节84 钢丝网骨架塑料复合管材、管件电熔连接

钢丝网骨架塑料复合管材、管件电熔连接，应符合下列要求。

① 电熔连接机具输出电流、电压应稳定，并应符合电熔连接工艺要求。

② 电熔连接机具与电熔管件应正确连通，连接时，通电加热的电压和加热时间应符合电熔连接机具和电熔管件生产企业的规定。

③ 电熔连接冷却期间，不应移动连接件或在连接件上施加任何外力。

④ 电熔承插连接应符合的规定

a. 测量管件承口长度，并在管材插入端标出插入长度标记，用专用工具刮除插入段表皮。

b. 用洁净棉布擦净管材、管件连接面上的污物。

c. 将管材插入管件承口内，直至长度标记位置。

d. 通电前，应校直两对应的待连接件，使其在同一轴线上，用整圆工具保持管材插入端的圆度。

⑤ 电熔鞍形连接应符合的规定

a. 电熔鞍形连接应采用机械装置固定干管连接部位的管段，并确保管道的直线度和圆度。

b. 干管连接部位上的污物应使用洁净棉布擦净，并用专用工具刮除干管连接部位表皮。

c. 通电前，应将电熔鞍形连接管件用机械装置固定在干管连接部位。

细节85 钢丝网骨架塑料复合管管材、管件法兰连接

钢丝网骨架塑料复合管管材、管件法兰连接应符合下列要求。

① 钢丝网骨架塑料复合管管端法兰盘（背压松套法兰）连接，应先将法兰盘（背压松套法兰）套入待连接的聚乙烯法兰连接件（跟形管端）的端部，再将法兰连接件（跟形管端）平口端与管道按"细节84：钢丝网骨架塑料复合管材、管件以及管道附件的连接"中②电熔连接的

要求进行连接。

② 两法兰盘上螺孔应对中，法兰面应相互平行，螺孔与螺栓直径应配套，螺栓长短应一致，螺帽应在同一侧；紧固法兰盘上螺栓时应按对称顺序分次均匀紧固，螺栓拧紧后宜伸出螺帽 1 丝扣～3 丝扣。

③ 法兰垫片材质应符合现行国家标准的有关规定，松套法兰表面宜采用喷塑防腐处理。

④ 法兰盘应采用钢质法兰盘且应采用磷化镀铬防腐处理。

细节86 钢丝网骨架塑料复合管道钢塑过渡接头连接

钢丝网骨架塑料复合管道钢塑过渡接头连接应符合下列要求。

① 钢塑过渡接头的钢丝网骨架塑料复合管管端与聚乙烯管道连接，应符合热熔连接或电熔连接的规定。

② 钢塑过渡接头钢管端与金属管道连接应符合相应的钢管焊接、法兰连接或机械连接的规定。

③ 钢塑过渡接头钢管端与钢管应采用法兰连接，不得采用焊接连接，当必须焊接时，应采取降温措施。

④ 公称外径大于或等于 $DN110mm$ 的钢丝网骨架塑料复合管与管径大于或等于 $DN100mm$ 的金属管连接时，可采用人字形柔性接口配件，配件两端的密封胶圈应分别与聚乙烯管和金属管相配套。

⑤ 钢丝网骨架塑料复合管和金属管、阀门相连接时，规格尺寸应相互配套。

细节87 埋地管道的连接方式和基础支墩

埋地管道的连接方式和基础支墩应符合下列要求。

① 地震烈度在 7 度及 7 度以上时宜采用柔性连接的金属管道或钢丝网骨架塑料复合管等。

② 当采用球墨铸铁时宜采用承插连接。

③ 当采用焊接钢管时宜采用法兰和沟槽连接件连接。

④ 当采用钢丝网骨架塑料复合管时应采用电熔连接。

⑤ 埋地管道的施工时除符合《消防给水及消火栓系统技术规范》（GB 50974—2014）的有关规定外，还应符合现行国家标准《给水排水管道工程施工及验收规范》（GB 50268—2008）的有关规定。

⑥ 埋地消防给水管道的基础和支墩应符合设计要求，当设计对支

墩没有要求时，应在管道三通或转弯处设置混凝土支墩。

细节88 架空管道的安装位置

架空管道的安装位置应符合设计要求，并应符合下列规定。

① 架空管道的安装不应影响建筑功能的正常使用，不应影响和妨碍通行以及门窗等开启。

② 当设计无要求时，管道的中心线与梁、柱、楼板等的最小距离应符合表 3-4 的规定。

表 3-4　管道的中心线与梁、柱、楼板等的最小距离　单位：mm

公称直径	25	32	40	50	70	80	100	125	150	200
距离	40	40	50	60	70	80	100	125	150	200

③ 消防给水管穿过地下室外墙、构筑物墙壁以及屋面等有防水要求处时，应设防水套管。

④ 消防给水管穿过建筑物承重墙或基础时，应预留洞口，洞口高度应保证管顶上部净空不小于建筑物的沉降量，不宜小于 0.1m，并应填充不透水的弹性材料。

⑤ 消防给水管穿过墙体或楼板时应加设套管，套管长度不应小于墙体厚度，或应高出楼面或地面 50mm；套管与管道的间隙应采用不燃材料填塞，管道的接口不应位于套管内。

⑥ 消防给水管必须穿过伸缩缝及沉降缝时，应采用波纹管和补偿器等技术措施。

⑦ 消防给水管可能发生冰冻时，应采取防冻技术措施。

⑧ 通过及敷设在有腐蚀性气体的房间内时，管外壁应刷防腐漆或缠绕防腐材料。

细节89 架空管道的支吊架

架空管道的支吊架应符合下列规定。

① 架空管道支架、吊架、防晃或固定支架的安装应固定牢固，其形式、材质及施工应符合设计要求。

② 设计的吊架在管道的每一支撑点处应能承受 5 倍于充满水的管重，且管道系统支撑点应支撑整个消防给水系统。

③ 管道支架的支撑点宜设在建筑物的结构上，其结构在管道悬吊点应能承受充满水管道质量另加至少 114kg 的阀门、法兰和接头等附

加荷载，充水管道的参考质量可按表 3-5 选取。

表 3-5 充水管道的参考质量

公称直径/mm	25	32	40	50	70	80	100	125	150	200
保温管道/(kg/m)	15	18	19	22	27	32	41	54	65	103
不保温管道/(kg/m)	5	7	7	9	13	17	22	33	42	73

注：1. 计算管道质量按 10kg 化整，不足 20kg 按 20kg 计算。

2. 表中管道质量不包括阀门质量。

④ 管道支架或吊架的设置间距不应大于表 3-6 的要求。

表 3-6 管道支架或吊架的设置间距

管径/mm	25	32	40	50	70	80	100	125	150	200	250	300
间距/m	3.5	4.0	4.5	5.0	6.0	6.0	6.5	7.0	8.0	9.5	11.0	12.0

⑤ 当管道穿梁安装时，穿梁处宜作为一个吊架。

⑥ 下列部位应设置固定支架或防晃支架。

a. 配水管宜在中点设一个防晃支架，但当管径小于 $DN50mm$ 时可不设。

b. 配水干管及配水管，配水支管的长度超过 15m，每 15m 长度内应至少设 1 个防晃支架，但当管径不大于 $DN40mm$ 可不设。

c. 管径大于 $DN50mm$ 的管道拐弯、三通及四通位置处应设 1 个防晃支架。

d. 防晃支架的强度，应满足管道、配件及管内水的质量再加 50% 的水平方向推力时不损坏或不产生永久变形；当管道穿梁安装时，管道再用紧固件固定于混凝土结构上，宜可作为 1 个防晃支架处理。

细节90 架空管道的保护

地震烈度在 7 度及 7 度以上时，架空管道保护应符合下列要求。

① 地震区的消防给水管道宜采用沟槽连接件的柔性接头或间隙保护系统的安全可靠性。

② 应用支架将管道牢固地固定在建筑上。

③ 管道应由固定部分和活动部分组成。

④ 当系统管道穿越连接地面以上部分建筑物的地震接缝时，无论管径大小，均应设带柔性配件的管道地震保护装置。

⑤ 所有穿越墙、楼板、平台以及基础的管道，包括泄水管、水泵接合器连接管及其他辅助管道的周围应留有间隙。

⑥ 管道周围的间隙，$DN25 \sim DN80$mm 管径的管道，不应小于 25mm，$DN100$mm 及以上管径的管道，不应小于 50mm；间隙内应填充腻子等防火柔性材料。

⑦ 竖向支撑应符合的规定

a. 系统管道应有承受横向和纵向水平载荷的支撑。

b. 竖向支撑应牢固且同心，支撑的所有部件和配件应在同一直线上。

c. 对供水主管，竖向支撑的间距不应大于 24m。

d. 立管的顶部应采用四个方向的支撑固定。

e. 供水主管上的横向固定支架，其间距不应大于 12m。

细节91 消防给水系统阀门的安装

消防给水系统阀门的安装应符合下列要求。

① 各类阀门型号、规格及公称压力应符合设计要求。

② 阀门的设置应便于安装维修和操作，且安装空间应能满足阀门完全启闭的要求，并应做出标志。

③ 阀门应有明显的启闭标志。

④ 消防给水系统干管与水灭火系统连接处应设置独立阀门，并应保证各系统独立使用。

细节92 消防给水系统减压阀的安装

消防给水系统减压阀的安装应符合下列要求。

① 安装位置处的减压阀的型号、规格、压力、流量应符合设计要求。

② 减压阀安装应在供水管网试压、冲洗合格后进行。

③ 减压阀水流方向应与供水管网水流方向一致。

④ 减压阀前应有过滤器。

⑤ 减压阀前后应安装压力表。

⑥ 减压阀处应有压力试验用排水设施。

细节93 控制柜的安装

控制柜的安装应符合下列要求。

① 控制柜的基座其水平度误差不大于 ± 2mm，并应做防腐处理及防水措施。

② 控制柜与基座应采用不小于 $\phi 12$mm 的螺栓固定，每只柜不应

少于 4 只螺栓。

③ 做控制柜的上下进出线口时，不应破坏控制柜的防护等级。

细节94 试压和冲洗

① 消防给水及消火栓系统试压和冲洗应符合下列要求。

a. 管网安装完毕后，应对其进行强度试验、冲洗和严密性试验。

b. 强度试验和严密性试验宜用水进行。干式消火栓系统应做水压试验和气压试验。

c. 系统试压完成后，应及时拆除所有临时盲板及试验用的管道，并应与记录核对无误，且应按表 3-7 的格式填写记录。

表 3-7 消防给水及消火栓系统试压记录

工程名称				建设单位						
施工单位				监理单位						
管段号	材质	系统工作压力/MPa	温度/℃	强度试验				严密性试验			
				介质	压力/MPa	时间/min	结论意见	介质	压力/MPa	时间/min	结论意见
参加单位	施工单位项目负责人： （签章） 年　月　日			监理工程师： （签章） 年　月　日				建设单位项目负责人： （签章） 年　月　日			

d. 管网冲洗应在试压合格后分段进行。冲洗顺序应先室外，后室内；先地下，后地上；室内部分的冲洗应按供水干管、水平管和立管的顺序进行。

e. 系统试压前应具备下列条件。

ⅰ. 埋地管道的位置及管道基础、支墩等经复查应符合设计要求。

ⅱ. 试压用的压力表不应少于 2 只；精度不应低于 1.5 级，量程应为试验压力值的 1.5～2 倍。

ⅲ. 试压冲洗方案已经批准。

ⅳ. 对不能参与试压的设备、仪表、阀门及附件应加以隔离或拆除；加设的临时盲板应具有突出于法兰的边耳，且应做明显标志，并记录临时盲板的数量。

f. 系统试压过程中，当出现泄漏时，应停止试压，并应放空管网中的试验介质，消除缺陷后，应重新再试。

g. 管网冲洗宜用水进行。冲洗前，应对系统的仪表采取保护措施。

h. 冲洗前，应对管道防晃支架、支吊架等进行检查，必要时应采取加固措施。

i. 对不能经受冲洗的设备和冲洗后可能存留脏物、杂物的管段，应进行清理。

j. 冲洗管道直径大于 $DN100mm$ 时，应对其死角和底部进行振动，但不应损伤管道。

k. 管网冲洗合格后，应按表 3-8 的要求填写记录。

表 3-8 消防给水及消火栓系统管网冲洗记录

工程名称					建设单位		
施工单位					监理单位		
管段号	材质	冲洗					结论意见
		介质	压力/MPa	流速/(m/s)	流量/(L/s)	冲洗次数	
参加单位	施工单位项目负责人： （签章） 年　月　日		监理工程师： （签章） 年　月　日			建设单位项目负责人： （签章） 年　月　日	

l. 水压试验和水冲洗宜采用生活用水进行，不应使用海水或含有腐蚀性化学物质的水。

② 压力管道水压强度试验的试验压力应符合表 3-9 的规定。

表 3-9   压力管道水压强度试验的试验压力

管材类型	系统工作压力 P/MPa	试验压力/MPa
钢管	≤1.0	$1.5P$,且不应小于 1.4
	>1.0	$P+0.4$
球墨铸铁管	≤0.5	$2P$
	>0.5	$P+0.5$
钢丝网骨架塑料管	P	$1.5P$,且不应小于 0.8

③ 水压强度试验的测试点应设在系统管网的最低点。对管网注水时，应将管网内的空气排净，并应缓慢升压，达到试验压力后，稳压 30min 后，管网应无泄漏、无变形，且压力降不应大于 0.05MPa。

④ 水压严密性试验应在水压强度试验和管网冲洗合格后进行。试验压力应为系统工作压力，稳压 24h，应无泄漏。

⑤ 水压试验时环境温度不宜低于 5℃，当低于 5℃时，水压试验应采取防冻措施。

⑥ 消防给水系统的水源干管、进户管和室内埋地管道应在回填前单独或与系统同时进行水压强度试验和水压严密性试验。

⑦ 气压严密性试验的介质宜采用空气或氮气，试验压力应为 0.28MPa，且稳压 24h，压力降不应大于 0.01MPa。

⑧ 管网冲洗的水流流速、流量不应小于系统设计的水流流速、流量；管网冲洗宜分区、分段进行；水平管网冲洗时，其排水管位置应低于冲洗管网。

⑨ 管网冲洗的水流方向应与灭火时管网的水流方向一致。

⑩ 管网冲洗应连续进行。当出口处水的颜色、透明度与入口处水的颜色、透明度基本一致时，冲洗可结束。

⑪ 管网冲洗宜设临时专用排水管道，其排放应畅通和安全。排水管道的截面面积不应小于被冲洗管道截面面积的 60%。

⑫ 管网的地上管道与地下管道连接前，应在管道连接处加设堵头后，对地下管道进行冲洗。

⑬ 管网冲洗结束后，应将管网内的水排除干净。

⑭ 干式消火栓系统管网冲洗结束，管网内水排除干净后，宜采用压缩空气吹干。

细节95 **系统调试**

------

① 消防给水及消火栓系统调试应在系统施工完成后进行，并应具

备下列条件。

a. 天然水源取水口、地下水井、消防水池、高位消防水池、高位消防水箱等蓄水和供水设施水位、出水量、已储水量等符合设计要求。

b. 消防水泵、稳压泵和稳压设施等处于准工作状态。

c. 系统供电正常，若柴油机泵油箱应充满油并能正常工作。

d. 消防给水系统管网内已经充满水。

e. 湿式消火栓系统管网内已充满水，手动干式、干式消火栓系统管网内的气压符合设计要求。

f. 系统自动控制处于准工作状态。

g. 减压阀和阀门等处于正常工作位置。

② 系统调试应包括的内容

a. 水源调试和测试。

b. 消防水泵调试。

c. 稳压泵或稳压设施调试。

d. 减压阀调试。

e. 消火栓调试。

f. 自动控制探测器调试。

g. 干式消火栓系统的报警阀等快速启闭装置调试，并应包含报警阀的附件电动或电磁阀等阀门的调试。

h. 排水设施调试。

i. 联锁控制试验。

③ 水源调试和测试应符合的要求

a. 按设计要求核实高位消防水箱、高位消防水池、消防水池的容积，高位消防水池、高位消防水箱设置高度应符合设计要求；消防储水应有不作他用的技术措施。当有江河湖海、水库和水塘等天然水源作为消防水源时应验证其枯水位、洪水位和常水位的流量符合设计要求。地下水井的常水位、出水量等应符合设计要求。

b. 消防水泵直接从市政管网吸水时，应测试市政供水的压力和流量能否满足设计要求的流量。

c. 应按设计要求核实消防水泵接合器的数量和供水能力，并应通过消防车车载移动泵供水进行试验验证。

d. 应核实地下水井的常水位和设计抽升流量时的水位。

④ 消防水泵调试应符合的要求

a. 以自动直接启动或手动直接启动消防水泵时，消防水泵应在 55s

内投入正常运行，且应无不良噪声和振动。

b. 以备用电源切换方式或备用泵切换启动消防水泵时，消防水泵应分别在 1min 或 2min 内投入正常运行。

c. 消防水泵安装后应进行现场性能测试，其性能应与生产厂商提供的数据相符，并应满足消防给水设计流量和压力的要求。

d. 消防水泵零流量时的压力不应超过设计工作压力的 140%；当出流量为设计工作流量的 150% 时，其出口压力不应低于设计工作压力的 65%。

⑤ 稳压泵应按设计要求进行调试，并应符合下列规定。

a. 当达到设计启动压力时，稳压泵应立即启动；当达到系统停泵压力时，稳压泵应自动停止运行；稳压泵启停应达到设计压力要求。

b. 能满足系统自动启动要求，且当消防主泵启动时，稳压泵应停止运行。

c. 稳压泵在正常工作时每小时的启停次数应符合设计要求，且不应大于 15 次/h。

d. 稳压泵启停时系统压力应平稳，且稳压泵不应频繁启停。

⑥ 干式消火栓系统快速启闭装置调试应符合的要求

a. 干式消火栓系统调试时，开启系统试验阀或按下消火栓按钮，干式消火栓系统快速启闭装置的启动时间、系统启动压力、水流到试验装置出口所需时间，均应符合设计要求。

b. 快速启闭装置后的管道容积应符合设计要求，并应满足充水时间的要求。

c. 干式报警阀在充气压力下降到设定值时应能及时启动。

d. 干式报警阀充气系统在设定低压点时应启动，在设定高压点时应停止充气，当压力低于设定低压点时应报警。

e. 干式报警阀当设有加速排气器时，应验证其可靠工作。

⑦ 减压阀调试应符合的要求

a. 减压阀的阀前阀后动静压力应满足设计要求。

b. 减压阀的出流量应满足设计要求，当出流量为设计流量的 150% 时，阀后动压不应小于额定设计工作压力的 65%。

c. 减压阀在小流量、设计流量和设计流量的 150% 时不应出现噪声明显增加。

d. 测试减压阀的阀后动静压差应符合设计要求。

⑧ 消火栓的调试和测试应符合的规定

a. 试验消火栓动作时，应检测消防水泵是否在规定的时间内自动启动。

b. 试验消火栓动作时，应测试其出流量、压力和充实水柱的长度，并应根据消防水泵的性能曲线核实消防水泵供水能力。

c. 应检查旋转型消火栓的性能能否满足其性能要求。

d. 应采用专用检测工具，测试减压稳压型消火栓的阀后动静压是否满足设计要求。

⑨ 调试过程中，系统排出的水应通过排水设施全部排走，并应符合下列规定。

a. 消防电梯排水设施的自动控制和排水能力应进行测试。

b. 报警阀排水试验管处和末端试水装置处排水设施的排水能力应进行测试，且在地面不应有积水。

c. 试验消火栓处的排水能力应满足试验要求。

d. 消防水泵房排水设施的排水能力应进行测试，并应符合设计要求。

⑩ 控制柜调试和测试应符合的要求

a. 应首先空载调试控制柜的控制功能，并应对各个控制程序进行试验验证。

b. 当空载调试合格后，应加负载调试控制柜的控制功能，并应对各个负载电流的状况进行试验检测和验证。

c. 应检查显示功能，并应对电压、电流、故障、声光报警等功能进行试验检测和验证。

d. 应调试自动巡检功能，并应对各泵的巡检动作、时间、周期、频率和转速等进行试验检测和验证。

e. 应试验消防水泵的各种强制启泵功能。

⑪ 联锁试验应符合下列要求，并应按表3-10的要求进行记录。

a. 干式消火栓系统联锁试验，当打开1个消火栓或模拟1个消火栓的排气量排气时，干式报警阀（电动阀/电磁阀）应及时启动，压力开关应发出信号或联锁启动消防防水泵，水力警铃动作应发出机械报警信号。

b. 消防给水系统的试验管放水时，管网压力应持续降低，消防水泵出水干管上压力开关应能自动启动消防水泵；消防给水系统的试验管放水或高位消防水箱排水管放水时，高位消防水箱出水管上的流量开关应动作，且应能自动启动消防水泵。

c. 自动启动时间应符合设计要求和《消防给水及消火栓系统技术规范》（GB 50974—2014）第11.0.3条的有关规定。

表 3-10　消防给水及消火栓系统联锁试验记录

工程名称			建设单位			
施工单位			监理单位			
系统类型	启动信号 （部位）	联动组件动作				
		名称	是否开启	要求动作时间	实际动作时间	
消防给水						
湿式消火栓系统	末端试水装置（试验消火栓）	消防水泵				
		压力开关（管网）				
		高位消防水箱水流开关				
		稳压泵				
干式消火栓系统	模拟消火栓动作	干式阀等快速启闭装置				
		水力警铃				
		压力开关				
		充水时间				
		压力开关（管网）				
		高位消防水箱流量开关				
		消防水泵				
		稳压泵				
自动喷水灭火系统	现行国家标准《自动喷水灭火系统施工及验收规范》（GB 50261—2017）					
水喷雾系统	现行国家标准《自动喷水灭火系统施工及验收规范》（GB 50261—2007）					
泡沫系统	现行国家标准《泡沫灭火系统技术标准》（GB 50151—2021）					
消防炮系统						
参加单位	施工单位项目负责人： （签章） 年　　月　　日		监理工程师： （签章） 年　　月　　日		建设单位项目负责人： （签章） 年　　月　　日	

细节96　系统验收

① 系统竣工后，必须进行工程验收，验收应由建设单位组织质检、设计、施工、监理参加，验收不合格不应投入使用。

② 消防给水及消火栓系统工程验收应按表 3-11 的要求填写。

表 3-11　消防给水系统及消火栓系统工程验收记录

工程名称		分部工程名称	
施工单位		项目负责人	
监理单位		监理工程师	

续表

序号	检查项目名称	检查内容记录	检查评定结果
1			
2			
3			
4			
5			

综合验收结论		

验收单位	施工单位:(单位印章)	项目负责人:(签章) 年　　月　　日
	监理单位:(单位印章)	总监理工程师:(签章) 年　　月　　日
	设计单位:(单位印章)	项目负责人:(签章) 年　　月　　日
	建设单位:(单位印章)	项目负责人:(签章) 年　　月　　日

③ 系统验收时施工单位应提供的资料

a. 竣工验收申请报告、设计文件、竣工资料。

b. 消防给水及消火栓系统的调试报告。

c. 工程质量事故处理报告。

d. 施工现场质量管理检查记录。

e. 消防给水及消火栓系统施工过程质量管理检查记录。

f. 消防给水及消火栓系统质量控制检查资料。

④ 水源的检查验收应符合的要求

a. 应检查室外给水管网的进水管管径及供水能力，并应检查高位消防水箱、高位消防水池和消防水池等的有效容积和水位测量装置等应符合设计要求。

b. 当采用地表天然水源作为消防水源时，其水位、水量、水质等应符合设计要求。

c. 应根据有效水文资料检查天然水源枯水期最低水位、常水位和洪水位时确保消防用水应符合设计要求。

d. 应根据地下水井抽水试验资料确定常水位、最低水位、出水量和水位测量装置等技术参数和装备应符合设计要求。

⑤ 消防水泵房的验收应符合的要求

a. 消防水泵房的建筑防水要求应符合设计要求和现行国家标准《建筑设计防火规范》（GB 50016—2014）（2018 版）的有关规定。

b. 消防水泵房设置的应急照明、安全出口应符合设计要求。

c. 消防水泵房的采暖通风、排水和防洪等应符合设计要求。

d. 消防水泵房的设备进出和维修安装空间应满足设备要求。

e. 消防水泵控制柜的安装位置和防护等级应符合设计要求。

⑥ 消防水泵验收应符合的要求

a. 消防水泵运转应平稳，应无不良噪声的振动。

b. 工作泵、备用泵、吸水管、出水管及出水管上的泄压阀、水锤消除设施、止回阀、信号阀等的规格、型号、数量，应符合设计要求；吸水管、出水管上的控制阀应锁定在常开位置，并应有明显标记。

c. 消防水泵应采用自灌式引水方式，并应保证全部有效储水被有效利用。

d. 分别开启系统中的每一个末端试水装置、试水阀和试验消火栓、水流指示器、压力开关、压力开关（管网）、高位消防水箱流量开关等信号的功能，均应符合设计要求。

e. 打开消防水泵出水管上试水阀，当采用主电源启动消防水泵时，消防水泵应启动正常；关掉主电源，主、备电源应能正常切换；备用泵启动和相互切换正常；消防水泵就地和远程启停功能应正常。

f. 消防水泵停泵时，水锤消除设施后的压力不应超过水泵出口设计工作压力的 1.4 倍。

g. 消防水泵启动控制应置于自动启动挡。

h. 采用固定和移动式流量计和压力表测试消防水泵的性能，水泵性能应满足设计要求。

⑦ 稳压泵验收应符合的要求

a. 稳压泵的型号性能等应符合设计要求。

b. 稳压泵的控制应符合设计要求，并应有防止稳压泵频繁启动的技术措施。

c. 稳压泵在 1h 内的启停次数应符合设计要求，并不宜大于 15 次/h。

d. 稳压泵供电应正常，自动手动启停应正常；关掉主电源，主、备电源应能正常切换。

e. 气压水罐的有效容积以及调节容积应符合设计要求，并应满足稳压泵的启停要求。

⑧ 减压阀验收应符合的要求

a. 减压阀的型号、规格、设计压力和设计流量应符合设计要求。

b. 减压阀阀前应有过滤器，过滤器的孔网直径不宜小于 $4\sim5$ 目$/cm^2$，过流面积不应小于管道截面积的 4 倍。

c. 减压阀阀前阀后动静压力应符合设计要求。

d. 减压阀处应有试验用压力排水管道。

e. 减压阀在小流量、设计流量和设计流量的 150% 时不应出现噪声明显增加或管道出现喘振。

f. 减压阀的水头损失应小于设计阀后静压和动压差。

⑨ 消防水池、高位消防水池和高位消防水箱验收应符合的要求

a. 设置位置应符合的要求

b. 消防水池、高位消防水池和高位水池水箱的有效容积、水位、报警水位等，应符合设计要求。

c. 进出水管、溢流管、排水管等应符合设计要求，且溢流管应采用间接排水。

d. 管道、阀门和进水浮球阀等应便于检修，人孔和爬梯位置应合理。

e. 消防水池吸水井、吸（出）水管喇叭口等设置位置应符合设计要求。

⑩ 气压水罐验收应符合的要求

a. 气压水罐的有效容积、调节容积和稳压泵启泵次数应符合设计要求。

b. 气压水罐气侧压力应符合设计要求。

⑪ 干式消火栓系统报警阀组的验收应符合的要求

a. 报警阀组的各组件应符合产品标准要求。

b. 打开系统流量压力检测装置放水阀，测试的流量、压力应符合设计要求。

c. 水力警铃的设置位置应正确。测试时，水力警铃喷嘴处压力不应小于 0.05MPa，且距水力警铃 3m 远处警铃声声强不应小于 70dB。

d. 打开手动试水阀动作应可靠。

e. 控制阀均应锁定在常开位置。

f. 与空气压缩机或火灾自动报警系统的联锁控制，应符合设计要求。

⑫ 管网验收应符合的要求

a. 管道的材质、管径、接头、连接方式及采取的防腐、防冻措施，应符合设计要求，管道标识应符合设计要求。

b. 管网排水坡度及辅助排水设施，应符合设计要求。

c. 系统中的试验消火栓、自动排气阀应符合设计要求。

d. 管网不同部位安装的报警阀组、闸阀、止回阀、电磁阀、信号阀、水流指示器、减压孔板、节流管、减压阀、柔性接头、排水管、排气阀、泄压阀等，均应符合设计要求。

e. 干式消火栓系统允许的最大充水时间不应大于 5min。

f. 干式消火栓系统报警阀后的管道仅应设置消火栓和有信号显示的阀门。

g. 架空管道的立管、配水支管、配水管、配水干管设置的支架，应符合相关规定。

h. 室外埋地管道应符合相关规定。

⑬ 消火栓验收应符合的要求

a. 消火栓的设置场所、位置、规格、型号应符合设计要求和《消防给水及消火栓系统技术规范》（GB 50974—2014）第 7.2 节～第 7.4 节的有关规定。

b. 室内消火栓的安装高度应符合设计要求。

c. 消火栓的设置位置应符合设计要求和《消防给水及消火栓系统技术规范》（GB 50974—2014）第 7 章的有关规定，并应符合消防救援和火灾扑救工艺的要求。

d. 消火栓的减压装置和活动部件应灵活可靠，栓后压力应符合设计要求。

⑭ 消防水泵接合器数量及进水管位置应符合设计要求，消防水泵接合器应采用消防车车载消防水泵进行充水试验，且供水最不利点的压力、流量应符合设计要求；当有分区供水时应确定消防车的最大供水高度和接力泵的设置位置的合理性。

⑮ 消防给水系统流量、压力的验收，应通过系统流量、压力检测装置和末端试水装置进行放水试验，系统流量、压力和消火栓充实水柱等应符合设计要求。

⑯ 控制柜的验收应符合的要求

a. 控制柜的规格、型号、数量应符合设计要求。

b. 控制柜的图纸塑封后应牢固粘贴于柜门内侧。

c. 控制柜的动作应符合设计要求和《消防给水及消火栓系统技术

规范》（GB 50974—2014）第 11 章的有关规定。

d. 控制柜的质量应符合产品标准和相关要求。

e. 主、备用电源自动切换装置的设置应符合设计要求。

⑰ 应进行系统模拟灭火功能试验，且应符合下列要求。

a. 干式消火栓报警阀动作，水力警铃应鸣响压力开关动作。

b. 流量开关、低压压力开关和报警阀压力开关等动作，应能自动启动消防水泵及与其联锁的相关设备，并应有反馈信号显示。

c. 消防水泵启动后，应有反馈信号显示。

d. 干式消火栓系统的干式报警阀的加速排气器动作后，应有反馈信号显示。

e. 其他消防联动控制设备启动后，应有反馈信号显示。

⑱ 系统工程质量验收判定条件应符合的规定

a. 系统工程质量缺陷应按表 3-12 要求划分。

表 3-12　消防给水及消火栓系统验收缺陷项目划分

缺陷分类	严重缺陷（A）	重缺陷（B）	轻缺陷（C）
包含内容			本细节③的内容
	本细节④的内容		
		本细节⑤的内容	
	本细节⑥中 b 和 g 的内容	本细节⑥中 a、c~f、h 的内容	
	本细节⑦中 a 的内容	本细节⑦中除 b~e 的内容	
	本细节⑧中 a 和 f 的内容	本细节⑧中除 b~e 的内容	
	本细节⑨中 a~c 的内容		本细节⑨中 d、e 的内容
		本细节⑩中 a 的内容	本细节⑩中 b 的内容
		本细节⑪中 a~d、f 的内容	本细节⑪中 e 的内容
		本细节⑫的内容	
	本细节⑬中 a 的内容	本细节⑬中 c 和 d 的内容	本细节⑬中 b 的内容
		本细节⑭的内容	
	本细节⑮的内容		
	本细节⑯的内容		
	本细节⑰中 b 和 c 的内容	本细节⑰中 d 和 e 的内容	本细节⑰中 a 的内容

b. 系统验收合格判定应为 $A=0$，且 $B \leqslant 2$，且 $B+C \leqslant 6$ 为合格。

c. 系统验收不符合本条 b. 要求时，应为不合格。

细节97 **维护管理**

① 消防给水及消火栓系统应有管理、检查检测、维护保养的操作规程；并应保证系统处于准工作状态。维护管理应按表 3-13 的要求进行。

表 3-13 消防给水及消火栓系统维护管理工作检查项目

部位		工作内容	周期
水源	市政给水管网	压力和流量	每季
	河湖等地表水源	枯水位、洪水位、枯水位流量或蓄水量	每年
	水井	常水位、最低水位、出流量	每年
	消防水池(箱)、高位消防水箱	水位	每年
	室外消防水池等	温度	冬季每天
供水设施	电源	接通状态，电压	每日
	消防水泵	自动巡检记录	每周
		手动启动试运转	每月
		流量和压力	每季
	稳压泵	启停泵压力、启停次数	每日
	柴油机消防水泵	启动电池、储油量	每日
	气压水罐	检测气压、水位、有效容积	每月
阀门	减压阀	放水	每月
		测试流量和压力	每年
	雨林阀的附属电磁阀	每月检查开启	每月
	电动阀或电磁阀	供电、启闭性能检测	每月
	系统所有控制阀门	检查铅封、锁链完好状况	每月
	室外阀门井中控制阀门	检查开启状况	每季
	水源控制阀、报警阀组	外观检查	每天
	末端试水阀、报警阀的试水阀	放水试验，启动性能	每季
	倒流防止器	压差检测	每月
	喷头	检查完好状况、清除异物、备用量	每月
	消火栓	外观和漏水检查	每季
	水泵接合器	检查完好状况	每月
		通水试验	每年
	过滤器	排渣、完好状态	每年
	储水设备	检查结构材料	每年
	系统联锁试验	消火栓和其他水灭火系统等运行功能	每年

续表

部位	工作内容	周期
消防泵水房、水箱间、报警阀间、减法阀间等供水设备间	检查室温	（冬季）每天

② 维护管理人员应掌握和熟悉消防给水系统的原理、性能和操作规程。

③ 水源的维护管理应符合的规定

a. 每季度应监测市政给水管网的压力和供水能力。

b. 每年应对天然河湖等地表水消防水源的常水位、枯水位、洪水位，以及枯水位流量或蓄水量等进行一次检测。

c. 每年应对水井等地下水消防水源的常水位、最低水位、最高水位和出水量等进行一次测定。

d. 每月应对消防水池、高位消防水池、高位消防水箱等消防水源设施的水位等进行一次检测；消防水池（箱）玻璃水位计两端的角阀在不进行水位观察时应关闭。

e. 在冬季每天应对消防储水设施进行室内温度和水温检测，当结冰或室内温度低于5℃时，应采取确保不结冰和室温不低于5℃的措施。

④ 消防水泵和稳压泵等供水设施的维护管理应符合的规定

a. 每月应手动启动消防水泵运转一次，并应检查供电电源的情况。

b. 每周应模拟消防水泵自动控制的条件自动启动消防水泵运转一次，且应自动记录自动巡检情况，每月应检测记录。

c. 每日应对稳压泵的停泵启泵压力和启泵次数等进行检查和记录运行情况。

d. 每日应对柴油机消防水泵的启动电池的电量进行检测，每周应检查储油箱的储油量，每月应手动启动柴油机消防水泵运行一次。

e. 每季度应对消防水泵的出流量和压力进行一次试验。

f. 每月应对气压水罐的压力和有效容积等进行一次检测。

⑤ 减压阀的维护管理应符合的规定

a. 每月应对减压阀组进行一次放水试验，并应检测和记录减压阀前后的压力，当不符合设计值时应采取满足系统要求的调试和维修等措施。

b. 每年应对减压阀的流量和压力进行一次试验。

⑥ 阀门的维护管理应符合的规定

a. 雨淋阀的附属电磁阀应每月检查并应做启动试验，动作失常时应及时更换。

b. 每月应对电动阀和电磁阀的供电和启闭性能进行检测。

c. 系统上所有的控制阀门均应采用铅封或锁链固定在开启或规定的状态，每月应对铅封、锁链进行一次检查，当有破坏或损坏时应及时修理更换。

d. 每季度应对室外阀门井中，进水管上的控制阀门进行一次检查，并应核实其处于全开启状态。

e. 每天应对水源控制阀、报警阀组进行外观检查，并应保证系统处于无故障状态。

f. 每季度应对系统所有的末端试水阀和报警阀的放水试验阀进行一次放水试验，并应检查系统启动、报警功能以及出水情况是否正常。

g. 在市政供水阀门处于完全开启状态时，每月应对倒流防止器的压差进行检测，并应符合国家现行标准《减压型倒流防止器》（GB/T 25178—2020）、《低阻力倒流防止器》（JB/T 11151—2011）和《双止回阀倒流防止器》（CJ/T 160—2010）等的有关规定。

⑦ 每季度应对消火栓进行一次外观和漏水检查，发现有不正常的消火栓应及时更换。

⑧ 每季度应对消防水泵接合器的接口及附件进行一次检查，并应保证接口完好、无渗漏、闷盖齐全。

⑨ 每年应对系统过滤器进行至少一次排渣，并应检查过滤器是滞处于完好状态，当堵塞或损坏时应及时检修。

⑩ 每年应检查消防水池、消防水箱等蓄水设施的结构材料是否完好，发现问题时应及时处理。

⑪ 建筑的使用性质功能或障碍物的改变，影响到消防给水及消火栓系统功能而需要进行修改时，应重新进行设计。

⑫ 消火栓、消防水泵接合器、消防水泵房、消防水泵、减压阀、报警阀和阀门等，应有明确的标识。

⑬ 消防给水及消火栓系统应由产权单位负责管理，并应使系统处于随时满足消防的需求和安全状态。

⑭ 永久性地表水天然水源消防取水口应有防止水生生物繁殖的管理技术措施。

⑮ 消防给水及消火栓系统发生故障，需停水进行修理前，应向主管值班人员报告，并应取得维护负责人的同意，同时应临场监督，应在采取防范措施后再动工。

自动喷水灭火系统

4.1 概述

自动喷水灭火系统是一种能够在火灾发生时自动启动并喷水达到灭火效果，同时发出火警信号的灭火系统，它具有工作性能稳定、安全可靠、适应范围广、控火灭火成功率高、维修简便等优点，可用于各种建筑物中允许用水灭火的保护对象和场所。

自动喷水灭火系统特指由洒水喷头、报警阀组、水流报警装置（水流指示器或压力开关）等组件，以及管道、供水设施组成。按规定技术要求组合后的系统，应能在初期火灾阶段自动启动喷水，灭火或控制火势的发展蔓延。所以，此类系统的功能是扑救初期火灾，其性能应符合《自动喷水灭火系统设计规范》(GB 50084—2017) 的规定。

本节主要介绍几种主要的自动喷水灭火系统，如闭式自动喷水灭火系统、雨淋喷水灭火系统、水喷雾灭火系统等。此外，还要介绍自动喷水灭火系统的专用的设备及材料。

细节98 闭式自动喷水灭火系统

闭式自动喷水灭火系统是一种能够自动探测火灾并自动启动喷头灭火的固定灭火系统，由水源、管网、闭式喷头、报警控制装置等组成。适用于各种可以用水灭火的场所，尤其适用于公共建筑、高层民用建筑、普通工厂、仓库、船舱以及地下工程等场所。

闭式自动喷水灭火系统分为湿式自动喷水灭火系统、干式自动喷水灭火系统、干湿式自动喷水灭火系统和预作用自动喷水灭火系统等几种形式。

（1）湿式自动喷水灭火系统

湿式自动喷水灭火系统供水管路和喷头内始终充满有压水，它适宜于设置在室内温度不低于4℃且不高于70℃的建、构筑物内。湿式自动喷水灭火系统由闭式喷头、湿式报警阀、管道系统、报警装置和供水设施等组成，如图4-1所示。

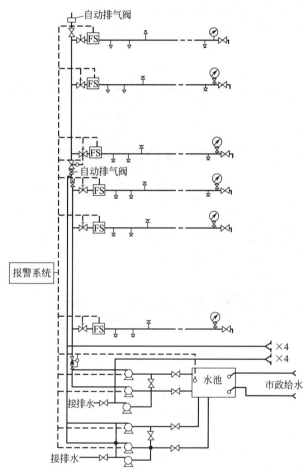

图4-1　湿式自动喷水灭火系统图

（2）干式自动喷水灭火系统

干式自动喷水灭火系统的管路和喷头内平时没有水，只处于充气状态，适用于室内温度低于4℃或高于70℃的建、构筑物。该系统由闭式喷头、管道系统、充气设备、干式报警阀、报警装置和供水设施等组成，如图 4-2 所示。

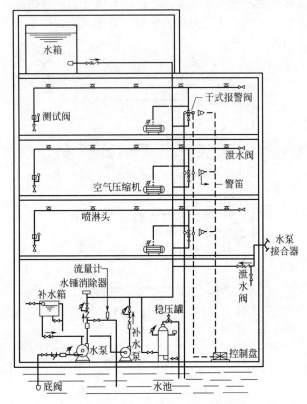

图 4-2　干式自动喷水灭火系统图

(3) 干湿式自动喷水灭火系统

　　干湿式自动喷水灭火系统是干式自动喷水灭火系统与湿式自动喷水灭火系统交替使用的系统。

(4) 预作用自动喷水灭火系统

　　预作用自动喷水灭火系统是火灾自动探测报警系统和由火灾自动探测报警系统自动控制的带预作用阀门的闭式自动喷水灭火系统二者有机地结合，适用于不允许有水渍损失的建、构筑物。它由火灾探测报警系统、闭式喷头、充气设备、预作用阀、管道系统、控制组件等组成，如图 4-3 所示。

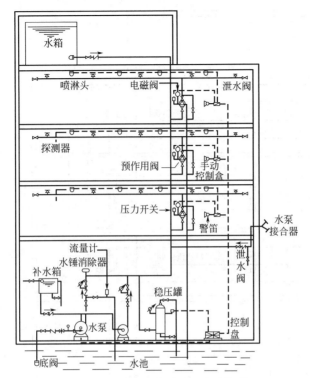

图 4-3　预作用自动喷水灭火系统图

细节99　雨淋喷水灭火系统

雨淋喷水灭火系统由开式喷头（无释放机构的洒水喷头，其喷头口是敞开的）、雨淋阀和管道等构成，并设有手动开启阀门装置。只要雨淋阀启动后，就在它的保护区内大面积地喷水灭火，降温和灭火效果均十分显著，但其自动控制部分需有很高的可靠性，不允许误动作或拒动作。

雨淋喷水灭火系统按其淋水管网充水与否可分为空管式雨淋喷水灭火系统和充水式雨淋喷水灭火系统两类，有手动控制、手动水力控制、自动控制三种控制方式，如图 4-4 所示。

细节100　水喷雾灭火系统

水喷雾灭火系统是利用水雾喷头在较高的水压力作用下，将水流分

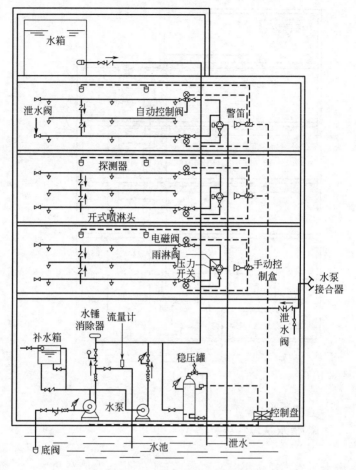

图 4-4　雨淋喷水灭火系统图

离成细小水雾滴，喷向保护对象实现灭火和防护冷却作用的。用水量少，冷却和灭火效果好。由水源、供水设备、管道、雨淋阀组、过滤器和水雾喷头等组成。与雨淋喷水灭火系统有很多相同之处，区别主要是喷头的结构和性能不同，如图 4-5 所示。

细节101　水幕系统

　　水幕系统是由水幕喷头、管道和控制阀等组成的一种自动喷水系统。它不直接用于扑灭火灾，而是与防火卷帘、防火幕配合使用，用来阻火、隔火、冷却简易防火分隔物。也可以单独设置，用于保护建筑物

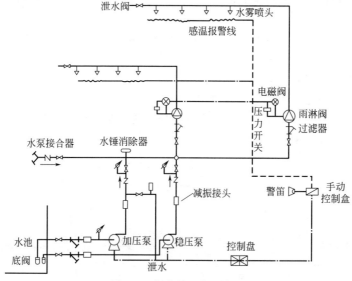

图 4-5 水喷雾灭火系统图

门窗洞口等部位。在一些既不能用防火墙作防火分隔，又无法用防火幕或防火卷帘作分隔的大空间，也可用水幕系统作为防火分隔或防火分区，起防火隔断作用。

水幕系统按其作用可分为以下三种类型。

① 冷却型水幕。主要起冷却保护作用，与简易防火隔热设施（如防火卷帘）结合使用。

② 阻火型水幕。用以阻止火焰或火灾高温烟气的穿透，降低火焰烟气温度，使处于水幕背面的建筑物、设备和容器得到保护，防止火灾蔓延。

③ 防火型水幕。应设而无法设置防火隔物的部位，可设防火型水幕带进行分隔，以阻止火势蔓延扩大，起到防火墙的作用。

细节102 自动喷水灭火系统专用设备和材料

（1）喷头

① 闭式喷头。闭式喷头是自动喷水灭火系统中的关键部件。在系统中担负着探测火灾、启动系统和喷水灭火的任务。闭式喷头由喷水口、感温释放机构和溅水盘等组成。平时，闭式喷头的喷水口由感温元件组成的释放机构封闭。温度达到喷头的公称动作温度范围的时候，感

温元件动作，释放机构脱落，喷头开启。闭式喷头的种类很多，根据结构和用途不同分类如下。

a. 易熔元件洒水喷头。易熔元件洒水喷头释放机构中的感温元件为易熔金属或其他易熔材料制成的元件。目前的易熔元件主要是易熔金属元件。易熔元件洒水喷头结构简单、感温比较灵敏、性能稳定、成本低，在各种建筑中广泛安装使用。

易熔元件洒水喷头的公称动作温度分为七档，在喷头轭臂上用不同的颜色做标记来表示，见表 4-1。

表 4-1　易熔元件喷头温标颜色

公称动作温度/℃	颜　色
57～77	本色
80～107	白
121～149	蓝
163～191	红
201～246	绿
260～302	橙
320～343	黑

b. 玻璃球洒水喷头。玻璃球洒水喷头释放机构中的感温元件为内装彩色液体的玻璃球，它支撑在喷口和轭臂之间，使喷口保持封闭，当周围温度升高到它的公称动作温度范围时，玻璃球因内部液体膨胀炸碎，喷口开启。这种喷头抗腐蚀性能良好，体积小，外形美观。喷头公称动作温度分为九挡，用玻璃球内液体的不同颜色表示，见表 4-2。

表 4-2　玻璃球洒水喷头温标颜色

公称动作温度/℃	颜　色
57	橙
68	红
79	黄
93	绿
141	蓝
182	淡紫
227	黑
260	
343	

② 水幕喷头。水幕喷头是开式喷头，这种喷头将水喷洒成水帘状，成组布置时可形成一道水幕。根据其构造和用途分成幕帘式、窗口式和檐口式水幕喷头。其口径有 6mm、8mm、10mm、12.7mm、16mm 和 19mm 等。口径为 6mm、8mm、10mm 的水幕喷头称为小型水幕喷头；口径为 12.7mm、16mm、19mm 的水幕喷头称为大型水幕喷头。

③ 水雾喷头。水雾喷头是在一定压力下，利用离心或撞击原理将水分解成细小水滴以锥形喷出的喷水部件。水雾喷头可分为中速水雾喷头和高速水雾喷头两种。常用水雾喷头的当量直径有 6mm、8mm、12.7mm、16mm 和 19mm。冷却保护常采用小口径喷头（当量直径不超过 8mm），而灭火用喷头通常采用大口径喷头。

（2）火灾报警控制器

火灾报警控制器为火灾探测器提供稳定的工作电源，监视探测器及系统自身的工作状态；接受、转换、处理火灾探测器输出的报警信号；进行声光报警；指示报警的具体部位及时间；同时执行相应辅助控制等任务。

火灾报警控制器的分类如图 4-6 所示。

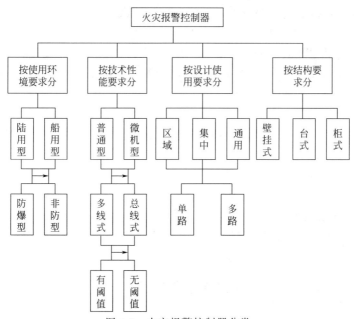

图 4-6　火灾报警控制器分类

4.2 自动喷水灭火系统施工

自动喷水系统的施工应符合相关标准及规定。

本节主要介绍消防水泵的安装，消防水箱安装和消防水池施工，消防气压积水设备和稳压泵的安装，消防水泵接合器安装，管网安装，喷头安装等其他组件安装的要求以及系统的调试与验收、维护管理。

细节103 消防水泵的安装

① 消防水泵的安装，应符合现行国家标准《机械设备安装工程施工及验收通用规范》(GB 50231—2009)《压缩机、风机、泵安装工程施工及验收规范》(GB 50275—2010) 的有关规定。

② 消防水泵的规格、型号应符合设计要求，并应有产品合格证及安装使用说明书。

③ 消防水泵的出水管上应安装止回阀、控制阀和压力表，或安装控制阀、多功能水泵控制阀和压力表；系统的总出水管上还应安装压力表和泄压阀；安装压力表时应加设缓冲装置。压力表与缓冲装置之间应安装旋塞；压力表量程应为工作压力的 2～2.5 倍。

④ 吸水管及其附件的安装应符合的要求

a. 吸水管上应设过滤器，并应安装在控制阀后。

b. 吸水管上的控制阀应在消防水泵固定于基础上之后再进行安装，其直径不应小于消防水泵吸水口直径，且不应采用未设可靠锁定装置的蝶阀，蝶阀应采用沟槽式或法兰式蝶阀。

c. 当消防水泵和消防水池位于独立的两个基础上且相互为刚性连接时，吸水管上应加设柔性连接管。

d. 吸水管水平管段上不应有气囊和漏气现象。变径连接时应采用偏心异径管件并应采用管顶平接。

⑤ 在水泵出水管上，应安装由控制阀、检测供水压力、流量用的仪表及排水管道组成的系统流量压力检测装置或预留可供连接流量压力检测装置的接口，其通水能力应与系统供水能力一致。

细节104 消防水箱安装和消防水池施工

① 消防水池、消防水箱的施工及安装，应符合《给水排水构筑物

工程施工及验收规范》（GB 50141—2008）、《建筑给水排水及采暖工程施工质量验收规范》（GB 50242—2002）的有关规定。

② 消防水池、消防水箱应设置在方便维护、通风良好、不结冰、不受污染的场所。在寒冷的场所，消防水箱应采取保温措施或者在水箱间设置采暖措施（室内温度高于5℃）。

③ 在施工安装时，消防水池及消防水箱的外壁与建筑本体结构墙面或者其他池壁之间的净距，要满足施工、装配及检修的需要。无管道的侧面，净距不宜小于0.7m；有管道的侧面，净距不宜小于1m，并且管道外壁同建筑本体墙面之间的通道宽度不宜小于0.6m；设有人孔的池顶，顶板面与上面建筑本体板底的净空不应小于0.8m。

④ 消防水箱采用钢筋混凝土时，在消防水箱的内部应贴白瓷砖或者喷涂瓷釉涂料。采用其他材料时，消防水箱宜设置支墩，支墩的高度不宜小于600mm，以方便管道、附件的安装及检修。在选择材料时，除了考虑强度、造价、材料的自重以及不易产生藻类外，还应考虑消防水箱的耐腐蚀性（耐久性）。

最常见的用作消防水箱的材料有碳素钢板、钢筋混凝土、搪瓷钢板、玻璃钢、不锈钢等，它们的优缺点如下。

a. 碳素钢板焊接而成的钢板水箱，内表面需进行防腐处理，且防腐材料不得有碍卫生要求。

b. 钢筋混凝土现场灌注的水箱，质量大，施工周期长，同配管边接处易漏水，清洗时表面材料易脱落。

c. 搪瓷钢板水箱，水质不受污染，能避免钢板锈蚀，安装方便迅速，不受土建进度的限制，结构合理，坚固美观，不漏水，不变形，适用性强。

d. 玻璃钢水箱，不受建筑空间限制，适应性强，质量轻，不渗漏，无锈蚀，外形美观，保温性能好，安全可靠，安装方便，清洗维修简单，但是使用寿命短。

e. 不锈钢水箱，坚固，不污染水质，不漏水，耐腐蚀，清洗方便，质量轻，不滋生藻类，美观，容易保温，施工方便，但价格高。

在不锈钢材料的选择中，需要注意市政给水中氯离子对材料的影响。玻璃钢水箱受紫外线照射时强度有变化，橡胶垫片易老化，因此在消防水箱中不推荐使用。

⑤ 钢筋混凝土消防水池或者消防水箱的进水管、出水管要加设防水套管。钢板等制作的消防水池或者消防水箱的进出水等管道宜采用法

兰连接，有振动的管道应当加设柔性接头。组合式消防水池或者消防水箱的进水管、出水管接头宜采用法兰连接，采用其他连接时应做防锈处理。

⑥ 消防水池、消防水箱的溢流管、泄水管不得直接与生产或生活用水的排水系统相连，应采用间接排水方式。

⑦ 消防水池及消防水箱出水管或者水泵吸水管要满足最低有效水位出水不掺气的技术要求。

细节105 消防气压积水设备和稳压泵的安装

① 消防气压给水设备的气压罐，其容积、气压、水位及工作压力应符合设计要求。

② 消防气压给水设备安装位置、进水管及出水管方向应符合设计要求；出水管上应设止回阀，安装时其四周应设检修通道，其宽度不宜小于 0.7m，消防气压给水设备顶部至楼板或梁底的距离不宜小于 0.6m。

③ 消防气压给水设备上的安全阀、压力表、泄水管、水位指示器、压力控制仪表等的安装应符合产品使用说明书的要求。

④ 稳压泵的规格、型号应符合设计要求，并应有产品合格证及安装使用说明书。

⑤ 稳压泵的安装应符合现行国家标准《机械设备安装工程施工及验收通用规范》(GB 50231—2009)、《风机、压缩机、泵安装工程施工及验收规范》(GB 50275—2010) 的有关规定。

细节106 消防水泵接合器安装

① 组装式消防水泵接合器的安装，应按接口、本体、连接管、止回阀、安全阀、放空管、控制阀的顺序进行，止回阀的安装方向应使消防用水能从消防水泵接合器进入系统；整体式消防水泵接合器的安装，按其使用安装说明书进行。

② 消防水泵接合器的安装应符合下列规定。

a. 应安装在便于消防车接近的人行道或非机动车行驶地段，距室外消火栓或消防水池的距离宜为 15～40m。

b. 自动喷水灭火系统的消防水泵接合器应设置与消火栓系统的消防水泵接合器区别的永久性固定标志，并有分区标志。

c. 地下消防水泵接合器应采用铸有"消防水泵接合器"标志的铸铁井盖，并在附近设置指示其位置的永久性固定标志。

d. 墙壁消防水泵接合器的安装应符合设计要求。设计无要求时，其安装高度距地面宜为 0.7m；与墙面上的门、窗、孔、洞的净距离不应小于 2.0m，且不应安装在玻璃幕墙下方。

③ 地下消防水泵接合器的安装，应使进水口与井盖底面的距离不大于 0.4m，且不应小于井盖的半径。

④ 地下消防水泵接合器井的砌筑应有防水及排水措施。

细节107 管网安装

① 管网采用钢管时，其材质应符合现行国家标准《输送流体用无缝钢管》（GB/T 8163—2018）、《低压流体输送用焊接钢管》（GB/T 3091—2015）的要求。

② 管网采用不锈钢管时，其材质应符合现行国家标准《流体输送用不锈钢焊接钢管》（GB/T 12771—2019）和《不锈钢卡压式管件连接用薄壁不锈钢管》（GB/T 19228.2—2011）的要求。

③ 管网采用铜管道时，其材质应符合现行国家标准《无缝铜水管和铜气管》（GB/T 18033—2017）、《铜管接头　第 1 部分：钎焊式管件》（GB/T 11618.1—2008）和《铜管接头　第 2 部分：卡压式管件》（GB/T 11618.2—2008）的要求。

④ 管网采用涂覆钢管时，其材质应符合现行国家标准《自动喷水灭火系统　第 20 部分　涂覆钢管》（GB 5135.20—2010）的要求。

⑤ 管网采用氯化聚氯乙烯（PVC-C）管道时，其材质应符合现行国家标准《自动喷水灭火系统　第 19 部分　塑料管道及管件》（GB 5135.19—2010）的要求。

⑥ 管道连接后不应减小过水横断面面积。热镀锌钢管、涂覆钢管安装应采用螺纹、沟槽式管件或法兰连接。

⑦ 薄壁不锈钢管安装应采用环压、卡凸式、卡压、沟槽式、法兰等连接。

⑧ 铜管安装应采用钎焊、卡套、卡压、沟槽式等连接。

⑨ 氯化聚氯乙烯管材与氯化聚氯乙烯管件的连接应采用承插式粘接连接；氯化聚氯乙烯管材与法兰式管道、阀门及管件的连接，应采用氯化聚氯乙烯法兰与其他材质法兰对接连接；氯化聚氯乙烯管材与螺纹式管道、阀门及管件的连接应采用内丝接头的注塑管件螺纹连接；氯化

聚氯乙烯管材与沟槽式（卡箍）管道、阀门及管件的连接，应采用沟槽（卡箍）注塑管件连接。

⑩ 管网安装前应校直管道，并清除管道内部的杂物；在具有腐蚀性的场所，安装前应按设计要求对管道、管件等进行防腐处理；安装时应随时清除管道内部的杂物。

⑪ 沟槽式管件连接应符合的规定

a. 选用的沟槽式管件应符合现行国家标准《自动喷水灭火系统 第 11 部分：沟槽式管接件》（GB 5135.11—2006）的要求，其材质应为球墨铸铁，并应符合现行国家标准《球墨铸铁件》（GB/T 1348—2019）的要求；橡胶密封圈的材质应为三元乙丙橡胶（EPDM），并应符合《金属管道系统快速管接头的性能要求和试验方法》（ISO 6182-12）的要求。

b. 沟槽式管件连接时，其管道连接沟槽和开孔应用专用滚槽机和开孔机加工，并应做防腐处理；连接前应检查沟槽和孔洞尺寸，加工质量应符合技术要求；沟槽、孔洞处不得有毛刺、破损性裂纹和脏物。

c. 橡胶密封圈应无破损和变形。

d. 沟槽式管件的凸边应卡进沟槽后再紧固螺栓，两边应同时紧固，紧固时若发现橡胶圈起皱应更换新橡胶圈。

e. 机械三通连接时，应检查机械三通与孔洞的间隙，各部位应均匀，然后紧固到位；机械三通开孔间距不应小于 500mm，机械四通开孔间距不应小于 1000mm；机械三通、机械四通连接时支管的口径应符合表 4-3 的规定。

表 4-3　采用支管接头（机械三通、机械四通）时支管的最大允许管径　　　　单位：mm

主管直径 DN		50	65	80	100	125	150	200	250	300
支管直径 DN	机械三通	25	40	40	65	80	100	100	100	100
	机械四通	—	32	40	50	65	80	100	100	100

f. 配水干管（立管）与配水管（水平管）连接，应采用沟槽式管件，不应采用机械三通。

g. 埋地的沟槽式管件的螺栓、螺帽应作防腐处理。水泵房内的埋地管道连接应采用挠性接头。

⑫ 螺纹连接应符合的要求

a.管道宜采用机械切割，切割面不得有飞边、毛刺；管道螺纹密封面应符合国家标准《普通螺纹 基本尺寸》(GB/T 196—2003)、《普通螺纹 公差》(GB/T 197—2018)、《普通螺纹 管路系列》(GB/T 1414—2013) 的有关规定。

b.当管道变径时，宜采用异径接头；在管道弯头处不宜采用补芯，当需要采用补芯时，三通上可用 1 个，四通上不应超过 2 个；公称直径大于 50mm 的管道不宜采用活接头。

c.螺纹连接的密封填料应均匀附着于管道的螺纹部分；拧紧螺纹时，不得将填料挤入管道内；连接后，应将连接处外部清理干净。

⑬ 法兰连接可采用焊接法兰或螺纹法兰。焊接法兰焊接处应做防腐处理，并宜重新镀锌后再连接。焊接应符合国家标准《工业金属管道工程施工规范》(GB 50235—2010)、《现场设备、工业管道焊接工程施工规范》(GB 50236—2011) 的有关规定。螺纹法兰连接应预测对接位置，清除外露密封填料后再紧固、连接。

⑭ 管道的安装位置应符合设计要求。当设计无要求时，管道的中心线与梁、柱、楼板等的最小距离应符合表 4-4 的规定。公称直径大于或等于 100mm 的管道其距离顶板、墙面的安装距离不宜小于 200mm。

表 4-4 管道的中心线与梁、柱、楼板的最小距离

公称直径/mm	25	32	40	50	70	80	100	125	150	200	250	300
距离/m	40	40	50	60	70	80	100	125	150	200	250	300

⑮ 管道支架、吊架、防晃支架的安装应符合的要求

a.管道应固定牢固；管道支架或吊架之间的距离不应大于表 4-5～表 4-9 的规定。

表 4-5 镀锌钢管道、涂覆钢管道的支架或吊架之间的距离

公称直径/mm	距离/m	公称直径/mm	距离/m
25	3.5	100	6.5
32	4.0	125	7.0
40	4.5	150	8.0
50	5.0	200	9.5
70	6.0	250	11.0
80	6.0	300	12.0

表 4-6 不锈钢管道的支架或吊架之间的距离

公称直径 DN/mm	水平管/m	立管/m	公称直径 DN/mm	水平管/m	立管/m
25	1.8	2.2	50～100	2.5	3.0
32	2.0	2.5	150～300	3.5	4.0
40	2.2	2.8			

注：1. 在距离各管件或阀门100mm以内应采用管卡牢固固定，特别在干管变支管处。
2. 阀门等组件应加设承重支架。

表 4-7 铜管道的支架或吊架之间的距离

公称直径 DN/mm	水平管/m	立管/m	公称直径 DN/mm	水平管/m	立管/m
25	1.8	2.4	100	3.0	3.5
32	2.4	3.0	125	3.0	3.5
40	2.4	3.0	150	3.5	4.0
50	2.4	3.0	200	3.5	4.0
65	3.0	3.5	250	4.0	4.5
80	3.0	3.5	300	4.0	4.5

表 4-8 氯化聚氯乙烯（PVC-C）管道支架或吊架之间的距离

公称直径/mm	最大间距/m	公称直径/mm	最大间距/m
25	1.8	50	2.4
32	2.0	65	2.7
40	2.1	80	3.0

表 4-9 沟槽连接管道最大支承距离

公称直径/mm	最大支承间距/m
65～100	3.5
125～200	4.2
250～315	5.0

注：1. 横管的任何两个接头之间应有支承。
2. 不得支承在接头上。

b. 管道支架、吊架、防晃支架的型式、材质、加工尺寸及焊接质量等，应符合设计要求和国家现行有关标准的规定。

c. 管道支架、吊架的安装位置不应妨碍喷头的喷水效果；管道支架、吊架与喷头之间的距离不宜小于300mm；与末端喷头之间的距离不宜大于750mm。

d. 配水支管上每一直管段、相邻两喷头之间的管段设置的吊架均不宜少于 1 个，吊架的间距不宜大于 3.6m。

e. 当管道的公称直径等于或大于 50mm 时，每段配水干管或配水管设置防晃支架不应少于 1 个，且防晃支架的间距不宜大于 15m；当管道改变方向时，应增设防晃支架。

f. 竖直安装的配水干管除中间用管卡固定外，还应在其始端和终端设防晃支架或采用管卡固定，其安装位置距地面或楼面的距离宜在 1.5~1.8m 之间。

⑯ 管道穿过建筑物的变形缝时，应采取抗变形措施。穿过墙体或楼板时应加设套管，套管长度不得小于墙体厚度，穿过楼板的套管其顶部应高出装饰地面 20mm，穿过卫生间或厨房楼板的套管，其顶部应高出装饰地面 50mm，且套管底部应与楼板底面相平。套管与管道的间隙应采用不燃材料填塞密实。

⑰ 管道横向安装宜设 0.002~0.005 的坡度，且应坡向排水管；当局部区域难以利用排水管将水排净时，应采取相应的排水措施。当喷头数量小于或等于 5 只时，可在管道低凹处加设堵头；当喷头数量大于 5 只时，宜装设带阀门的排水管。

⑱ 配水干管、配水管应做红色或红色环圈标志。红色环圈标志，宽度不应小于 20mm，间隔不宜大于 4m，在一个独立的单元内环圈不宜少于 2 处。

⑲ 管网在安装中断时，应将管道的敞口封闭。

⑳ 涂覆钢管的安装应符合的规定

a. 涂覆钢管严禁剧烈撞击或与尖锐物品碰触，不得抛、摔、滚、拖。

b. 不得在现场进行焊接操作。

c. 涂覆钢管与铜管、氯化聚氯乙烯管连接时应采用专用过渡接头。

㉑ 不锈钢管的安装应符合的规定

a. 薄壁不锈钢管与其他材料的管材、管件和附件相连接时，应有防止电化学腐蚀的措施。

b. 公称直径 $DN25$~50mm 的薄壁不锈钢管道与其他材料的管道连接时，应采用专用螺纹转换连接件（如环压或卡压式不锈钢管的螺纹转换接头）连接。

c. 公称直径 $DN65$~100mm 的薄壁不锈钢管道与其他材料的管道连接时，宜采用专用法兰转换连接件连接。

d. 公称直径≥DN125mm 的薄壁不锈钢管道与其他材料的管道连接时，宜采用沟槽式管件连接或法兰连接。

㉒ 铜管的安装应符合的规定

a. 硬钎焊可用于各种规格铜管与管件的连接；对管径≤DN50mm、需拆卸的铜管可采用卡套连接；管径≤DN50mm 的铜管可采用卡压连接；管径≥DN50mm 的铜管可采用沟槽连接。

b. 管道支承件宜采用铜合金制品。当采用钢件支架时，管道与支架之间应设软性隔垫，隔垫不得对管道产生腐蚀。

c. 当沟槽连接件为非铜材质时，其接触面应采取必要的防腐措施。

㉓ 氯化聚氯乙烯管道的安装应符合的规定

a. 氯化聚氯乙烯管材与氯化聚氯乙烯管件的连接应采用承插式粘接连接；氯化聚氯乙烯管材与法兰式管道、阀门及管件的连接，应采用氯化聚氯乙烯法兰与其他材质法兰对接连接；氯化聚氯乙烯管材与螺纹式管道、阀门及管件的连接应采用内丝接头的注塑管件螺纹连接；氯化聚氯乙烯管材与沟槽式（卡箍）管道、阀门及管件的连接，应采用沟槽（卡箍）注塑管件连接。

b. 粘接连接应选用与管材、管件相兼容的粘接剂，粘接连接宜在 4～38℃ 的环境温度下操作，接头粘接不得在雨中或水中施工，并应远离火源，避免阳光直射。

㉔ 消防洒水软管的安装应符合的规定

a. 消防洒水软管出水口的螺纹应和喷头的螺纹标准一致。

b. 消防洒水软管安装弯曲时应大于软管标记的最小弯曲半径。

c. 消防洒水软管应安装相应的支架系统进行固定，确保连接喷头处锁紧。

d. 消防洒水软管波纹段与接头处 60mm 之内不得弯曲。

e. 应用在洁净室区域的消防洒水软管应采用全不锈钢材料制作的编织网型式焊接软管，不得采用橡胶圈密封的组装型式的软管。

f. 应用在风烟管道处的消防洒水软管应采用全不锈钢材料制作的编织网型式焊接型软管，且应安装配套防火底座和与喷头响应温度对应的自熔密封塑料袋。

细节108 喷头安装

① 喷头安装应在系统试压、冲洗合格后进行。

② 喷头安装时，不得对喷头进行拆装、改动，并严禁给喷头隐蔽

式喷头的装饰盖板附加任何装饰性涂层。

③ 喷头安装应使用专用扳手，严禁利用喷头的框架施拧；喷头的框架、溅水盘产生变形或释放原件损伤时，应采用规格、型号相同的喷头更换。

④ 安装在易受机械损伤处的喷头，应加设喷头防护罩。

⑤ 喷头安装时，溅水盘与吊顶、门、窗、洞口或障碍物的距离应符合设计要求。

⑥ 安装前检查喷头的型号、规格、使用场所应符合设计要求。系统采用隐蔽式喷头时，配水支管的标高和吊顶的开口尺寸应准确控制。

⑦ 当喷头的公称直径小于 10mm 时，应在配水干管或配水管上安装过滤器。

⑧ 当喷头溅水盘高于附近梁底或高于宽度小于 1.2m 的通风管道、排管、桥架腹面时，喷头溅水盘高于梁底、通风管道、排管、桥架腹面的最大垂直距离应符合表 4-10～表 4-18 的规定（图 4-7）。

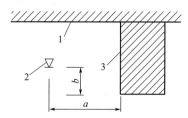

图 4-7　喷头与梁等障碍物的距离
1—天花板或屋顶；2—喷头；3—障碍物

表 4-10　喷头溅水盘高于梁底、通风管道腹面的最大垂直距离
（标准直立与下垂喷头）

喷头与梁、通风管道、排管、桥架的水平距离 a/mm	喷头溅水盘高于梁底、通风管道、排管、桥架腹面的最大垂直距离 b/mm
$a<300$	0
$300\leqslant a<600$	60
$600\leqslant a<900$	140
$900\leqslant a<1200$	240
$1200\leqslant a<1500$	350
$1500\leqslant a<1800$	450
$1800\leqslant a<2100$	600
$a\geqslant2100$	880

表 4-11 喷头溅水盘高于梁底、通风管道腹面的最大垂直距离
（边墙喷头，与障碍物平行）

喷头与梁、通风管道、排管、桥架的 水平距离 a/mm	喷头溅水盘高于梁底、通风管道、排管、 桥架腹面的最大垂直距离 b/mm
a<300	30
300≤a<600	80
600≤a<900	140
900≤a<1200	200
1200≤a<1500	250
1500≤a<1800	320
1800≤a<2100	380
2100≤a<2250	440

表 4-12 喷头溅水盘高于梁底、通风管道腹面的最大垂直距离
（边墙喷头，与障碍物垂直）

喷头与梁、通风管道、排管、桥架的 水平距离 a/mm	喷头溅水盘高于梁底、通风管道、排管、 桥架腹面的最大垂直距离 b/mm
a<1200	不允许
1200≤a<1500	30
1500≤a<1800	50
1800≤a<2100	100
2100≤a<2400	180
a≥2400	280

表 4-13 喷头溅水盘高于梁底、通风管道腹面的最大垂直距离
（扩大覆盖面直立与下垂喷头）

喷头与梁、通风管道、排管、桥架的 水平距离 a/mm	喷头溅水盘高于梁底、通风管道、排管、 桥架腹面的最大垂直距离 b/mm
a<300	0
300≤a<600	0
600≤a<900	30
900≤a<1200	80
1200≤a<1500	130
1500≤a<1800	180
1800≤a<2100	230
2100≤a<2400	350
2400≤a<2700	380
2700≤a<3000	480

表 4-14 喷头溅水盘高于梁底、通风管道腹面的最大垂直距离
（扩大覆盖面边墙喷头，与障碍物平行）

喷头与梁、通风管道、排管、桥架的水平距离 a/mm	喷头溅水盘高于梁底、通风管道、排管、桥架腹面的最大垂直距离 b/mm
$a < 450$	0
$450 \leqslant a < 900$	30
$900 \leqslant a < 1200$	80
$1200 \leqslant a < 1350$	130
$1350 \leqslant a < 1800$	180
$1800 \leqslant a < 1950$	230
$1950 \leqslant a < 2100$	280
$2100 \leqslant a < 2250$	350

表 4-15 喷头溅水盘高于梁底、通风管道腹面的最大垂直距离
（扩大覆盖面边墙喷头，与障碍物垂直）

喷头与梁、通风管道、排管、桥架的水平距离 a/mm	喷头溅水盘高于梁底、通风管道、排管、桥架腹面的最大垂直距离 b/mm
$a < 2400$	不允许
$2400 \leqslant a < 3000$	30
$3000 \leqslant a < 3300$	50
$3300 \leqslant a < 3600$	80
$3600 \leqslant a < 3900$	100
$3900 \leqslant a < 4200$	150
$4200 \leqslant a < 4500$	180
$4500 \leqslant a < 4800$	230
$4800 \leqslant a < 5100$	280
$a \geqslant 5100$	350

表 4-16 喷头溅水盘高于梁底、通风管道腹面的最大垂直距离（特殊应用喷头）

喷头与梁、通风管道、排管、桥架的水平距离 a/mm	喷头溅水盘高于梁底、通风管道、排管、桥架腹面的最大垂直距离 b/mm
$a < 300$	0
$300 \leqslant a < 600$	40
$600 \leqslant a < 900$	140
$900 \leqslant a < 1200$	250
$1200 \leqslant a < 1500$	380
$1500 \leqslant a < 1800$	550
$a \geqslant 1800$	780

表 4-17　喷头溅水盘高于梁底、通风管道腹面的最大垂直距离（ESFR 喷头）

喷头与梁、通风管道、排管、桥架的 水平距离 a/mm	喷头溅水盘高于梁底、通风管道、排管、 桥架腹面的最大垂直距离 b/mm
$a<300$	0
$300≤a<600$	40
$600≤a<900$	140
$900≤a<1200$	250
$1200≤a<1500$	380
$1500≤a<1800$	550
$a≥1800$	780

表 4-18　喷头溅水盘高于梁底、通风管道腹面的最大垂直距离
（直立和下垂型家用喷头）

喷头与梁、通风管道、排管、桥架的 水平距离 a/mm	喷头溅水盘高于梁底、通风管道、排管、 桥架腹面的最大垂直距离 b/mm
$a<450$	0
$450≤a<900$	30
$900≤a<1200$	80
$1200≤a<1350$	130
$1350≤a<1800$	180
$1800≤a<1950$	230
$1950≤a<2100$	280
$a≥2100$	350

⑨ 当梁、通风管道、排管、桥架宽度大于 1.2m 时，增设的喷头应安装在其腹面以下部位。

⑩ 当喷头安装在不到顶的隔断附近时，喷头与隔断的水平距离和最小垂直距离应符合表 4-19 的规定（图 4-8）。

表 4-19　喷头与隔断的水平距离和最小垂直距离（mm）

喷头与隔断的水平距离 a/mm	喷头与隔断的最小垂直距离 b/mm
$a<150$	75
$150≤a<300$	150
$300≤a<450$	240
$450≤a<600$	320
$600≤a<750$	390
$a≥750$	450

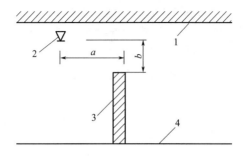

图 4-8　喷头与隔断障碍物的距离
1—天花板或屋顶；2—喷头；3—障碍物；4—地板

⑪ 下垂式早期抑制快速响应（ESFR）喷头溅水盘与顶板的距离应为 150～360mm。直立式早期抑制快速响应喷头溅水盘与顶板的距离应为 100～150mm。

⑫ 顶板处的障碍物与任何喷头的相对位置，应使喷头到障碍物底部的垂直距离（H）以及到障碍物边缘的水平距离（L）满足图 4-9 所示的要求。当无法满足要求时，应满足下列要求之一。

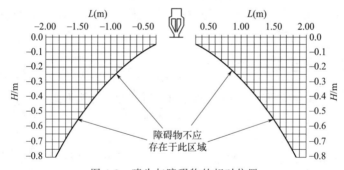

图 4-9　喷头与障碍物的相对位置

a. 当顶板处实体障碍物宽度不大于 0.6m 时，应在障碍物的两侧都安装喷头，且两侧喷头到该障碍物的水平距离不应大于所要求喷头间距的一半。

b. 对顶板处非实体的建筑构件，喷头与构件侧缘应保持不小于 0.3m 的水平距离。

⑬ 早期抑制快速响应喷头与喷头下障碍物的距离应满足图 4-9 所示的要求。当无法满足要求时，喷头下障碍物的宽度与位置应满足表 4-20 的规定。

表 4-20　喷头下障碍物的宽度与位置

喷头下障碍物宽度 W/cm	障碍物位置或其他要求	
	障碍物边缘距喷头溅水盘最小允许水平距离 L/m	障碍物顶端距喷头溅水盘最小允许垂直距离 H/m
$W \leqslant 2$	任意	0.1
$2 < W \leqslant 5$	任意	0.6
	0.3	任意
$5 < W \leqslant 30$	0.3	任意
$30 < W \leqslant 60$	0.6	任意
$W \geqslant 60$	障碍物位置任意。障碍物以下应加装同类喷头,喷头最大间距应为2.4m。若障碍物底面不是平面(例如圆形风管)或不是实体(例如一组电缆),应在障碍物下安装一层宽度相同或稍宽的不燃平板,再按要求在这层平板下安装喷头	

⑭ 直立式早期抑制快速响应喷头下的障碍物，满足下列任一要求时，可以忽略不计。

a. 腹部通透的屋面托架或桁架，其下弦宽度或直径不大于 10cm。

b. 其他单独的建筑构件，其宽度或直径不大于 10cm。

c. 单独的管道或线槽等，其宽度或直径不大于 10cm，或者多根管道或线槽，总宽度不大于 10cm。

细节109　报警阀组安装

① 报警阀组的安装应在供水管网试压、冲洗合格后进行。安装时应先安装水源控制阀、报警阀，然后进行报警阀辅助管道的连接。水源控制阀、报警阀与配水干管的连接，应使水流方向一致。报警阀组安装的位置应符合设计要求；当设计无要求时，报警阀组应安装在便于操作的明显位置，距室内地面高度宜为 1.2m；两侧与墙的距离不应

报警阀组的安装

小于 0.5m；正面与墙的距离不应小于 1.2m；报警阀组凸出部位之间的距离不应小于 0.5m。安装报警阀组的室内地面应有排水设施。

② 报警阀组附件的安装应符合的要求

a. 压力表应安装在报警阀上便于观测的位置。

b. 排水管和试验阀应安装在便于操作的位置。

c. 水源控制阀安装应便于操作，且应有明显开闭标志和可靠的锁定设施。

d. 在报警阀与管网之间的供水干管上，应安装由控制阀、检测供水压力、流量用的仪表及排水管道组成的系统流量压力检测装置，其过水能力应与系统过水能力一致；干式报警阀组、雨淋报警阀组应安装检测时水流不进入系统管网的信号控制阀门。

③ 湿式报警阀组的安装应符合的要求

a. 应使报警阀前后的管道中能顺利充满水；压力波动时，水力警铃不应发生误报警。

b. 报警水流通路上的过滤器应安装在延迟器前，且便于排渣操作的位置。

④ 干式报警阀组的安装应符合的要求

a. 应安装在不发生冰冻的场所。

b. 安装完成后，应向报警阀气室注入高度为 50～100mm 的清水。

c. 充气连接管接口应在报警阀气室充注水位以上部位，且充气连接管的直径不应小于 15mm；止回阀、截止阀应安装在充气连接管上。

d. 气源设备的安装应符合设计要求和国家现行有关标准的规定。

e. 安全排气阀应安装在气源与报警阀之间，且应靠近报警阀。

f. 加速器应安装在靠近报警阀的位置，且应有防止水进入加速器的措施。

g. 低气压预报警装置应安装在配水干管一侧。

h. 下列部位应安装压力表：

ⅰ. 报警阀充水一侧和充气一侧；

ⅱ. 空气压缩机的气泵和储气罐上；

ⅲ. 加速器上。

i. 管网充气压力应符合设计要求。

⑤ 雨淋阀组的安装应符合的要求

a. 雨淋阀组可采用电动开启、传动管开启或手动开启，开启控制装置的安装应安全可靠。水传动管的安装应符合湿式系统有关要求。

b. 预作用系统雨淋阀组后的管道若需充气，其安装应按干式报警阀组有关要求进行。

c. 雨淋阀组的观测仪表和操作阀门的安装位置应符合设计要求，并应便于观测和操作。

d. 雨淋阀组手动开启装置的安装位置应符合设计要求，且在发生火灾时应能安全开启和便于操作。

e. 压力表应安装在雨淋阀的水源一侧。

细节110 其他组件安装

① 水流指示器的安装应符合的要求

a. 水流指示器的安装应在管道试压和冲洗合格后进行，水流指示器的规格、型号应符合设计要求。

b. 水流指示器应使电器元件部位竖直安装在水平管道上侧，其动作方向应和水流方向一致；安装后的水流指示器桨片、膜片应动作灵活，不应与管壁发生碰擦。

② 控制阀的规格、型号和安装位置均应符合设计要求，安装方向应正确，控制阀内应清洁、无堵塞、无渗漏；主要控制阀应加设启闭标志，隐蔽处的控制阀应在明显处设有指示其位置的标志。

③ 压力开关应竖直安装在通往水力警铃的管道上，且不应在安装中拆装改动。管网上的压力控制装置的安装应符合设计要求。

④ 水力警钟应安装在公共通道或值班室附近的外墙上，且应安装检修，测试用的阀门。水力警铃和报警阀的连接应采用热镀锌钢管，当镀锌钢管的公称直径为 20mm 时，其长度不宜大于 20m，安装后的水力警钟启动时警铃声强度应不小于 70dB。

⑤ 末端试水装置和试水阀的安装位置应便于检查、试验，并应有相应排水能力的排水设施。

⑥ 信号阀应安装在水流指示器前的管道上，与水流指示器之间的距离不宜小于 300mm。

⑦ 排气阀的安装应在系统管网试压和冲洗合格后进行，排气阀应安装在配水干管顶部、配水管的末端，且应确保无渗漏。

⑧ 节流管和减压孔板的安装应符合设计要求。

⑨ 压力开关、信号阀、水流指示器的引出线应用防水套管锁定。

⑩ 减压阀的安装应符合的要求

a. 减压阀安装应在供水管网试压、冲洗合格后进行。

b. 减压阀安装前应检查：其规格、型号应与设计相符；阀外控制管路及导向阀各连接件不应有松动，外观应无机械损伤，并应清除阀内异物。

c. 减压阀水流方向应与供水管网水流方向一致。

d. 应在进水侧安装过滤器，并宜在其前后安装控制阀。

e. 可调式减压阀宜水平安装，阀盖应向上。

f. 比例式减压阀宜垂直安装；当水平安装时，单呼吸孔减压阀其孔口应向下，双呼吸减压阀其孔口应呈水平位置。

g. 安装自身不带压力表的减压阀时，应在其前后相邻部位安装压力表。

⑪ 多功能水泵控制阀的安装应符合的要求

a. 安装应在供水管网试压、冲洗合格后进行。

b. 在安装前应检查：其规格、型号应与设计相符；主阀各部件应完好，紧固件应齐全，无松动；各连接管路应完好，接头紧固，外观应无机械损伤，并应清除阀内异物。

c. 水流方向应与供水管网水流方向一致。

d. 出口安装其他控制阀时应保持一定间距，以便于维修和管理。

e. 宜水平安装，且阀盖向上。

f. 安装自身不带压力表的多功能水泵控制阀时，应在其前后相邻部位安装压力表。

g. 进口端不宜安装柔性接头。

⑫ 倒流防止器的安装应符合的要求

a. 应在管道冲洗合格以后进行。

b. 不应在倒流防止器的进口前安装过滤器或者使用带过滤器的倒流防止器。

c. 宜安装在水平位置，当竖直安装时，排水口应配备专用弯头。倒流防止器宜安装在便于调试和维护的位置。

d. 倒流防止器两端应分别安装闸阀，而且至少有一端应安装挠性接头。

e. 倒流防止器上的泄水阀不宜反向安装，泄水阀应采取间接排水方式，其排水管不应直接与排水管（沟）连接。

f. 安装完毕后，首次启动使用时，应关闭出水闸阀，缓慢打开进水闸阀，待阀腔充满水后，缓慢打开出水闸阀。

细节111 系统试压和冲洗

(1) 一般规定

① 管网安装完毕后，应对其进行强度试验、严密性试验和冲洗。

② 强度试验和严密性试验宜用水进行。干式喷水灭火系统、预作用喷水灭火系统应做水压试验和气压试验。

③ 系统试压完成后，应及时拆除所有临时盲板及试验用的管道，并应与记录核对无误，且应按表 4-21 的格式填写记录。

表 4-21　自动喷水灭火系统试压记录

工程名称								建设单位			
施工单位								监理单位			
管段号	材质	设计工作压力/MPa	温度/℃	强度试验				严密性试验			
				介质	压力/MPa	时间/min	结论意见	介质	压力/MPa	时间/min	结论意见
参加单位	施工单位项目负责人： （签章） 　　　年　月　日			监理工程师： （签章） 　年　月　日				建设单位项目负责人： （签章） 　　　年　月　日			

④ 管网冲洗应在试压合格后分段进行。冲洗顺序应先室外，后室内；先地下，后地上；室内部分的冲洗应按配水干管、配水管、配水支管的顺序进行。

⑤ 系统试压前应具备的条件

a. 埋地管道的位置及管道基础、支墩等经复查应符合设计要求。

b. 试压用的压力表不应少于2只；精度不应低于1.5级，量程应为试验压力值的1.5～2倍。

c. 试压冲洗方案已经批准。

d. 对不能参与试压的设备、仪表、阀门及附件应加以隔离或拆除；加设的临时盲板应具有突出于法兰的边耳，且应做明显标志，并记录临时盲板的数量。

⑥ 系统试压过程中，当出现泄漏时，应停止试压，并应放空管网中的试验介质，消除缺陷后，重新再试。

⑦ 管网冲洗宜用水进行。冲洗前，应对系统的仪表采取保护措施。

⑧ 冲洗前，应对管道支架、吊架进行检查，必要时应采取加固措施。

⑨ 对不能经受冲洗的设备和冲洗后可能存留脏物、杂物的管段，应进行清理。

⑩ 冲洗直径大于100mm的管道时，应对其死角和底部进行敲打，

但不得损伤管道。

⑪ 管网冲洗合格后，应按表 4-22 的要求填写记录。

表 4-22 自动喷水灭火系统管网冲洗记录

工程名称						建设单位		
施工单位						监理单位		
管段号	材质	冲　洗						结论意见
		介质	压力/MPa	流速/(m/s)	流量/(L/s)	冲洗次数		
参加单位	施工单位(项目)负责人：(签章) 　　　　年 月 日		监理工程师：(签章) 　　　年 月 日			建设单位(项目)负责人：(签章) 　　　　　年 月 日		

⑫ 水压试验和水冲洗宜采用生活用水进行，不得使用海水或含有腐蚀性化学物质的水。

(2) 水压试验

① 当系统设计工作压力等于或小于 1.0MPa 时，水压强度试验压力应为设计工作压力的 1.5 倍，并不应低于 1.4MPa；当系统设计工作压力大于 1.0MPa 时，水压强度试验压力应为该工作压力加 0.4MPa。

② 水压强度试验的测试点应设在系统管网的最低点。对管网注水时，应将管网内的空气排净，并应缓慢升压，达到试验压力后，稳压 30min 后，管网应无泄漏、无变形，且压力降不应大于 0.05MPa。

③ 水压严密性试验应在水压强度试验和管网冲洗合格后进行。试验压力应为设计工作压力，稳压 24h 应无泄漏。

④ 水压试验时环境温度不宜低于 5℃，当低于 5℃时，水压试验应采取防冻措施。

⑤ 自动喷水灭火系统的水源干管、进户管和室内埋地管道应在回填前单独或与系统一起进行水压强度试验和水压严密性试验。

(3) 气压试验

① 气压严密性试验压力应为 0.28MPa，且稳压 24h，压力降不应

大于 0.01MPa。

② 气压试验的介质宜采用空气或氮气。

（4）冲洗

① 管网冲洗的水流流速、流量不应小于系统设计的水流流速、流量；管网冲洗宜分区、分段进行；水平管网冲洗时，其排水管位置应低于配水支管。

② 管网冲洗的水流方向应与灭火时管网的水流方向一致。

③ 管网冲洗应连续进行。当出口处水的颜色、透明度与入口处水的颜色、透明度基本一致时，冲洗方可结束。

④ 管网冲洗宜设临时专用排水管道，其排放应畅通和安全，排水管道的截面面积不得小于被冲洗管道截面面积的 60%。

⑤ 管网的地上管道与地下管道连接前，应在配水干管底部加设堵头后，对地下管道进行冲洗。

⑥ 管网冲洗结束后，应将管网内的水排除干净，必要时可采用压缩空气吹干。

细节112 系统调试

（1）一般规定

① 系统调试应在系统施工完成后进行。

② 系统调试应具备下列条件。

a. 消防水池、消防水箱已储存设计要求的水量。

b. 系统供电正常。

c. 消防气压给水设备的水位、气压符合设计要求。

d. 湿式喷水灭火系统管网内已充满水；干式、预作用喷水灭火系统管网内的气压符合设计要求；阀门均泄漏。

e. 与系统配套的火灾自动报警系统处于工作状态。

（2）调试内容和要求

① 主控项目

a. 系统调试应包括下列内容。

ⅰ. 水源测试。

ⅱ. 消防水泵调试。

ⅲ. 稳压泵调试。

ⅳ. 报警阀调试。

ⅴ. 排水设施调试。

ⅵ. 联动试验。

b. 水源测试应符合的要求

ⅰ. 按设计要求核实消防水箱、消防水池的容积，消防水箱设置高度应符合设计要求；消防储水应有不作他用的技术措施。

ⅱ. 按设计要求核实消防水泵接合器的数量和供水能力，并通过移动式消防水泵做供水试验进行验证。

c. 消防水泵调试应符合的要求

ⅰ. 以自动或手动方式启动消防水泵时，消防水泵应在55s内投入正常运行。

ⅱ. 以备用电源切换方式或备用泵切换启动消防水泵时，消防水泵应在1min或2min内投入正常运行。

d. 稳压泵应按设计要求进行调试。当达到设计启动条件时，稳压泵应立即启动；当达到系统设计压力时，稳压泵应自动停止运行；当消防主泵启动时，稳压泵应停止运行。

e. 报警阀调试应符合的要求

ⅰ. 湿式报警阀调试时，在试水装置处放水，当湿式报警阀进口水压大于0.14MPa、放水流量大于1L/s时，报警阀应及时启动；带延迟器的水力警铃应在5~90s内发出报警铃声，不带延迟器的水力警铃应在15s内发出报警铃声；压力开关应及时动作，并反馈信号。

ⅱ. 干式报警阀调试时，开启系统试验阀，报警阀的启动时间、启动点压力、水流到试验装置出口所需时间，均应符合设计要求。

ⅲ. 雨淋阀调试宜利用检测、试验管道进行。自动和手动方式启动的雨淋阀，应在15s之内启动；公称直径大于200mm的雨淋阀调试时，应在60s之内启动。雨淋阀调试时，当报警水压为0.05MPa，水力警铃应发出报警铃声。

② 一般项目

a. 调试过程中，系统排出的水应通过排水设施全部排走。

b. 联动试验应符合下列要求，并按表4-23的要求进行记录。

表4-23 自动喷水灭火系统联动试验记录

工程名称		建设单位	
施工单位		监理单位	

系统类型	启动信号（部位）	联动组件动作			
		名称	是否开启	要求动作时间	实际动作时间
湿式系统	末端试水装置	水流指示器		—	—
		湿式报警阀		—	—
		水力警铃		—	—
		压力开关		—	—
		水泵			
水幕、雨淋系统	温与烟信号	雨淋阀		—	—
		水泵			
	传动管启动	雨淋阀		—	—
		压力开关		—	—
		水泵			
干式系统	模拟喷头动作	干式阀		—	—
		水力警铃		—	—
		压力开关			
		充水时间			
		水泵			
预作用系统	模拟喷头动作	预作用阀			
		水力警铃			
		压力开关			
		充水时间			
		水泵			
参加单位	施工单位项目负责人：（签章）　　年 月 日	监理工程师：（签章）　　年 月 日		建设单位项目负责人：（签章）　　年 月 日	

ⅰ．湿式系统的联动试验，启动1只喷头或以0.94～1.5L/s的流量从末端试水装置处放水时，水流指示器、报警阀、压力开关、水力警铃和消防水泵等应及时动作，并发出相应的信号。

ⅱ．预作用系统、雨淋系统、水幕系统的联动试验，可采用专用测试仪表或其他方式，对火灾自动报警系统的各种探测器输入模拟火灾信号，火灾自动报警控制器应发出声光报警信号并启动自动喷水灭火系统；采用传动管启动的雨淋系统、水幕系统联动试验时，启动1只喷头，雨淋阀打开，压力开关动作，水泵启动。

ⅲ. 干式系统的联动试验，启动 1 只喷头或模拟 1 只喷头的排气量排气，报警阀应及时启动，压力开关、水力警铃动作并发出相应信号。

细节113 系统验收

① 系统竣工后，必须进行工程验收，验收不合格不得投入使用。

② 自动喷水灭火系统工程验收应按附录中表 1 的要求填写。

③ 系统验收时，施工单位应提供下列材料。

a. 竣工验收申请报告、设计变更通知书、竣工图。

b. 工程质量事故处理报告。

c. 施工现场质量管理检查记录。

d. 自动喷水灭火系统施工过程质量管理检查记录。

e. 自动喷水灭火系统质量控制检查资料。

f. 系统试压，冲洗记录。

g. 系统调试记录。

④ 系统供水水源的检查验收应符合的要求

a. 应检查室外给水管网的进水管管径及供水能力，并应检查消防水箱和消防水池容量，均应符合设计要求。

b. 当采用天然水源作系统的供水水源时，其水量、水质应符合设计要求，并应检查枯水期最低水位时确保消防用水的技术措施。

c. 消防水池水位显示装置，最低水位装置应符合设计要求。

d. 高位消防水箱、消防水池的有效消防容积，应按出水管或吸水管喇叭口（或防止旋流器淹没深度）的最低标高确定。

⑤ 消防泵房的验收应符合的要求

a. 消防泵房的建筑防火要求应符合《建筑设计防火规范》的规定。

b. 消防泵房设置的应急照明、安全出口应符合设计要求。

c. 备用电源、自动切换装置的设置应符合设计要求。

⑥ 消防水泵的验收应符合的要求

a. 工作泵、备用泵、吸水管、出水管及出水管上的泄压阀、水锤消防设施、止回阀、信号阀等的规格、型号、数量，应符合设计要求；吸水管、出水管上的控制阀应锁定在常开位置，并有明显标记。

b. 消防水泵应采用自灌式引水或其他可靠的引水措施。

c. 分别开启系统中的每个末端试水装置和试水阀，水流指示器、压力开关等信号装置的功能均符合设计要求。湿式自动喷水灭火系统的最不利点做末端放水试验时，自放水开始至水泵启动时间不应超过 5min。

　　d. 打开消防水泵出水管上试水阀，当采用主电源启动消防水泵时，消防水泵应启动正常；关掉主电源，主、备电源应能正常切换。备用电源切换时，消防水泵应在 1min 或 2min 内投入正常运行。自动或手动启动消防泵时应在 55s 内投入正常运行。

　　e. 消防水泵停泵时，水锤消除设施后的压力不应超过水泵出口额定压力的 1.3～1.5 倍。

　　f. 对消防气压给水设置，当系统气压下降到设计最低压力时，通过压力变化信号应启动稳压泵。

　　g. 消防水泵启动控制应置于自动启动挡，消防水泵互为备用。

　　⑦ 报警阀组的验收应符合的要求

　　a. 报警阀组的各组件应符合产品标准要求。

　　b. 打开系统流量压力检测装置放水阀，测试的流量、压力应符合设计要求。

　　c. 水力警铃的设置位置应正确。测试时，水力警铃喷嘴处压力不应小于 0.05MPa，且距水力警铃 3m 远处警铃声声强不应小于 70dB。

　　d. 打开手动试水阀或电磁阀时，雨淋阀组动作应可靠。

　　e. 控制阀均应锁定在常开位置。

　　f. 与空气压缩机或火灾自动报警系统的联动控制，应符合设计要求。

　　g. 打开末端试（放）水装置，当流量达到报警阀动作流量时，湿式报警阀和压力开关应及时动作，带延迟器的报警阀应在 90s 内压力开关动作，不带延迟器的报警阀应在 15s 内压力开关动作。

　　⑧ 管网验收应符合的要求

　　a. 管道的材质、管径、接头、连接方式及采取的防腐、防冻措施，应符合设计规范及设计要求。

　　b. 管网排水坡度及辅助排水设施，应符合"细节 108：管网安装"中第⑰条的规定。

　　c. 系统中的末端试水装置、试水阀、排气阀应符合设计要求。

　　d. 管网不同部位安装的报警阀组、闸阀、止回阀、电磁阀、信号阀、水流指示器、减压孔板、节流管、减压阀、柔性接头、排水管、排气阀、泄压阀等，均应符合设计要求。

　　e. 干式系统、由火灾自动报警系统和充气管道上设置的压力开关开启预作用装置的预作用系统，其配水管道充水时间不宜大于 1min；雨淋系统和仅由水灾自动报警系统联动开启预作用装置的预作用系统，其配水管道充水时间不宜大于 2min。

⑨ 喷头验收应符合的要求

a. 喷头设置场所、规格、型号、公称动作温度、响应时间指数（RTI）应符合设计要求。

b. 喷头安装间距，喷头与楼板、墙、梁等障碍物的距离应符合设计要求。

c. 有腐蚀性气体的环境和有冰冻危险场所安装的喷头，应采取防护措施。

d. 有碰撞危险场所安装的喷头应加设防护罩。

e. 各种不同规格的喷头均应有一定数量的备用品，其数量不应小于安装总数的1%，且每种备用喷头不应少于10个。

⑩ 水泵接合器数量及进水管位置应符合设计要求，消防水泵接合器应进行充水试验，且系统最不利点的压力、流量应符合设计要求。

⑪ 系统流量、压力的验收，应通过系统流量压力检测装置进行放水试验，系统流量、压力应符合设计要求。

⑫ 应进行系统模拟灭火功能试验，且应符合下列要求。

a. 报警阀动作，水力警铃应鸣响。

b. 水流指示器动作，应有反馈信号显示。

c. 压力开关动作，应启动消防水泵及与其联动的相关设备，并应有反馈信号显示。

d. 电磁阀打开，雨淋阀应开启，并应有反馈信号显示。

e. 消防水泵启动后，应有反馈信号显示。

f. 加速器动作后，应有反馈信号显示。

g. 其他消防联动控制设备启动后，应有反馈信号显示。

⑬ 系统工程质量验收判定条件

a. 系统工程质量缺陷可划分为：严重缺陷项（A），重缺陷项（B），轻缺陷项（C）。

b. 系统验收合格判定应为：$A=0$，且 $B\leqslant2$，且 $B+C\leqslant6$ 为合格，否则不合格。

细节114 自动喷水灭火系统的维护管理

① 自动喷水灭火系统应具有管理、检测、维护规程，并应保证系统处于准工作状态。维护管理工作，应按附录中表2的要求进行。

② 维护管理人员应经过消防专业培训，应熟悉自动喷水灭火系统的原理、性能和操作维护规程。

③ 每年对水源的供水能力进行一次测定，每日应对电源进行检查。

④ 消防水泵或内燃机驱动的消防水泵应每月启动运转一次。当消防水泵为自动控制启动时，应每月模拟自动控制的条件启动运转一次。

⑤ 电磁阀应每月检查并做启动试验，动作失常时应及时更换。

⑥ 每个季度应对系统所有的末端试水阀和报警阀旁的放水试验阀进行一次放水试验，检查系统启动、报警功能以及出水情况是否正常。

⑦ 系统上所有的控制阀门均应采用铅封或锁链固定在开启或规定的状态。每月应对铅封、锁链进行一次检查，当有破坏或损坏时应及时修理更换。

⑧ 室外阀门井中，进水管上的控制阀门应每个季度检查一次，核实其处于全开启状态。

⑨ 自动喷水灭火系统发生故障，需停水进行修理前，应向主管值班人员报告，取得维护负责人的同意，并临场监督，加强防范措施后方能动工。

⑩ 维护管理人员每天应对水源控制阀、报警阀组进行外观检查，并应保证系统处于无故障状态。

⑪ 消防水池、消防水箱及消防气压给水设备应每月检查一次，并应检查其消防储备水位及消防气压给水设备的气体压力。同时，应采取措施保证消防用水不作他用，并应每月对该措施进行检查，发现故障应及时进行处理。

⑫ 消防水池、消防水箱、消防气压给水设备内的水，应根据当地环境、气候条件不定期更换。

⑬ 寒冷季节，消防储水设备的任何部位均不得结冰。每天应检查设置储水设备的房间，保持室温不低于 5℃。

⑭ 每年应对消防储水设备进行检查，修补缺损和重新油漆。

⑮ 钢板消防水箱和消防气压给水设备的玻璃水位计两端的角阀在不进行水位观察时应关闭。

⑯ 消防水泵接合器的接口及附件应每月检查一次，并应保证接口完好、无渗漏、闷盖齐全。

⑰ 每月应利用末端试水装置对水流指示器进行试验。

⑱ 每月应对喷头进行一次外观及备用数量检查，发现有不正常的喷头应及时更换；当喷头上有异物时应及时清除。更换或安装喷头均应使用专用扳手。

⑲ 建筑物、构筑物的使用性质或储存物安放位置、堆存高度的改变，影响到系统功能而需要进行修改时，应重新进行设计。

5

气体灭火系统

5.1 概述

气体灭火系统采用的是冷却、窒息（稀释氧气）、隔离（去除燃料）和化学抑制方法中的一种或多种方法。一般包括二氧化碳灭火系统、氮气灭火系统、水蒸气灭火系统和烟雾灭火系统、卤代烷灭火系统等。

本节主要介绍二氧化碳灭火系统、卤代烷灭火系统，以及材料进场检验、系统组件进场检验的规定。

细节115 二氧化碳灭火系统

二氧化碳灭火系统是由二氧化碳供应源、喷嘴和管路组成的灭火系统，如图 5-1 所示。

二氧化碳灭火原理是通过向火灾发生处喷射二氧化碳，冲淡空气中氧的浓度，使其不能支持燃烧，从而实现灭火的目的。二氧化碳在空气中含量达到 15% 以上时能使人窒息死亡；达到 25%～30% 时，能使一般可燃物质的燃烧逐渐窒息；达到 43.6% 时，能抑制汽油蒸气及其他易燃气体的爆炸。

二氧化碳灭火系统分为全淹没系统、局部应用系统和移动式系统三种形式。

（1）全淹没系统

由二氧化碳容器（钢瓶）、容器阀、管道、喷嘴、操纵系统及附属装置等组成。灭火时，由固定的二氧化碳供给源（二氧化碳容器），通过与之相连的带喷嘴的固定管道，向指定的封闭空间施放二氧化碳，使火灾区域全部处于二氧化碳淹没之中。全淹没系统有两种类型。

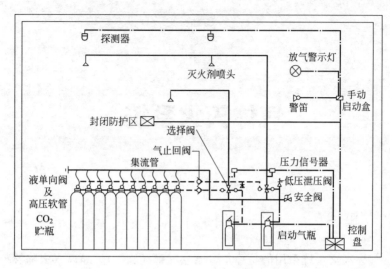

图 5-1　二氧化碳灭火系统

① 单元独立型。即一个或一组灭火剂容器保护一个区域。

② 组合分配型。即同一组钢瓶保护两个以上的封闭区域。此时，在二氧化碳总管上可再分出若干路支管，并分别安装选择阀，以便根据灭火需要，将二氧化碳输送到着火区域。

（2）局部应用系统

由固定的二氧化碳供给源，通过与之相连的固定管道，向被保护物直接施放二氧化碳灭火剂。其结构组成基本上与全淹没系统相同。但对喷嘴排列布置要求严格，其喷射方向及与被保护物的距离等的安装是否正确，都会直接影响灭火效果。

（3）移动式系统

这种系统是由二氧化碳钢瓶、软管卷轴、集合管、软管以及喷筒等组成的。在软管的前端接有大型喇叭喷筒，发生火灾时，通过手动阀打开二氧化碳钢瓶的瓶头阀，接着延伸软管，打开喇叭管阀，将二氧化碳直接向着火点喷射。

细节116　二氧化碳灭火系统各器件位置的选择

（1）容器组设置

① 容器及其阀门、操作装置等，最好设置在被保护区域以外的专

用站（室）内，站（室）内应尽量靠近被保护区，人员要易于接近；平时应关闭，不允许无关人员进入。

② 容器储存地点的温度规定在 40℃ 以下，0℃ 以上。

③ 容器不能受日光直接照射。

④ 容器应设在振动、冲击、腐蚀等影响少的地点。在容器周围不得有无关的物件，以免妨碍设备的检查，维修和平稳可靠地操作。

⑤ 容器储存的地点应安装足够亮度的照明装置。

⑥ 储瓶间内储存容器可单排布置或双排布置，其操作面距离或相对操作面之间的距离不宜小于 1.0m。

⑦ 储存容器必须固定牢固，固定件及框架应做防腐处理。

⑧ 储瓶间设备的全部手动操作点，应有表明对应防护区名称的耐久标志。

（2）喷嘴位置

① 全淹没系统

a. 喷嘴的位置应使喷出的灭火剂在保护区域内迅速而均匀地扩散。通常应安装在靠近顶棚的地方。

b. 当房高超过 5m 时，应在房高大约 1/3 的平面上装设附加喷嘴。当房高超过 10m 时，应在房高 1/3 和 2/3 的平面上安装附加喷嘴。

② 局部应用系统

a. 喷嘴的数量和位置，以使保护对象的所有表面均在喷嘴的有效射程内为准。

b. 喷嘴的喷射方向应对准被保护物。

c. 不要设在喷射灭火剂时会使可燃物飞溅的位置。

（3）探测器位置

① 探测器的设置要求，应符合相关内容。

② 由报警器引向探测器的电线，应尽量与电力电缆分开敷设，并应尽量避开可能受电信号干扰的区域或设备。

（4）报警器位置

① 声响报警装置一般设在有人值班、尽量远离容易发生火灾的地方，其报警器应设在保护区域内或离保护对象 25m 以内、工作人员都能听到警报的地点。

② 安装报警器的数量，如需要监控的地点不多，则一台报警器即可。如需要监控的地方较多，就需要总报警器和区域报警器联合使用。

③ 全淹没系统报警装置的电器设备，应设置在发生火灾时无燃烧危险，且易维修和不易受损坏的地点。

（5）起动、操纵装置位置

① 起动容器应安装在灭火剂钢瓶组附近安全地点，环境温度应在40℃以下。

② 报警接收显示盘、灭火控制盘等均应安装在值班室内的同一操纵箱内。

③ 起动器和电气操纵箱安装高度一般为 0.8～1.5m。

细节117 二氧化碳灭火系统联动控制

（1）一般要求

① 二氧化碳灭火系统应设有自动控制、手动控制和机械应急操作三种启动方式；当局部应用灭火系统用于经常有人的保护场所时可不设自动控制。

② 当采用火灾探测器时，灭火系统的自动控制应在接收到两个独立的火灾信号后才能启动，根据人员疏散要求，宜延迟启动，但延迟时间不应大于 30s。

③ 手动操作装置应设在防护区外便于操作的地方，并应能在一处完成系统启动的全部操作。局部应用灭火系统手动操作装置应设在保护对象附近。

对于采用全淹没灭火系统保护的防护区，应在其入口处设置手动、自动转换控制装置；有人工作时，应置于手动控制状态。

④ 二氧化碳灭火系统的供电与自动控制应符合现行国家标准《火灾自动报警系统设计规范》（GB 50116—2013）的有关规定。当采用气动动力源时，应保护系统操作与控制所需要的压力和用气量。

⑤ 低压系统制冷装置的供电应采用消防电源，制冷装置应采用自动控制，且应设手动操作装置。

设有火灾自动报警系统的场所，二氧化碳灭火系统的动作信号及相关警报信号，工作状态和控制状态均应能在火灾报警控制器上显示。

（2）联动控制过程

二氧化碳灭火系统联动控制内容有火灾报警显示、灭火介质的自动释放灭火、切断保护区内的送排风机、关闭门窗及联动控制等。

当保护区发生火灾时，灾区产生的烟、温或光使保护区设置的两路火灾探测器（感烟、感热）报警，两路信号为"与"关系发至消防中心报警控制器上，驱动控制器一方面发声、光报警，另一方面发出联动控制信号（如停空调、关防火门等），待人员撤离后再发信号关闭保护区门。从报警开始延时约30s后发出指令启动二氧化碳储存容器，储存的二氧化碳灭火剂通过管道输送到保护区，经喷嘴释放灭火。如果手动控制，可按下启动按钮，其他同上，如图5-2所示。

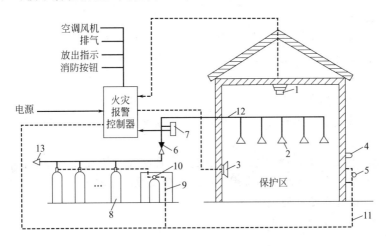

图5-2　二氧化碳灭火系统示意

1—火灾探测器；2—喷头；3—警报器；4—放气指示灯；5—手动启动按钮；
6—选择阀；7—压力开关；8—二氧化碳钢瓶；9—启动气瓶；10—电磁阀；
11—控制电缆；12—二氧化碳管线；13—安全阀

　　压力开关为监测二氧化碳管网的压力设备，当二氧化碳压力过低或过高时，压力开关将压力信号送至控制器，控制器发出开大或关小钢瓶阀门的指令，可释放介质。

　　为了实现准确而更快速灭火，当发生火灾时，用手直接开启二氧化碳容器阀，或将放气开关拉动，即可喷出二氧化碳灭火。这个开关一般装在房间门口附近墙上的一个玻璃面板内，火灾即将玻璃面板击破，就能拉动开关喷出二氧化碳气体，实现快速灭火。

　　装有二氧化碳灭火系统的保护场所（如变电所或配电室），一般都在门口加装选择开关，可就地选择自动或手动操作方式。当有工作人员进入里面工作时，为防止意外事故，即避免有人在里面工作时喷出二氧化碳影响健康，必须在入室之前把开关转到手动位置，离开时关门之后复归自动位置。同时也为避免无关人员乱动选择开关，宜用钥匙型转换开关。

細节118 **材料进场检验**

① 管材、管道连接件的品种、规格、性能等应符合相应产品标准和设计要求。

② 管材、管道连接件的外观质量除应符合设计规定外，尚应符合下列规定。

a. 镀锌层不得有脱落、破损等缺陷。

b. 螺纹连接管道连接件不得有缺纹、断纹等现象。

c. 法兰盘密封面不得有缺损、裂痕。

d. 密封垫片应完好无划痕。

③ 管材、管道连接件的规格尺寸、厚度及允许偏差应符合其产品标准和设计要求。

④ 对属于下列情况之一的灭火剂、管材及管道连接件，应抽样复验，其复验结果应符合国家现行产品标准和设计要求。

a. 设计有复验要求的。

b. 对质量有疑义的。

細节119 **系统组件进场检验**

① 灭火剂储存容器及容器阀、单向阀、连接管、集流管、选择阀、安全泄放装置、阀驱动装置、喷嘴、检漏装置、信号反馈装置、减压装置等系统组件的外观质量应符合下列规定。

a. 系统组件无碰撞变形及其他机械性损伤。

b. 组件外露非机械加工表面保护涂层完好。

c. 组件所有外露接口均设有防护堵、盖，且封闭良好，接口螺纹和法兰密封面无损伤。

d. 铭牌清晰、牢固、方向正确。

e. 同一规格的灭火剂储存容器，其高度差不宜大于 20mm。

f. 同一规格的驱动气体储存容器，其高度差不宜大于 10mm。

② 灭火剂储存容器及容器阀、单向阀、连接管、集流管、选择阀、安全泄放装置、阀驱动装置、喷嘴、信号反馈装置、检漏装置、减压装置等系统组件应符合下列规定。

a. 品种、规格、性能等应符合国家现行产品标准和设计要求。

b. 设计有复验要求或对质量有疑义时，应抽样复验，复验结果应符合国家现行产品标准和设计要求。

③ 灭火剂储存容器内的充装量、充装压力及充装系数、装量系数，应符合下列规定。

a. 灭火剂储存容器的充装量、充装压力应符合设计要求，充装系数或装量系数应符合设计规范规定。

b. 不同温度下灭火剂的储存压力应按相应标准确定。

④ 阀驱动装置应符合的规定

a. 电磁驱动器的电源电压应符合系统设计要求。通电检查电磁铁芯，其行程应能满足系统启动要求，且动作灵活，无卡阻现象。

b. 气动驱动装置储存容器内气体压力不应低于设计压力，且不得超过设计压力的 5%，气体驱动管道上的单向阀应启闭灵活，无卡阻现象。

c. 机械驱动装置应传动灵活，无卡阻现象。

⑤ 低压二氧化碳灭火系统储存装置，柜式气体灭火装置、热气溶胶灭火装置等预制灭火系统产品应进行检查。

5.2 气体灭火系统施工

灭火剂储存装置的安装，选择阀及信号反馈装置的安装，阀驱动装置的安装，灭火剂输送管道的安装，喷嘴等灭火设备的安装，以及系统的调试、验收和维护管理都要根据相关标准及规定执行。

本节主要介绍灭火剂储存装置的安装，选择阀及信号反馈装置的安装，阀驱动装置的安装，灭火剂输送管道的安装，喷嘴的安装，预制灭火系统的安装，控制组件的安装，以及系统的调试、验收和维护管理。

细节120 灭火剂储存装置的安装

① 储存装置的安装位置应符合设计文件的要求。

② 灭火剂的储存容器或容器阀应具有安全泄压和压力显示的功能，管网系统中的封闭管段上应具有安全泄压装置。安全泄压装置应能在设定压力下正常工作，泄压方向不应朝向操作面或人员疏散通道。低压二氧化碳灭火系统的安全泄压装置应通过专用泄压管将泄压气体直接排至室外。高压二氧化碳储存容器应设置二氧化碳泄漏监测装置。

③ 储存装置上压力计、液位计、称重显示装置的安装位置应便于人员观察和操作。

④ 储存容器的支、框架应固定牢靠，并应做防腐处理。

⑤ 储存容器宜涂红色涂料，正面应标明设计规定的灭火剂名称和储存容器的编号。

⑥ 安装集流管前应检查内腔，确保清洁。

⑦ 连接储存容器与集流管间的单向阀的流向指示箭头应指向介质流动方向。

⑧ 集流管应固定在支、框架上。支、框架应固定牢靠，并做防腐处理。

⑨ 集流管外表面宜涂红色油漆。

细节121 选择阀及信号反馈装置的安装

① 选择阀操作手柄应安装在操作面一侧，当安装高度超过 1.7m 时应采取便于操作的措施。

② 采用螺纹连接的选择阀，其与管网连接处宜采用活接。

③ 选择阀的流向指示箭头应指向介质流动方向。

④ 选择阀上应设置标明防护区或保护对象名称或编号的永久性标志牌，并应便于观察。

⑤ 信号反馈装置的安装应符合设计要求。

细节122 阀驱动装置的安装

① 拉索式机械驱动装置的安装应符合的规定

a. 拉索除必要外露部分外，应采用经内外防腐处理的钢管防护。

b. 拉索转弯处应采用专用导向滑轮。

c. 拉索末端拉手应设在专用的保护盒内。

d. 拉索套管和保护盒应固定牢靠。

② 安装以重力式机械驱动装置时，应保证重物在下落行程中无阻挡，其下落行程应保证驱动所需距离，且不得小于 25mm。

③ 电磁驱动装置驱动器的电气连接线应沿固定灭火剂储存容器的支、框架或墙面固定。

④ 气动驱动装置的安装应符合的规定

a. 驱动气瓶的支、框架或箱体应固定牢靠，并做防腐处理。

b. 驱动气瓶上应有标明驱动介质名称、对应防护区或保护对象名称或编号的永久性标志，并应便于观察。

⑤ 气动驱动装置的管道安装应符合的规定

a. 管道布置应符合设计要求。

b. 竖直管道应在其始端和终端设防晃支架或采用管卡固定。

c. 水平管道应采用管卡固定。管卡的间距不宜大于 0.6m。转弯处应增设 1 个管卡。

⑥ 气动驱动装置的管道安装后应做气压严密性试验，并合格。

细节123 灭火剂输送管道的安装

① 灭火剂输送管道连接应符合的规定

a. 采用螺纹连接时，管材宜采用机械切割；螺纹不得有缺纹、断纹等现象；螺纹连接的密封材料应均匀附着在管道的螺纹部分，拧紧螺纹时，不得将填料挤入管道内；安装后的螺纹根部应有 2～3 条外露螺纹；连接后，应将连接处外部清理干净并做防腐处理。

b. 采用法兰连接时，衬垫不得凸入管内，其外边缘宜接近螺栓，不得放双垫或偏垫。连接法兰的螺栓，直径和长度应符合标准，拧紧后，凸出螺母的长度不应大于螺杆直径的 1/2 且保有不少于 2 条外露螺纹。

c. 已防腐处理的无缝钢管不宜采用焊接连接，与选择阀等个别连接部位需采用法兰焊接连接时，应对被焊接损坏的防腐层进行二次防腐处理。

② 管道穿过墙壁、楼板处应安装套管。套管公称直径比管道公称直径至少应大 2 级，穿墙套管长度应与墙厚相等，穿楼板套管长度应高出地板 50mm。管道与套管间的空隙应采用防火封堵材料填塞密实。当管道穿越建筑物的变形缝时，应设置柔性管段。

③ 管道支、吊架的安装应符合的规定

a. 管道应固定牢靠，管道支、吊架的最大间距应符合表 5-1 的规定。

b. 管道末端应采用防晃支架固定，支架与末端喷嘴间的距离不应大于 500mm。

c. 公称直径大于或等于 50mm 的主干管道，垂直方向和水平方向至少应各安装 1 个防晃支架，当穿过建筑物楼层时，每层应设 1 个防晃支架。当水平管道改变方向时，应增设防晃支架。

表 5-1　支、吊架之间最大间距

DN/mm	15	20	25	32	40	50	65	80	100	150
最大间距/m	1.5	1.8	2.1	2.4	2.7	3.0	3.4	3.7	4.3	5.2

④ 灭火剂输送管道安装完毕后，应进行强度试验和气压严密性试验，并合格。

⑤ 灭火剂输送管道的外表面宜涂红色油漆。

在吊顶内、活动地板下等隐蔽场所内的管道，可涂红色油漆色环，色环宽度不应小于 50mm。每个防护区或保护对象的色环宽度应一致，间距应均匀。

细节124　喷嘴的安装

① 喷嘴安装时应按设计要求逐个核对其型号、规格及喷孔方向。

② 安装在吊顶下的不带装饰罩的喷嘴，其连接管管端螺纹不应露出吊顶；安装在吊顶下的带装饰罩的喷嘴，其装饰罩应紧贴吊顶。

细节125　预制灭火系统的安装

① 柜式气体灭火装置、热气溶胶灭火装置等预制灭火系统及其控制器、声光报警器的安装位置应符合设计要求，并固定牢靠。

② 柜式气体灭火装置、热气溶胶灭火装置等预制灭火系统装置周围空间环境应符合设计要求。

细节126　控制组件的安装

① 灭火控制装置的安装应符合设计要求，防护区内火灾探测器的安装应符合国家标准《火灾自动报警系统施工及验收规范》（GB 50166—2019）的规定。

② 设置在防护区处的手动、自动转换开关应安装在防护区入口便于操作的部位，安装高度为中心点距地（楼）面 1.5m。

③ 手动启动、停止按钮应安装在防护区入口便于操作的部位，安装高度为中心点距地（楼）面 1.5m；防护区的声光报警装置安装应符合设计要求，并应安装牢固，不得倾斜。

④ 气体喷放指示灯宜安装在防护区入口的正上方。

细节127 系统调试

（1）一般规定

① 气体灭火系统的调试应在系统安装完毕，并宜在相关的火灾报警系统和开口自动关闭装置、通风机械和防火阀等联动设备的调试完成后进行。

② 气体灭火系统调试前应具备完整的技术资料，并应符合《气体灭火系统施工及验收规范》（GB 50263—2007）中的有关规定。

③ 调试前应按《气体灭火系统施工及验收规范》（GB 50263—2007）第 4 章和第 5 章的规定检查系统组件和材料的型号、规格、数量以及系统安装质量，并应及时处理所发现的问题。

④ 进行调试试验时，应采取可靠措施，确保人员和财产安全。

⑤ 调试项目应包括模拟启动试验、模拟喷气试验和模拟切换操作试验，并应填写施工过程检查记录。

⑥ 调试完成后应将系统各部件及联动设备恢复正常状态。

（2）调试

① 调试时，应对所有防护区或保护对象进行系统手动、自动模拟启动试验，并应合格。

② 调试时，应对所有防护区或保护对象进行模拟喷气试验，并应合格。

柜式气体灭火装置、热气溶胶灭火装置等预制灭火系统的模拟喷气试验宜各取 1 套分别按产品标准中有关"联动试验"的规定进行试验。

③ 设有灭火剂备用量且储存容器连接在同一集流管上的系统应进行模拟切换操作试验，并应合格。

细节128 系统验收

（1）一般规定

① 系统验收时，应具备下列文件。

a. 系统验收申请报告。

b. 施工现场质量管理检查记录。

c. 相关技术资料。

d. 竣工文件。

e. 施工过程检查记录。

f. 隐蔽工程验收记录。

② 系统工程验收进行资料核查，并进行工程质量验收，验收项目有 1 项为不合格时判定系统为不合格。

③ 气体灭火系统验收合格后，应将系统恢复到正常工作状态。

④ 验收合格后，应向建设单位移交下列资料：施工现场质量管理检查记录、气体灭火系统工程施工过程检查记录、隐蔽工程验收记录、气体灭火系统工程质量控制资料核查记录、气体灭火系统工程质量验收记录、相关文件、记录、资料清单等。

（2）防护区或保护对象与储存装置间验收

① 防护区或保护对象的位置、用途、划分、几何尺寸、开口、通风、环境温度、可燃物的种类、防护区围护结构的耐压、耐火极限及门、窗可自行关闭装置应符合设计要求。

② 防护区下列安全设施的设置应符合设计要求。

a. 防护区的疏散通道、疏散指示标志和应急照明装置。

b. 防护区内和入口处的声光报警装置、气体喷放指示灯、入口处的安全标志。

c. 无窗或固定窗扇的地上防护区和地下防护区的排气装置。

d. 门窗设有密封条的防护区的泄压装置。

e. 专用的空气呼吸器或氧气呼吸器。

③ 储存装置间的位置、通道、耐火等级、应急照明装置、火灾报警控制装置及地下储存装置间机械排风装置应符合设计要求。

④ 火灾报警控制装置及联动设备应符合设计要求。

（3）设备和灭火剂输送管道验收

① 灭火剂储存容器的数量、型号和规格，位置与固定方式，油漆和标志，以及灭火剂储存容器的安装质量应符合设计要求。

② 储存容器内的灭火剂充装量和储存压力应符合设计要求。

③ 集流管的材料、规格、连接方式、布置及其泄压装置的泄压方向应符合设计要求和"细节 120：灭火剂储存装置的安装"中的有关规定。

④ 选择阀及信号反馈装置的数量、型号、规格、位置、标志及其安装质量应符合设计要求和"细节 121：选择阀及信号反馈装置的安装"中的有关规定。

⑤ 阀驱动装置的数量、型号、规格和标志，安装位置，气动驱动装置中驱动气瓶的介质名称和充装压力，以及气动驱动装置管道的规

格、布置和连接方式应符合设计要求和"细节 122：阀驱动装置的安装"中的有关规定。

⑥ 驱动气瓶和选择阀的机械应急手动操作处，均应有标明对应防护区或保护对象名称的永久标志。

驱动气瓶的机械应急操作装置均应设安全销并加铅封，现场手动启动按钮应有防护罩。

⑦ 灭火剂输送管道的布置与连接方式、支架和吊架的位置及间距、穿过建筑构件及其变形缝的处理、各管段和附件的型号规格以及防腐处理和涂刷油漆颜色，应符合设计要求和"细节 123：灭火剂输送管道的安装"中的有关规定。

⑧ 喷嘴的数量、型号、规格、安装位置和方向，应符合设计要求和"细节 124：喷嘴的安装"中的有关规定。

（4）系统功能验收

① 系统功能验收时，应进行模拟启动试验，并合格。

② 系统功能验收时，应进行模拟喷气试验，并合格。

③ 系统功能验收时，应对设有灭火剂备用量的系统进行模拟切换操作试验，并合格。

④ 系统功能验收时，应对主、备用电源进行切换试验，并合格。

细节129 系统的维护管理

① 气体灭火系统投入使用时，应具备下列文件，并应有电子备份档案，永久储存。

a. 系统及其主要组件的使用、维护说明书。

b. 系统工作流程图和操作规程。

c. 系统维护检查记录表。

d. 值班员守则和运行日志。

② 气体灭火系统应由经过专门培训，并经考试合格的专人负责定期检查和维护。

③ 应按检查类别规定对气体灭火系统进行检查，并做好检查记录。检查中发现的问题应及时处理。

④ 与气体灭火系统配套的火灾自动报警系统的维护管理应按《火灾自动报警系统施工及验收规范》(GB 50166—2019) 执行。

⑤ 每日应对低压二氧化碳储存装置的运行情况、储存装置间的设备状态进行检查并记录。

⑥ 每月检查应符合下列要求。

a. 低压二氧化碳灭火系统储存装置的液位计检查，灭火剂损失 10％时应及时补充。

b. 高压二氧化碳灭火系统、七氟丙烷管网灭火系统及 IG541 灭火系统等系统的检查内容及要求应符合下列规定。

ⅰ. 灭火剂储存容器及容器阀、单向阀、连接管、集流管、安全泄放装置、选择阀、阀驱动装置、喷嘴、信号反馈装置、检漏装置、减压装置等全部系统组件应无碰撞变形及其他机械性损伤，表面应无锈蚀，保护涂层应完好，铭牌和保护对象标志牌应清晰，手动操作装置的防护罩、铅封和安全标志应完整。

ⅱ. 灭火剂和驱动气体储存容器内的压力，不得小于设计储存压力的 90％。

ⅲ. 预制灭火系统的设备状态和运行状况应正常。

⑦ 每季度应对气体灭火系统进行 1 次全面检查，并应符合下列规定。

a. 可燃物的种类、分布情况，防护区的开口情况，应符合设计规定。

b. 储存装置间的设备、灭火剂输送管道和支、吊架的固定，应无松动。

c. 连接管应无变形、裂纹及老化。必要时，送法定质量检验机构进行检测或更换。

d. 各喷嘴孔口应无堵塞。

e. 对高压二氧化碳储存容器逐个进行称重检查，灭火剂净重不得小于设计储存量的 90％。

f. 灭火剂输送管道有损伤与堵塞现象时，应进行严密性试验和吹扫。

⑧ 每年应按对每个防护区进行 1 次模拟启动试验，并进行 1 次模拟喷气试验。

⑨ 低压二氧化碳灭火剂储存容器的维护管理应按《压力容器安全技术监察规程》的规定执行；钢瓶的维护管理应按《气瓶安全监察规程》的规定执行；灭火剂输送管道耐压试验周期应按《压力管道安全管理与监察规定》的规定执行。

泡沫灭火系统

6.1 概述

泡沫灭火系统由泡沫罐、比例混合器、泡沫产生器、泵、喷头、控制装置及管道组成，如图 6-1 所示。

本节主要介绍泡沫灭火系统的分类、材料进场检验及系统组件进场检验的要求。

细节130 泡沫灭火系统的分类

泡沫灭火是通过泡沫层的冷却、隔绝氧气和抑制燃料蒸发等作用，达到扑灭火灾的目的。泡沫灭火系统是用泡沫液作为灭火剂的一种灭火方式。泡沫剂有化学泡沫灭火剂和空泡沫灭火剂两大类。化学泡沫灭火剂主要是充装于 100L 以下的小型灭火器内，扑救小型初期火灾；大型的泡沫灭火系统以采用空气泡沫灭火剂为主。

空气泡沫灭火是泡沫液与水通过特制的比例混合器混合而成泡沫混合液，经泡沫产生器与空气混合产生泡沫，使泡沫覆盖在燃烧物质的表面或者充满发生火灾的整个空间，最后使火熄灭。

泡沫灭火系统按照发泡性能的不同分为低倍数（发泡倍数在 20 倍以下）、中倍数（发泡倍数在 20～200 倍）和高倍数（发泡倍数在 200 倍以上）灭火系统；这三类系统又根据喷射方式不同分为液上和液下喷射；由设备和管的安装方式不同分为固定式、半固定式、移动式；由灭火范围不同分为全淹没式和局部应用式。其具体分类如图 6-2 所示。

固定式液上喷射泡沫灭火系统如图 6-3 所示；固定式液下喷射泡沫

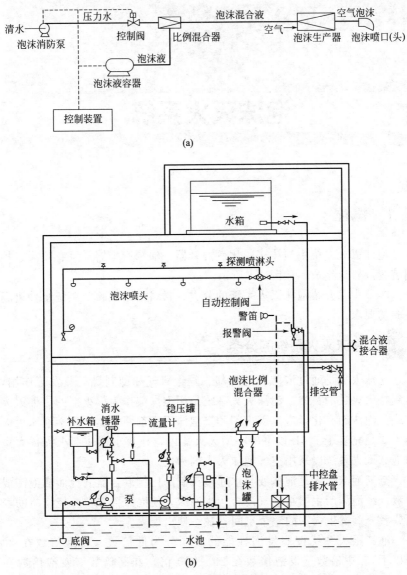

(a)

(b)

图 6-1 泡沫灭火系统

灭火系统如图 6-4 所示；半固定式液上喷射泡沫灭火系统如图 6-5 所示；移动式泡沫灭火系统如图 6-6 所示；自动控制全淹没式灭火系统工作原理如图 6-7 所示。

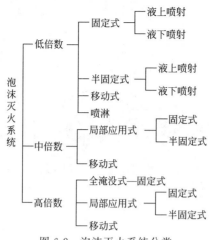

图 6-2　泡沫灭火系统分类

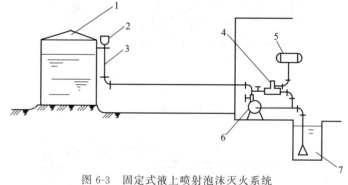

图 6-3　固定式液上喷射泡沫灭火系统

1—油罐；2—泡沫产生器；3—泡沫混合液管道；4—比例混合器；
5—泡沫液罐；6—泡沫混合泵；7—水池

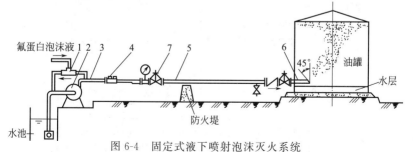

图 6-4　固定式液下喷射泡沫灭火系统

1—环泵式比例混合器；2—泡沫混合液泵；3—泡沫混合液管道；
4—液下喷射泡沫产生器；5—泡沫管道；6—泡沫注入管；7—背压调节阀

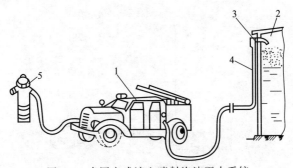

图 6-5 半固定式液上喷射泡沫灭火系统

1—泡沫消防车；2—油罐；3—泡沫产生器；4—泡沫混合液管道；5—地上式消火栓

图 6-6 移动式泡沫灭火系统

1—泡沫消防车；2—油罐；3—泡沫管道；4—地上式消火栓

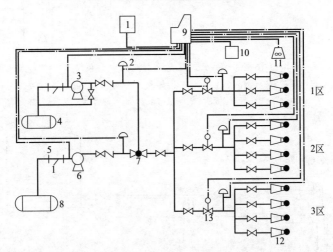

图 6-7 自动控制全淹没式灭火系统工作原理

1—手动控制器；2—压力开关；3—泡沫液泵；4—泡沫液罐；5—过滤器；6—水泵；7—比例混合器；
8—水罐；9—自动控制箱；10—探测器；11—报警器；12—高倍数泡沫发生器；13—电磁阀

细节131 进场检验

① 材料和系统组件进场检验应按表 6-1 填写施工过程检查记录。

表 6-1　泡沫灭火系统施工过程进场检验记录

工程名称			
施工单位		监理单位	
子分部工程名称	进场检验	施工执行标准名称及编号	
分项工程名称	质量规定[《泡沫灭火系统技术标准》（GB 50151—2021）]	施工单位检查记录	监理单位检查记录
材料进场检查	9.2.4		
	9.2.5		
	9.2.6		
	9.2.7		
系统组件进场检查	9.2.7		
	9.2.8		
	9.2.9		
	9.2.10		
	9.2.11		
	9.2.12		
	9.2.13		
	9.2.14		
	9.2.15		
结论	施工单位项目负责人：（签章）　　　年　月　日		监理工程师：（签章）　　　年　月　日

② 材料和系统组件进场抽样检查时如有一件不合格，应加倍抽查；若仍有不合格，应判定此批产品不合格。

③ 当对产品质量或真伪有疑义时，应由监理工程师组织检测或核实。

④ 泡沫液进场后，应由监理工程师组织取样留存。

⑤ 管材及管件的材质、规格、型号、质量等应符合国家现行有关产品标准规定和设计要求。

⑥ 管材及管件的外观质量除应符合其产品标准的规定外，尚应符合下列规定。

　a. 表面无裂纹、缩孔、夹渣、折叠、重皮和不超过壁厚负偏差的锈蚀或凹陷等缺陷。

　b. 螺纹表面完整无损伤，法兰密封面平整光洁无毛刺及径向沟槽。

　c. 垫片无老化变质或分层现象，表面无褶皱等缺陷。

⑦ 管材及管件的规格尺寸和壁厚及其允许偏差应符合产品标准和设计的要求。

⑧ 泡沫产生装置、泡沫比例混合器（装置）、泡沫液储罐、电机或柴油机及其拖动的泡沫消防水泵、盛装 100％型水成膜泡沫液的压力储罐、动力瓶组及驱动装置、报警阀组、压力开关、水流指示器、水泵接合器、泡沫消火栓箱、泡沫消火栓、阀门、压力表、管道过滤器、金属软管等系统组件的规格、型号、性能应符合国家现行产品标准和设计要求，其中拖动泡沫消防水泵的柴油机的压缩比、带载扭矩、极限启动温度等应符合设计要求；盛装 100％型水成膜泡沫液的压力储罐、动力瓶组及驱动装置应符合压力容器相关标准的规定。

⑨ 泡沫产生装置、泡沫比例混合器（装置）、泡沫液储罐、电机或柴油机及其拖动的泡沫消防水泵、盛装 100％型水成膜泡沫液的压力储罐、动力瓶组及驱动装置、报警阀组、压力开关、水流指示器、水泵接合器、泡沫消火栓箱、泡沫消火栓、阀门、压力表、管道过滤器、金属软管等系统组件的外观质量，应符合下列规定。

　a. 无变形及其他机械性损伤。

　b. 外露非机械加工表面保护涂层完好。

　c. 无保护涂层的机械加工面无锈蚀。

　d. 所有外露接口无损伤，堵、盖等保护物包封良好。

　e. 铭牌标记清晰、牢固。

⑩ 电机或柴油机及其拖动的泡沫消防水泵手动盘车应灵活，无阻滞，无异常声音；高倍数泡沫产生器用手转动叶轮应灵活；固定式泡沫炮的手动机构应无卡阻现象。

⑪ 泡沫缓释罩应采用奥氏体不锈钢材料制作，不锈钢板材厚度不应小于1.5mm。

⑫ 泡沫喷雾系统动力瓶组及驱动装置的进场检验应符合的规定

a. 动力瓶组及气动驱动装置储存容器的工作压力不应低于设计压力，且不得高于其最大工作压力，气体驱动管道上的单向阀应启闭灵活，无卡阻现象。

b. 电磁驱动器的电源电压应符合系统设计要求。通电检查电磁铁芯，其行程应能满足系统启动要求，且应动作灵活，无卡阻现象。

⑬ 泡沫喷雾系统用水雾喷头应带有过滤网。

⑭ 阀门的进场检验应符合的规定

a. 各阀门及其附件应配备齐全。

b. 控制阀的明显部位应有标明水流方向的永久性标志。

c. 控制阀的阀瓣及操作机构应动作灵活、无卡阻现象，阀体内应清洁、无异物堵塞。

⑮ 阀门的强度和严密性试验应符合的规定

a. 强度和严密性试验应采用清水进行，强度试验压力应为公称压力的1.5倍；严密性试验压力应为公称压力的1.1倍。

b. 试验压力在试验持续时间内应保持不变，且壳体填料和阀瓣密封面应无渗漏。

c. 阀门试压的试验持续时间不应少于表6-2的规定。

表6-2 阀门试压试验持续时间

公称直径 DN/mm	试验持续时间/s		
	严密性试验		强度试验
	止回阀	其他类型阀门	
≤50	15	60	15
65～150	60	60	60
200～300	120	60	120
≥350	120	120	300

d. 试验合格的阀门，应排尽内部积水并吹干。密封面应涂防锈油，应关闭阀门，封闭出入口，做出明显的标记，并应按表6-3记录。

表 6-3　阀门的强度和严密性试验记录

工程名称										
施工单位				监理单位						
规格型号	数量	公称压力/MPa	强度试验				严密性试验			
			介质	压力/MPa	时间/min	结果	介质	压力/MPa	时间/min	结果
结论										
参加单位及人员	施工单位项目负责人： （签章） 年　月　日					监理工程师： （签章） 年　月　日				

6.2　泡沫灭火系统施工

消防泵的安装，泡沫液储罐的安装，泡沫比例混合器（装置）的安装，管道、阀门和泡沫消火栓的安装，泡沫生产装置的安装，及系统调试、验收、维护管理是泡沫灭火系统施工的常见施工工艺，均应符合相关标准和规定。

本节主要介绍消防泵的安装，泡沫液储罐的安装，泡沫比例混合器（装置）的安装，管道、阀门和泡沫消火栓的安装，泡沫生产装置的安装，及系统调试、验收、维护管理的要求。

细节132 消防泵的安装

----

① 消防泵应整体安装在基础上，安装时对组件不得随意拆卸，确需拆卸时，应由制造厂进行。

② 消防泵应以底座水平面为基准进行找平、找正。

③ 消防泵与相关管道连接时，应以消防泵的法兰端面为基准进行测量和安装。

④ 消防泵进水管吸水口处设置滤网时，滤网架的安装应牢固；滤网应便于清洗。

⑤ 拖动泡沫消防水泵的柴油机排气管应采用钢管连接后通向室外，其安装位置、口径、长度、弯头的角度及数量应满足设计要求。

⑥ 还应符合现行国家标准《风机、压缩机、泵安装工程施工及验收规范》（GB 50275—2010）的有关规定。

细节133 泡沫液储罐的安装

----

① 泡沫液储罐的安装位置和高度应符合设计要求。泡沫液储罐周围应留有满足检修需要的通道，其宽度不宜小于 0.7m，且操作面不宜小于 1.5m；当泡沫液储罐上的控制阀距地面高度大于 1.8m 时，应在操作面处设置操作平台或操作凳。

储罐上应设置铭牌，并应标识泡沫液种类、型号、出厂日期和灌装日期、有效期及储量等内容，不同种类、不同牌号的泡沫液不得混存。

② 常压泡沫液储罐的制作、安装和防腐应符合的规定

a. 常压钢质泡沫液储罐出液口和吸液口的设置应符合设计要求。

b. 常压钢质泡沫液储罐应进行盛水试验，试验压力应为储罐装满水后的静压力，试验前应将焊接接头的外表面清理干净，并使之干燥，试验时间不应小于 1h，目测应无渗漏。

c. 常压钢质泡沫液储罐内、外表面应按设计要求进行防腐处理，并应在盛水试验合格后进行。

d. 常压泡沫液储罐应根据其形状按立式或卧式安装在支架或支座上，支架应与基础固定，安装时不得损坏其储罐上的配管和附件。

e. 常压钢质泡沫液储罐与支座接触部位的防腐，应按加强防腐层的做法施工。

③ 泡沫液压力储罐安装时，支架应与基础牢固固定，且不应拆卸

和损坏配管、附件；储罐的安全阀出口不应朝向操作面。

④ 设在泡沫泵站外的泡沫液压力储罐的安装应符合设计要求，并应根据环境条件采取防晒、防冻和防腐等措施。

细节134 泡沫比例混合器（装置）的安装

① 泡沫比例混合器（装置）的安装应符合的规定

a. 泡沫比例混合器（装置）的标注方向应与液流方向一致。

b. 泡沫比例混合器（装置）与管道连接处的安装应严密。

② 压力式比例混合装置应整体安装，并应与基础牢固固定。

③ 平衡式比例混合装置的进水管道上应安装压力表，且其安装位置应便于观测。

④ 机械泵入式比例混合装置的安装应符合的规定

a. 应整体安装在基础座架上，安装时应以底座水平面为基准进行找平、找正，安装方向应和水轮机上的箭头指示方向一致，安装过程中不得随意拆卸、替换组件。

b. 与进水管和出液管道连接时，应以比例混合装置水轮机进、出口的法兰（沟槽）为基准进行测量和安装。

c. 应在水轮机进、出口管道上靠近水轮机进、出口的法兰（沟槽）处安装压力表，压力表的安装位置应便于观察。

⑤ 管线式比例混合器应安装在压力水的水平管道上或串接在消防水带上，并应靠近储罐或防护区，其吸液口与泡沫液储罐或泡沫液桶最低液面的高度不得大于 1.0m。

细节135 管道、阀门和泡沫消火栓的安装

(1) 管道的安装

管道的安装应符合下列规定。

① 水平管道安装时，其坡度坡向应符合设计要求，且坡度不应小于设计值，当出现 U 形管时应有放空措施。

② 立管应用管卡固定在支架上，其间距不应大于设计值。

③ 埋地管道安装应符合的规定

a. 埋地管道的基础应符合设计要求。

b. 埋地管道安装前应做好防腐，安装时不应损坏防腐层。

c. 埋地管道采用焊接时，焊缝部位应在试压合格后进行防腐处理。

d. 埋地管道在回填前应进行隐蔽工程验收，合格后及时回填，分层夯实，并进行记录。

④ 管道安装的允许偏差应符合表 6-4 的要求。

表 6-4 管道安装的允许偏差

项 目			允许偏差/mm
坐标	地上、架空及地沟	室外	25
		室内	15
	泡沫-水喷淋	室外	15
		室内	10
	埋地		60
标高	地上、架空及地沟	室外	±20
		室内	±15
	泡沫-水喷淋	室外	±15
		室内	±10
	埋地		±25
水平管道平直度	$DN \leqslant 100mm$		$2L‰$，最大 50
	$DN > 100mm$		$3L‰$，最大 80
立管垂直度			$5L‰$，最大 30
与其他管道成排布置间距			15
与其他管道交叉时外壁或绝热层间距			20

注：L 为管段有效长度；DN 为管子公称直径。

⑤ 管道支、吊架安装应平整牢固，管墩的砌筑应规整，其间距应符合设计要求。

⑥ 当管道穿过防火堤、防火墙、楼板时，应安装套管。穿防火墙套管的长度不应小于防火墙的厚度，穿楼板套管长度应高出楼板 50mm，底部应与楼板底面相平；管道与套管间的空隙应采用防火材料封堵，管道穿过建筑物的变形缝时，应采取保护措施。

⑦ 管道安装完毕应进行水压试验，并应符合下列规定。

a. 试验应采用清水进行，试验时，环境温度不应低于 5℃；当环境温度低于 5℃时，应采取防冻措施。

b. 试验压力应为设计压力的 1.5 倍。

c. 试验前应将泡沫产生装置、泡沫比例混合器（装置）隔离。

d. 试验合格后，应进行记录。

⑧ 管道试压合格后，应用清水冲洗，冲洗合格后，不得再进行影

响管内清洁的其他施工，并应进行记录。

⑨ 地上管道应在试压、冲洗合格后进行涂漆防腐。

（2）泡沫混合液管道的安装

泡沫混合液管道的安装除应符合本细节第（1）条的规定外，尚应符合下列规定。

① 当储罐上的泡沫混合液立管与防火堤内地上水平管道或埋地管道用金属软管连接时，不得损坏其编织网，并应在金属软管与地上水平管道的连接处设置管道支架或管墩。

② 储罐上泡沫混合液立管下端设置的锈渣清扫口与储罐基础或地面的距离宜为 0.3～0.5m；锈渣清扫口可采用闸阀或盲板封堵；当采用闸阀时，应竖直安装。

③ 外浮顶储罐梯子平台上设置的二分水器，应靠近平台栏杆安装，并宜高出平台 1.0m，其接口应朝向储罐；引至防火堤外设置的相应管牙接口，应面向道路或朝下。

④ 连接泡沫产生装置的泡沫混合液管道上设置的压力表接口宜靠近防火堤外侧，并应竖直安装。

⑤ 泡沫产生装置入口处的管道应用管卡固定在支架上，其出口管道在储罐上的开口位置和尺寸应符合设计及产品要求。

⑥ 泡沫混合液主管道上留出的流量检测仪器安装位置应符合设计要求。

⑦ 泡沫混合液管道上试验检测口的设置位置和数量应符合设计要求。

（3）液下喷射泡沫管道的安装

液下喷射泡沫管道的安装除应符合本细节第（1）条的规定外，尚应符合下列规定。

① 液下喷射泡沫喷射管的长度和泡沫喷射口的安装高度，应符合设计要求。当液下喷射 1 个喷射口设在储罐中心时，其泡沫喷射管应固定在支架上；当液下喷射和半液下喷射设有 2 个及以上喷射口，并沿罐周均匀设置时，其间距偏差不宜大于 100mm。

② 半固定式系统的泡沫管道，在防火堤外设置的高背压泡沫产生器快装接口应水平安装。

③ 液下喷射泡沫管道上的防油品渗漏设施宜安装在止回阀出口或泡沫喷射口处；安装应按设计要求进行，且不应损坏密封膜。

（4）泡沫液管道的安装

泡沫液管道的安装除应符合本细节第（1）条的规定外，其冲洗及放空管道应设置在泡沫液管道的最低处。

（5）泡沫-水喷淋管道的安装

泡沫-水喷淋管道的安装除应符合本细节第（1）条的规定外，尚应符合下列规定。

① 泡沫-水喷淋管道支、吊架与泡沫喷头之间的距离不应小于0.3m，与末端泡沫喷头之间的距离不宜大于0.5m。

② 泡沫-水喷淋分支管上每一直管段、相邻两泡沫喷头之间的管段设置的支、吊架均不宜少于1个，且支、吊架的间距不宜大于3.6m；当泡沫喷头的设置高度大于10m时，支、吊架的间距不宜大于3.2m。

（6）阀门的安装

阀门的安装应符合下列规定。

① 泡沫混合液管道采用的阀门应按相关标准进行安装，并应有明显的启闭标志。

② 具有遥控、自动控制功能的阀门安装，应符合设计要求；当设置在有爆炸和火灾危险的环境时，应按相关标准安装。

③ 液下喷射泡沫灭火系统泡沫管道进储罐处设置的钢质明杆闸阀和止回阀应水平安装，其止回阀上标注的方向应与泡沫的流动方向一致。

④ 高倍数泡沫产生器进口端泡沫混合液管道上设置的压力表、管道过滤器、控制阀宜安装在水平支管上。

⑤ 泡沫混合液管道上设置的自动排气阀应在系统试压、冲洗合格后立式安装。

⑥ 连接泡沫产生装置的泡沫混合液管道上控制阀的安装应符合下列规定。

a. 控制阀应安装在防火堤外压力表接口的外侧，并应有明显的启闭标志。

b. 泡沫混合液管道设置在地上时，控制阀的安装高度宜为1.1～1.5m。

c. 当环境温度为0℃及以下的地区采用铸铁控制阀时，若管道设置在地上，铸铁控制阀应安装在立管上；若管道埋地或地沟内设置，铸铁控制阀应安装在阀门井内或地沟内，并应采取防冻措施。

⑦ 当储罐区固定式泡沫灭火系统同时又具备半固定系统功能时，应在防火堤外泡沫混合液管道上安装带控制阀和带闷盖的管牙接口，并应符合本条⑥的有关规定。

⑧ 泡沫混合液立管上设置的控制阀，其安装高度宜为1.1～1.5m，

并应有明显的启闭标志；当控制阀的安装高度大于 1.8m 时，应设置操作平台或操作凳。

⑨ 消防泵的出液管上设置的带控制阀的回流管，应符合设计要求，控制阀的安装高度距地面宜为 0.6～1.2m。

⑩ 管道上的放空阀应安装在最低处。

(7) 泡沫消火栓的安装

泡沫消火栓的安装应符合下列规定。

① 泡沫混合液管道上设置泡沫消火栓的规格、型号、数量、位置、安装方式、间距应符合设计要求。

② 泡沫消火栓应垂直安装。

③ 泡沫消火栓的大口径出液口应朝向消防车道。

④ 室内泡沫消火栓的栓口方向宜向下或与设置泡沫消火栓的墙面成 90°，栓口离地面或操作基面的高度宜为 1.1m，允许偏差为 ±20mm，坐标的允许偏差为 20mm。

细节136 公路隧道泡沫消火栓箱的安装

公路隧道泡沫消火栓箱的安装应符合下列规定。

① 泡沫消火栓箱应垂直安装，且应固定牢固；当安装在轻质隔墙上时应有加固措施。

② 消火栓栓口应朝外，且不应安装在门轴侧，栓口中心距地面宜为 1.1m，允许偏差宜为 ±20mm。

细节137 报警阀组的安装

(1) 报警阀组的安装

报警阀组的安装应在供水管网试压、冲洗合格后进行，并应符合下列规定。

① 安装时应先安装水源控制阀、报警阀，然后安装泡沫比例混合装置、泡沫液控制阀、压力泄放阀，最后进行报警阀辅助管道的连接。

② 水源控制阀、报警阀与配水干管的连接，应使水流方向一致。

③ 报警阀组应安装在便于操作的明显位置，距室内地面高度宜为 1.2m，两侧与墙的距离不应小于 0.5m，正面与墙的距离不应小于 1.2m；报警阀组凸出部位之间的距离不应小于 0.5m。

④ 安装报警阀组的室内地面应有排水设施。

（2）报警阀组附件的安装

报警阀组附件的安装应符合下列规定。

① 压力表应安装在报警阀上便于观测的位置。

② 排水管和试验阀应安装在便于操作的位置。

③ 水源控制阀安装应便于操作，且应有明显开闭标志和可靠的锁定设施。

④ 在泡沫比例混合器与管网之间的供水干管上，应安装由控制阀、供水压力和流量检测仪表及排水管道组成的系统流量压力检测装置，其过水能力应与系统设计的过水能力一致。

（3）湿式报警阀组的安装

湿式报警阀组的安装应符合下列规定。

① 报警水流通路上的过滤器应安装在延迟器前，且便于排渣操作的位置。

② 压力波动时，水力警铃不应发生误报警。

（4）干式报警阀组的安装

干式报警阀组的安装应符合下列规定。

① 安装完成后应向报警阀气室注入底水，并使其处于伺应状态。

② 充气连接管接口应在报警阀气室充注水位以上部位，且充气连接管的直径不应小于 15mm；止回阀、截止阀应安装在充气连接管上。

③ 气源设备的安装应符合设计要求和国家现行有关标准的规定。

④ 安全排气阀应安装在气源与报警阀之间，且应靠近报警阀。

⑤ 加速器应安装在靠近报警阀的位置，且应有防止水进入加速器的措施。

⑥ 低气压预报警装置应安装在配水干管一侧。

⑦ 应在报警阀充水一侧和充气一侧、空气压缩机的气泵和储气罐及加速器上安装压力表。

⑧ 管网充气压力应符合设计要求。

（5）雨淋阀组的安装

雨淋阀组的安装应符合下列规定。

① 开启控制装置的安装应安全可靠。

② 预作用系统雨淋阀组后的管道若需充气，其安装应按干式报警阀组有关要求进行。

③ 雨淋阀组的观测仪表和操作阀门的安装位置应符合设计要求，并应便于观测和操作。

④ 雨淋阀组手动开启装置的安装位置应符合设计要求，且在发生火灾时应能安全开启和便于操作。

⑤ 压力表应安装在雨淋阀的水源一侧。

细节138 泡沫产生装置的安装

（1）低倍数泡沫产生器的安装

低倍数泡沫产生器的安装应符合下列规定。

① 液上喷射的泡沫产生器应根据产生器类型安装，并应符合设计要求。用于外浮顶储罐时，立式泡沫产生器的吸气口应位于罐壁顶之下，横式泡沫产生器应安装于罐壁顶之下，且横式泡沫产生器出口应有不小于1m的直管段。

② 液下喷射的高背压泡沫产生器应水平安装在防火堤外的泡沫混合液管道上。

③ 在高背压泡沫产生器进口侧设置的压力表接口应竖直安装；其出口侧设置的压力表、背压调节阀和泡沫取样口的安装尺寸应符合设计要求，环境温度为0℃及以下的地区，背压调节阀和泡沫取样口上的控制阀应选用钢质阀门。

④ 液上喷射泡沫产生器或泡沫导流罩沿罐周均匀布置时，其间距偏差不宜大于100mm。

⑤ 外浮顶储罐泡沫堰板的高度及与罐壁的间距应符合设计要求。

⑥ 泡沫堰板的最低部位设置排水孔的数量和尺寸应符合设计要求，并应沿泡沫堰板周长均布，其间距偏差不宜大于20mm。

⑦ 单、双盘式内浮顶储罐泡沫堰板的高度及与罐壁的间距应符合设计要求。

⑧ 当一个储罐所需的高背压泡沫产生器并联安装时，应将其并列固定在支架上，且应符合本条第②款和第③款的有关规定。

⑨ 泡沫产生器密封玻璃的划痕面应背向泡沫混合液流向，并应有备用量。外浮顶储罐的泡沫产生器安装时应拆除密封玻璃。固定顶和内浮顶储罐的泡沫产生器应在调试完成后更换密封玻璃。

（2）中倍数、高倍数泡沫产生器的安装

中倍数、高倍数泡沫产生器的安装应符合下列规定。

① 中倍数、高倍数泡沫产生器的安装应符合设计要求。

② 中倍数、高倍数泡沫产生器的进气端0.3m范围内不应有遮挡物。

③ 中倍数、高倍数泡沫产生器的发泡网前 1.0 m 范围内不应有影响泡沫喷放的障碍物。

④ 中倍数、高倍数泡沫产生器应整体安装，不得拆卸，并应牢固固定。

(3) 泡沫喷头的安装

泡沫喷头的安装应符合下列规定。

① 泡沫喷头的规格、型号应符合设计要求，并应在系统试压、冲洗合格后安装。

② 泡沫喷头的安装应牢固、规整，安装时不得拆卸或损坏其喷头上的附件。

③ 顶部安装的泡沫喷头应安装在被保护物的上部，其坐标的允许偏差，室外安装为 15mm，室内安装为 10mm；标高的允许偏差，室外安装为 ±15mm，室内安装为 ±10mm。

④ 侧向安装的泡沫喷头应安装在被保护物的侧面并应对准被保护物体，其距离允许偏差为 20mm。

⑤ 地下安装的泡沫喷头应安装在被保护物的下方，并应在地面以下；在未喷射泡沫时，其顶部应低于地面 10～15mm。

(4) 固定式泡沫炮的安装

固定式泡沫炮的安装应符合下列规定。

① 固定式泡沫炮的立管应垂直安装，炮口应朝向防护区，并不应有影响泡沫喷射的障碍物。

② 安装在炮塔或支架上的泡沫炮应牢固固定。

③ 电动泡沫炮的控制设备、电源线、控制线的规格、型号及设置位置、敷设方式、接线等应符合设计要求。

细节139 泡沫喷雾系统的安装

① 泡沫喷雾系统泄压装置的泄压方向不应朝向操作面。

② 泡沫喷雾系统动力瓶组、驱动装置、减压装置上的压力表及储液罐上的液位计应安装在便于人员观察和操作的位置。

③ 泡沫喷雾系统动力瓶组、驱动装置的储存容器外表面宜涂黑色，正面应标明动力瓶组、驱动装置和储存容器的编号。

④ 泡沫喷雾系统集流管外表面宜涂红色，安装前应确保内腔清洁。

⑤ 泡沫喷雾系统连接减压装置与集流管间的单向阀的流向指示箭头应指向介质流动方向。

⑥ 泡沫喷雾系统分区阀的安装应符合的规定

a. 分区阀操作手柄应安装在便于操作的位置，当安装高度超过 1.7m 时，应采取便于操作的措施。

b. 分区阀与管网间宜采用法兰或沟槽连接。

c. 分区阀上应设置标明防护区或保护对象名称或编号的永久性标志牌，并应便于观察。

⑦ 泡沫喷雾系统动力瓶组、驱动气瓶的支、框架或箱体应固定牢靠，并做防腐处理；气瓶上应有标明气体介质名称和贮存压力的永久性标志，并应便于观察。

⑧ 泡沫喷雾系统气动驱动装置的管道安装应符合的规定

a. 管道布置应符合设计要求。

b. 竖直管道应在其始端和终端设防晃支架或采用管卡固定。

c. 水平管道应采用管卡固定，管卡的间距不宜大于 0.6m，转弯处应增设 1 个管卡。

d. 气动驱动装置的管道安装后应做气压严密性试验。

⑨ 泡沫喷雾系统动力瓶组和储液罐之间的管道应在隔离储液罐后进行水压密封试验。

⑩ 泡沫喷雾系统用于保护变压器时，喷头的安装应符合下列规定。

a. 应保证有专门的喷头指向变压器绝缘子升高座孔口。

b. 喷头距带电体的距离应符合设计要求。

细节140 系统调试

----

(1) 一般规定

① 泡沫灭火系统调试应在系统施工结束和与系统有关的火灾自动报警装置及联动控制设备调试合格后进行。

② 调试前应具备相关的技术资料和施工记录及调试必需的其他资料。

③ 调试前施工单位应制订调试方案，并经监理单位批准。调试人员应根据批准的方案，按程序进行。

④ 调试前应对系统进行检查，并应及时处理发现的问题。

⑤ 调试前应将需要临时安装在系统上经校验合格的仪器、仪表安装完毕，调试时所需的检查设备应准备齐全。

⑥ 水源、动力源和泡沫液应满足系统调试要求，电气设备应具备与系统联动调试的条件。

⑦ 系统调试合格后，应填写施工过程检查记录，并应用清水冲洗

后放空，复原系统。

（2）系统调试

① 泡沫灭火系统的动力源和备用动力应进行切换试验，动力源和备用动力及电气设备运行应正常。

② 水源测试应符合的规定

a. 应按设计要求核实消防水池（罐）、消防水箱的容量；消防水箱设置高度应符合设计要求；与其他用水合用时，消防储水应有不作他用的技术措施。

b. 应按设计要求核实消防水泵接合器的数量和供水能力，并应通过移动式消防水泵做供水试验进行验证。

③ 泡沫消防水泵应进行试验，并应符合下列规定。

a. 泡沫消防水泵应进行运行试验，其中柴油机拖动的泡沫消防水泵应分别进行电启动和机械启动运行试验，其性能应符合设计和产品标准的要求。

b. 泡沫消防水泵与备用泵应在设计负荷下进行转换运行试验，其主要性能应符合设计要求。

④ 稳压泵、消防气压给水设备应按设计要求进行调试。当达到设计启动条件时，稳压泵应立即启动；当达到系统设计压力时，稳压泵应自动停止运行。

⑤ 泡沫比例混合器（装置）调试时，应与系统喷泡沫试验同时进行，其混合比不应低于所选泡沫液的混合比。

⑥ 泡沫产生装置的调试应符合的规定

a. 低倍数泡沫产生器应进行喷水试验，其进口压力应符合设计要求。

b. 固定式泡沫炮应进行喷水试验，其进口压力、射程、射高、仰俯角度、水平回转角度等指标应符合设计要求。

c. 泡沫枪应进行喷水试验，其进口压力和射程应符合设计要求。

d. 中倍数、高倍数泡沫产生器应进行喷水试验，其进口压力不应小于设计值，每台泡沫产生器发泡网的喷水状态应正常。

⑦ 报警阀的调试应符合的规定

a. 湿式报警阀调试时，在末端试水装置处放水，当湿式报警阀进口水压大于 0.14MPa、放水流量大于 1L/s 时，报警阀应及时启动；带延迟器的水力警铃应在 5～90s 内发出报警铃声，不带延迟器的水力警铃应在 15s 内发出报警铃声；压力开关应及时动作，启动消防泵并反馈信号。

b. 干式报警阀调试时，开启系统试验阀，报警阀的启动时间、启动点压力、水流到试验装置出口所需时间均应符合设计要求。

c. 雨淋阀调试宜利用检测、试验管道进行；雨淋阀的启动时间不应大于15s；当报警水压为0.05MPa时，水力警铃应发出报警铃声。

⑧ 泡沫消火栓应进行冷喷试验，其出口压力应符合设计要求，冷喷试验应与系统调试试验同时进行。

⑨ 泡沫消火栓箱应进行泡沫喷射试验，其射程应符合设计要求，发泡倍数应符合相关产品标准的要求。

⑩ 泡沫灭火系统的调试应符合的规定

a. 当为手动灭火系统时，应以手动控制的方式进行一次喷水试验；当为自动灭火系统时，应以手动和自动控制的方式各进行一次喷水试验，系统流量、泡沫产生装置的工作压力、比例混合装置的工作压力、系统的响应时间均应达到设计要求。

b. 低倍数泡沫灭火系统按本条第 a 款的规定喷水试验完毕，将水放空后进行喷泡沫试验；当为自动灭火系统时，应以自动控制的方式进行；喷射泡沫的时间不宜小于1min；实测泡沫混合液的流量、发泡倍数及到达最远防护区或储罐的时间应符合设计要求，混合比不应低于所选泡沫液的混合比。

c. 中倍数、高倍数泡沫灭火系统按本条第 a 款的规定喷水试验完毕，将水放空后进行喷泡沫试验，当为自动灭火系统时，应以自动控制的方式对防护区进行喷泡沫试验，喷射泡沫的时间不宜小于30s，实测泡沫供给速率及自接到火灾模拟信号至开始喷泡沫的时间应符合设计要求，混合比不应低于所选泡沫液的混合比。

d. 泡沫-水雨淋系统按本条第 a 款的规定喷水试验完毕，将水放空后，应以自动控制的方式对防护区进行喷泡沫试验，喷洒稳定后的喷泡沫时间不宜小于1min，实测泡沫混合液发泡倍数及自接到火灾模拟信号至开始喷泡沫的时间，应符合设计要求，混合比不应低于所选泡沫液的混合比。

e. 闭式泡沫-水喷淋系统按本条第 a 款的规定喷水试验完毕后，应以手动方式分别进行最大流量和8L/s流量的喷泡沫试验，喷洒稳定后的喷泡沫时间不宜小于1min，自系统手动启动至开始喷泡沫的时间应符合设计要求，混合比不应低于所选泡沫液的混合比。

f. 泡沫喷雾系统的调试应符合的规定

ⅰ. 采用比例混合装置的泡沫喷雾系统，应以自动控制的方式对防护区进行一次喷泡沫试验。喷洒稳定后的喷泡沫时间不宜小于1min，自系统启动至开始喷泡沫的时间应符合设计要求，混合比不应低于所选泡沫液的混合比。对于保护变压器的泡沫喷雾系统，应观察喷头的喷雾锥是否喷洒到绝缘子升高座孔口。

ⅱ. 采用压缩氮气瓶组驱动的泡沫喷雾系统，应以手动和自动控制的方式分别对防护区各进行一次喷水试验。以自动控制的方式进行喷水试验时，随机启动两个动力瓶组，系统接到火灾模拟信号后应能准确开启对应防护区的阀门，系统自接到火灾模拟信号至开始喷水的时间应符合设计要求；以手动控制的方式进行喷水试验时，按设计瓶组数开启，系统自接到手动开启信号至开始喷水的时间、系统流量和连续喷射时间应符合设计要求。对于保护变压器的泡沫喷雾系统，应观察喷头的喷雾锥是否喷洒到绝缘子升高座孔口。

细节141 系统验收

（1）一般规定

① 泡沫灭火系统验收应由建设单位组织监理、设计、施工等单位共同进行。

② 泡沫灭火系统验收时，应提供下列文件资料，并填写质量控制资料核查记录。

a. 有效的施工图设计文件。

b. 设计变更通知书、竣工图。

c. 系统组件和泡沫液自愿性认证或检验的有效证明文件和产品出厂合格证，材料的出厂检验报告与合格证。

d. 系统组件的安装使用和维护说明书。

e. 施工许可证和施工现场质量管理检查记录。

f. 泡沫灭火系统施工过程检查记录及阀门的强度和严密性试验记录、管道试压和管道冲洗记录、隐蔽工程验收记录。

g. 系统验收申请报告。

③ 泡沫灭火系统验收应按表 6-5 进行记录。

表 6-5　泡沫灭火系统验收记录

工程名称				
建设单位		设计单位		
监理单位		施工单位		
子分部工程名称	系统验收（第 10 章）	施工执行规范名称及编号		

分项工程名称	条	款	验收项目名称	验收内容记录	验收评定结果
系统施工质量验收	10.0.7	1	水源	给水管网进水管管径及供水能力、储水设施容量	
		2		天然水源水量、枯水期确保用水的措施	
		3		过滤器	
	10.0.8		动力源、备用动力及电气设备	电源负荷级别,备用动力的容量,电气设备的规格、型号、数量及安装质量,动力源和备用动力的切换试验	
	10.0.9	1	消防泵房	位置、耐火等级等防火要求	
		2		应急照明及安全出口	
	10.0.10	1	泡沫消防水泵与稳压泵	泵、柴油机、阀门等部件的规格、型号、数量等,控制阀的锁定位置、柴油机排烟管道的布置、柴油的牌号	
		2		引水方式	
		3		电动消防泵启动情况	
		4		柴油机消防泵的启动情况	
		5		稳压泵启动情况	
		6		自动系统的启动控制	

④ 泡沫灭火系统验收合格后，应用清水冲洗放空，复原系统，并应向建设单位移交下列文件资料。

a. 施工现场质量管理检查记录。

b. 泡沫灭火系统施工过程检查记录。

c. 隐蔽工程验收记录。

d. 泡沫灭火系统质量控制资料核查记录。

e. 泡沫灭火系统验收记录。

f. 相关文件、记录、资料清单等。

⑤ 泡沫灭火系统施工质量不符合要求时，应整改并重新验收。

(2) 系统验收

① 泡沫灭火系统应对施工质量进行验收，并应包括下列内容。

a. 泡沫液储罐、泡沫比例混合器（装置）、泡沫产生装置、电机或柴油机及其拖动的泡沫消防水泵、稳压泵、水泵接合器、泡沫消火栓、报警阀、盛装 100％型水成膜泡沫液的压力储罐、动力瓶组及驱动装置、泡沫消火栓箱、阀门、压力表、管道过滤器、金属软管等系统组件的规格、型号、数量、安装位置及安装质量。

b. 管道及管件的规格、型号、位置、坡向、坡度、连接方式及安装质量。

c. 固定管道的支架、吊架，管墩的位置、间距及牢固程度。

d. 管道穿楼板、防火墙及变形缝的处理。

e. 管道和系统组件的防腐。

f. 消防泵房、水源及水位指示装置。

g. 动力源、备用动力及电气设备。

② 系统的管道、阀门、支架及吊架的验收，除应符合本标准的规定外，尚应符合现行国家标准《工业金属管道工程施工质量验收规范》（GB 50184—2011）、《现场设备、工业管道焊接工程施工质量验收规范》（GB 50683—2011）的有关规定。

③ 系统水源的验收应符合的规定

a. 室外给水管网的进水管管径及供水能力、消防水池（罐）和消防水箱容量，均应符合设计要求。

b. 当采用天然水源时，其水量应符合设计要求，并应检查枯水期最低水位时确保消防用水的技术措施。

c. 过滤器的设置应符合设计要求。

④ 动力源、备用动力及电气设备应符合设计要求。

⑤ 消防泵房的验收应符合的规定

a. 消防泵房的建筑防火要求应符合相关标准的规定。

b. 消防泵房设置的应急照明、安全出口应符合设计要求。

⑥ 泡沫消防水泵与稳压泵的验收应符合的规定

a. 工作泵、备用泵、拖动泡沫消防水泵的电机或柴油机、吸水管、出水管及出水管上的泄压阀、止回阀、信号阀等的规格、型号、数量等应符合设计要求；吸水管、出水管上的控制阀应锁定在常开位置，并有明显标记，拖动泡沫消防水泵的柴油机排烟管的安装位置、口径、长度、弯头的角度及数量应符合设计要求，柴油机用油的牌号应符合设计要求。

b. 泡沫消防水泵的引水方式及水池低液位引水应符合设计要求。

c. 泡沫消防水泵在主电源下应能正常启动，主备电源应能正常切换。

　　d. 柴油机拖动的泡沫消防水泵的电启动和机械启动性能应满足设计和相关标准的要求。

　　e. 当自动系统管网中的水压下降到设计最低压力时，稳压泵应能自动启动。

　　f. 自动系统的泡沫消防水泵启动控制应处于自动启动位置。

　　⑦ 泡沫液储罐和盛装 100％型水成膜泡沫液的压力储罐的验收应符合的规定

　　a. 材质、规格、型号及安装质量应符合设计要求。

　　b. 铭牌标记应清晰，应标有泡沫液种类、型号、出厂、灌装日期、有效期及储量等内容，不同种类、不同牌号的泡沫液不得混存。

　　c. 液位计、呼吸阀、人孔、出液口等附件的功能应正常。

　　⑧ 泡沫比例混合装置的验收应符合的规定

　　a. 泡沫比例混合装置的规格、型号及安装质量应符合设计及安装要求。

　　b. 混合比不应低于所选泡沫液的混合比。

　　⑨ 泡沫产生装置的规格、型号及安装质量应符合设计及安装要求。

　　⑩ 报警阀组的验收应符合的规定

　　a. 报警阀组的各组件应符合产品标准规定。

　　b. 打开系统流量压力检测装置放水阀，测试的流量、压力应符合设计要求。

　　c. 水力警铃的设置位置应正确。测试时，水力警铃喷嘴处的压力不应小于 0.05MPa，且距水力警铃 3m 远处警铃声声强不应小于 70dB。

　　d. 打开手动试水阀或电磁阀时，雨淋阀组动作应可靠。

　　e. 控制阀均应锁定在常开位置。

　　f. 与空气压缩机或火灾自动报警系统的联动控制，应符合设计要求。

　　⑪ 管网验收应符合的规定

　　a. 管道的材质与规格、管径、连接方式、安装位置及采取的防冻措施应符合设计要求，并符合相关规定。

　　b. 管网放空坡度及辅助排水设施，应符合设计要求。

　　c. 管网上的控制阀、压力信号反馈装置、止回阀、试水阀、泄压阀、排气阀等，其规格和安装位置均应符合设计要求。

　　d. 管墩、管道支架、吊架的固定方式、间距应符合设计要求。

　　e. 管道穿越楼板、防火墙、变形缝时的防火处理应符合《泡沫灭火系统技术标准》（GB 50151—2021）第 9.3.19 条的相关规定。

⑫ 喷头的验收应符合的规定

a. 喷头的数量、规格、型号应符合设计要求。

b. 喷头的安装位置、安装高度、间距及与梁等障碍物的距离偏差均应符合设计要求和相关规定。

c. 不同型号规格喷头的备用量不应小于其实际安装总数的 1%，且每种备用喷头数不应少于 10 只。

⑬ 水泵接合器的数量及进水管位置应符合设计要求。

⑭ 泡沫消火栓的验收应符合的规定

a. 规格、型号、安装位置及间距应符合设计要求。

b. 应进行冷喷试验，且应与系统功能验收同时进行。

⑮ 公路隧道泡沫消火栓箱的验收应符合的规定

a. 安装质量应符合规定。

b. 喷泡沫试验应合格。

⑯ 泡沫喷雾装置动力瓶组的数量、型号和规格，位置与固定方式，油漆和标志，储存容器的安装质量、充装量和储存压力等应符合设计及安装要求。

⑰ 泡沫喷雾系统集流管的材料、规格、连接方式、布置及其泄压装置的泄压方向应符合设计及安装要求。

⑱ 泡沫喷雾系统分区阀的数量、型号、规格、位置、标志及其安装质量应符合设计及安装要求。

⑲ 泡沫喷雾系统驱动装置的数量、型号、规格和标志，安装位置，驱动气瓶的介质名称和充装压力，以及气动驱动装置管道的规格、布置和连接方式等应符合设计及安装要求。

⑳ 驱动装置和分区阀的机械应急手动操作处，均应有标明对应防护区或保护对象名称的永久标志。驱动装置的机械应急操作装置均应设安全销并加铅封，现场手动启动按钮应有防护罩。

㉑ 每个系统应进行模拟灭火功能试验，并应符合下列规定。

a. 压力信号反馈装置应能正常动作，并应能在动作后启动消防水泵及与其联动的相关设备，可正确发出反馈信号。

b. 系统的分区控制阀应能正常开启，并可正确发出反馈信号。

c. 系统的流量、压力均应符合设计要求。

d. 消防水泵及其他消防联动控制设备应能正常启动，并应有反馈信号显示。

e. 主电流、备电源应能在规定时间内正常切换。

㉒ 泡沫灭火系统应对系统功能进行验收，并应符合下列规定。

a. 低倍数泡沫灭火系统喷泡沫试验应合格。

b. 中倍数、高倍数泡沫灭火系统喷泡沫试验应合格。

c. 泡沫-水雨淋系统喷泡沫试验应合格。

d. 闭式泡沫-水喷淋系统喷泡沫试验应合格。

e. 泡沫喷雾系统喷洒试验应合格。

㉓ 系统工程质量验收判定条件

a. 系统工程质量缺陷应按《泡沫灭火系统技术标准》（GB 50151—2021）中表 10.0.27 划分为严重缺陷项、重要缺陷项和轻微缺陷项。

b. 当无严重缺陷项、重要缺陷项不多于 2 项，且重要缺陷项与轻微缺陷项之和不多于 6 项时，可判定系统验收为合格；其他情况应判定为不合格。

细节142 维护管理

① 泡沫灭火系统投入使用后，应建立管理、检测、操作与维护规程，并应保证系统处于准工作状态。维护管理工作应按表 6-6 的规定进行记录。

表 6-6　泡沫灭火系统维护管理记录

使用单位						
防护区/保护对象						
检查类别（日检/周检/月检/季检/年检）						
检查日期	检查项目	检查、试验内容	结果	存在问题及处理情况	检查人（签字）	负责人（签字）
备注						

② 维护管理人员应熟悉泡沫灭火系统的原理、性能、操作与维护规程。

③ 泡沫-水喷淋系统的维护管理，除应符合本标准的规定外，尚应符合现行国家标准《自动喷水灭火系统施工及验收规范》（GB 50261—2017）、《建筑消防设施的维护管理》（GB 25201—2010）中的有关规定。

④ 对检查和试验中发现的问题应及时解决，对损坏或不合格者应立即更换，并应复原系统。

⑤ 每周应对电机拖动的消防水泵进行一次启动试验，启动运行时间不宜少于 3min，电气设备工作状况应良好。

⑥ 每日应检查拖动泡沫消防水泵的柴油机的启动电池电量，并应满足相关标准的要求；每周应对柴油机拖动的泡沫消防水泵进行一次手动盘车，盘车应灵活，无阻滞，无异常声响；每周应检查柴油机储油箱的储油量，储油量应满足设计要求；每月应手动启动柴油机拖动的泡沫消防水泵满负载运行一次，启动运行时间不宜少于 15min。

⑦ 每周应对泡沫喷雾系统的动力瓶组、驱动气瓶储存压力进行检查，储存压力不得小于设计压力。

⑧ 每两周应对氮封储罐泡沫产生器的密封处进行检查，发现泄漏应及时更换密封。

⑨ 每月应对系统进行检查，并应按表 6-6 记录，检查内容及要求应符合下列规定。

a. 对泡沫产生器、泡沫喷头、固定式泡沫炮、泡沫比例混合器（装置）、泡沫液储罐、泡沫消火栓、泡沫消火栓箱、阀门、压力表、管道过滤器、金属软管、管道及管件等进行外观检查，均应完好无损。

b. 对固定式泡沫炮的回转机构、仰俯机构或电动操作机构进行检查，性能应达到标准的要求。

c. 泡沫消火栓、泡沫消火栓箱和阀门的开启与关闭应自如，无锈蚀。

d. 对遥控功能或自动控制设施及操纵机构进行检查，性能应符合设计要求。

e. 动力源和电气设备工作状况应良好。

f. 水源及水位指示装置应正常，应采取措施保证消防用水不作他用，并应对该措施进行检查，发现故障应及时处理。

g. 消防气压给水设备的气体压力应满足要求。

h. 应对消防水泵接合器的接口及附件进行检查，并应保证接口完好、无渗漏，闷盖齐全。

i. 应对电磁阀、电动阀、气动阀、安全阀、平衡阀进行检查，并做启动试验，动作失常时应及时更换。

j. 对于平时充有泡沫液的管道应进行渗漏检查，发现泄漏应及时进行处理。

k. 对雨淋阀进口侧和控制腔的压力表、系统侧的自动排水设施进行检查，发现故障应及时处理。

l. 用于分区作用的阀门，分区标识应清晰、完好。

⑩ 每季度应对下列项目进行检查，检查内容及要求应符合下列规定。

a. 应检测消防水泵的流量和压力，保证其满足设计要求。

b. 每季度应对各种阀门进行一次润滑保养。

⑪ 每半年应对下列项目进行检查，检查内容及要求应符合下列规定。

a. 除储罐上泡沫混合液立管和液下喷射防火堤内泡沫管道及高倍数泡沫产生器进口端控制阀后的管道外，其余管道应全部冲洗，清除锈渣。

b. 应对储罐上的低倍数泡沫混合液立管清除锈渣。

c. 应对管道过滤器滤网进行清洗，发现锈蚀应及时更换。

d. 应对压力式比例混合装置的胶囊进行检查，发现破损应及时更换。

⑫ 每两年应对系统进行检查和试验，并应按表6-6记录；检查和试验的内容及要求应符合下列规定。

a. 对于低倍数泡沫灭火系统中的液上、液下喷射，泡沫-水喷淋系统，固定式泡沫炮灭火系统应进行喷泡沫试验；对于泡沫喷雾系统，可进行喷水试验，并应对系统所有组件、设施、管道及管件进行全面检查。

b. 对于中倍数、高倍数泡沫灭火系统，可在防护区内进行喷泡沫试验，并对系统所有组件、设施、管道及管件进行全面检查。

c. 系统检查和试验完毕，应对泡沫液泵、泡沫液管道、泡沫混合液管道、泡沫管道、泡沫比例混合器（装置）、泡沫消火栓、管道过滤器或喷过泡沫的泡沫产生装置等用清水冲洗后放空，复原系统。

⑬ 应定期对泡沫灭火剂进行试验，发现失效应及时更换，试验要求应符合下列规定。

a. 保质期不大于两年的泡沫液，应每年进行一次泡沫性能检验。

b. 保质期在两年以上的泡沫液，应每两年进行一次泡沫性能检验。

⑭ 泡沫喷雾系统盛装100%型水成膜泡沫液的压力储罐、动力瓶组和驱动装置的驱动气瓶发现不可修复的缺陷或达到设计使用年限应及时更换。

防排烟系统

7.1 概述

排烟系统是在火灾发生时，将有毒烟气排出建筑物着火部位或疏散部位（如楼梯前室）的工作系统。建筑火灾，尤其是高层建筑火灾的经验教训表明，火灾中对人体伤害最严重的是烟雾。建筑物发生火灾后，烟气在建筑物内不断流动传播，不仅导致火灾蔓延，也引起人员恐慌，影响疏散和扑救。因此按照国家规定，在有些建筑物内的消防系统中需要设置防排烟系统。

防烟系统是在火灾发生时，防止有毒烟气进入建筑物疏散方向或疏散部位的工作系统。高层建筑的防烟系统防烟方式一般分为机械加压送风和密封防烟两种方式。

本节主要介绍防排烟系统施工中的主要概念，如排烟系统的方式、排烟系统的组成、防烟分区的划分和防烟系统等。

细节143 排烟系统的方式

排烟系统的方式可分为自然排烟和机械排烟。

（1）自然排烟

自然排烟是借助室内外气体温度差引起的热压作用和室外风力所造成的风压作用而形成的室内烟气和室外空气之间的对流运动。常用的自然排烟方式如下。

① 房间和走道可利用直接对外开启的窗或专为排烟设置的排烟口进行自然排烟。

② 无窗房间、内走道或前室可用上部的排烟口接入专用的排烟竖

井进行自然排烟。

③ 靠外墙的防烟楼梯间前室、消防电梯前室和合用前室，在采用自然排烟时，一般可依据不同情况选择下面的方式。

a. 利用阳台或凹廊进行自然排烟。

b. 利用防烟楼梯间前室、消防电梯前室和合用前室直接对外开启的窗自然排烟。

c. 利用防烟楼梯间前室或合用前室所具有的两个或两个以上不同朝向的对外开启的窗，自然排烟。

自然排烟方式的优点是不需要专门的排烟设备，不需要外加的动力，构造简单、经济、易操作，投资少，运行维修费用也少，且平时可兼作换气用。缺点主要有排烟的效果不稳定，对建筑物的结构有特殊要求，以及存在着火灾通过排烟口向紧邻上层蔓延的危险性等。

(2) 机械排烟

利用排烟机把着火区域中所产生的高温烟气通过排烟口排至室外的排烟方式，叫作机械排烟。

① 机械排烟可分为局部排烟和集中排烟两种工作方式。

a. 局部排烟。在每个需要排烟的部位设置独立的排烟机直接进行排烟，称为局部排烟方式。

b. 集中排烟。把建筑物划分为若干个系统，每个系统设置一台大型排烟机，系统内各个防烟分区的烟气通过排烟口进入排烟管道引到排烟机，直接排至室外，称为集中排烟方式。这种排烟方式已成为目前普遍采用的机械排烟方式。

② 当建筑物内着火冒烟时，为安全起见，在排烟的同时，还应向火灾现场补充室外新鲜空气（送风），其方式有机械排烟、机械送风和机械排烟、自然进风两种方式。

a. 机械排烟、机械送风。利用设置在建筑物最上层的排烟风机，通过设在防烟楼梯间前室或消防电梯前室上部的排烟口以及排烟竖井排至室外，或者通过房间（或走道）上部的排烟口排至室外。

b. 机械排烟、自然进风。排烟系统同上，但室外风向前室（或走道）的补充并不依靠风机，而是依靠排烟风机所造成的负压，通过自然进风竖井和进风口补充到前室（或走道）内。

c. 正压送风和机械排烟相结合的方式。这种方式多适用于性质重要，对防排烟设计要求较为严格的高层建筑。做法为：对防烟楼梯和消防电梯厅，采用正压送风方式，确保火灾时烟气不进入；为了降低超量气压，还可以在每座楼梯的上部安装减压气流装置，以便于顺利开启楼梯间的门，保证安全疏散，对需要排烟的房间、走廊，采用机械排烟，为安全疏散和消防扑救创造条件。

细节144 排烟系统的设计

（1）一般规定

① 建筑排烟系统的设计应根据建筑的使用性质、平面布局等因素，优先采用自然排烟系统。

② 同一个防烟分区应采用同一种排烟方式。

③ 建筑的中庭、与中庭相连通的回廊及周围场所的排烟系统的设计应符合的规定

a. 中庭应设置排烟设施。

b. 周围场所应按现行国家标准《建筑设计防火规范》（GB 50016—2014）（2018版）中的规定设置排烟设施。

c. 回廊排烟设施的设置应符合的规定

ⅰ. 当周围场所各房间均设置排烟设施时，回廊可不设，但商店建筑的回廊应设置排烟设施。

ⅱ. 当周围场所任一房间未设置排烟设施时，回廊应设置排烟设施。

d. 当中庭与周围场所未采用防火隔墙、防火玻璃隔墙、防火卷帘时，中庭与周围场所之间应设置挡烟垂壁。

e. 中庭及其周围场所和回廊的排烟设计计算应符合规定。

f. 中庭及其周围场所和回廊应根据建筑构造及标准规定，选择设置自然排烟系统或机械排烟系统。

④ 下列地上建筑或部位，当设置机械排烟系统时，尚应按本细节第（3）条中的要求在外墙或屋顶设置固定窗。

a. 任一层建筑面积大于 2500m² 的丙类厂房（仓库）。

b. 任一层建筑面积大于 3000m² 的商店建筑、展览建筑及类似功能的公共建筑。

c. 总建筑面积大于 1000m² 的歌舞、娱乐、放映、游艺场所。

d. 商店建筑、展览建筑及类似功能的公共建筑中长度大于 60m 的走道。

e. 靠外墙或贯通至建筑屋顶的中庭。

注：当符合本细节第（3）条规定的场所时，可采用可熔性采光带（窗）替代作固定窗。

（2）自然排烟设施

① 采用自然排烟系统的场所应设置自然排烟窗（口）。

② 防烟分区内自然排烟窗（口）的面积、数量、位置应《建筑防烟排烟系统技术标准》（GB 51251—2017）第 4.6.3 条规定经计算确定，且防烟分区内任一点与最近的自然排烟窗（口）之间的水平距离不应大于 30m。当工业建筑采用自然排烟方式时，其水平距离尚不应大于建筑内空间净高的 2.8 倍；当公共建筑空间净高大于或等于 6m，且具有自然对流条件时，其水平距离不应大于 37.5m。

③ 自然排烟窗（口）应设置在排烟区域的顶部或外墙，并应符合下列规定。

a. 当设置在外墙上时，自然排烟窗（口）应在储烟仓以内，但走道、室内空间净高不大于 3m 的区域的自然排烟窗（口）可设置在室内净高度的 1/2 以上。

b. 自然排烟窗（口）的开启形式应有利于火灾烟气的排出。

c. 当房间面积不大于 200m² 时，自然排烟窗（口）的开启方向可不限。

d. 自然排烟窗（口）宜分散均匀布置，且每组的长度不宜大于 3.0m。

e. 设置在防火墙两侧的自然排烟窗（口）之间最近边缘的水平距离不应小于 2.0m。

④ 厂房、仓库的自然排烟窗（口）设置尚应符合下列规定。

a. 当设置在外墙时，自然排烟窗（口）应沿建筑物的两条对边均匀设置。

b. 当设置在屋顶时，自然排烟窗（口）应在屋面均匀设置且宜采用自动控制方式开启；当屋面斜度小于或等于 12°时，每 200m² 的建筑面积应设置相应的自然排烟窗（口）；当屋面斜度大于 12°时，每 400m² 的建筑面积应设置相应的自然排烟窗（口）。

⑤ 除本标准另有规定外，自然排烟窗（口）开启的有效面积尚应符合下列规定。

a. 当采用开窗角大于 70°的悬窗时，其面积应按窗的面积计算；当开窗角小于或等于 70°时，其面积应按窗最大开启时的水平投影面积计算。

b. 当采用开窗角大于 70°的平开窗时，其面积应按窗的面积计算；当开窗角小于或等于 70°时，其面积应按窗最大开启时的竖向投影面积计算。

c. 当采用推拉窗时，其面积应按开启的最大窗口面积计算。

d. 当采用百叶窗时，其面积应按窗的有效开口面积计算。

e. 当平推窗设置在顶部时，其面积可按窗的 1/2 周长与平推距离乘积计算，且不应大于窗面积。

f. 当平推窗设置在外墙时，其面积可按窗的 1/4 周长与平推距离乘积计算，且不应大于窗面积。

⑥ 自然排烟窗（口）应设置手动开启装置，设置在高位不便于直接开启的自然排烟窗（口），应设置距地面高度 1.3～1.5m 的手动开启装置。净空高度大于 9m 的中庭、建筑面积大于 2000m² 的营业厅、展览厅、多功能厅等场所，尚应设置集中手动开启装置和自动开启设施。

⑦ 除洁净厂房外，设置自然排烟系统的任一层建筑面积大于 2500m² 的制鞋、制衣、玩具、塑料、木器加工储存等丙类工业建筑，除自然排烟所需排烟窗（口）外，尚宜在屋面上增设可熔性采光带（窗），其面积应符合下列规定。

a. 未设置自动喷水灭火系统的，或采用钢结构屋顶，或采用预应力钢筋混凝土屋面板的建筑，不应小于楼地面面积的 10%。

b. 其他建筑不应小于楼地面面积的 5%。

注：可熔性采光带（窗）的有效面积应按其实际面积计算。

(3) 机械排烟设施

① 设置机械排烟系统的场所应结合该场所的空间特性和功能分区划分防烟分区。防烟分区及其分隔应满足有效蓄积烟气和阻止烟气向相邻防烟分区蔓延的要求。

② 机械排烟系统应符合的规定

a. 沿水平方向布置时，应按不同防火分区独立设置。

b. 建筑高度大于 50m 的公共建筑和工业建筑、建筑高度大于 100m 的住宅建筑，其机械排烟系统应竖向分段独立设置，且公共建筑和工业建筑中每段的系统服务高度应小于或等于 50m，住宅建筑中每段的系统服务高度应小于或等于 100m。

③ 兼作排烟的通风或空气调节系统，其性能应满足机械排烟系统的要求。

④ 排烟系统与通风、空气调节系统应分开设置；当确有困难时可

以合用，但应符合排烟系统的要求，且当排烟口打开时，每个排烟合用系统的管道上需联动关闭的通风和空气调节系统的控制阀门不应超过10个。

⑤ 排烟风机宜设置在排烟系统的最高处，烟气出口宜朝上，并应高于加压送风机和补风机的进风口，两者垂直距离或水平距离应符合《建筑防烟排烟系统技术标准》（GB 51251—2017）第 3.3.5 条第 3 款的规定。

⑥ 排烟风机应设置在专用机房内，并应符合《建筑防烟排烟系统技术标准》（GB 51251—2017）第 3.3.5 条第 5 款的规定，且风机两侧应有 600mm 以上的空间。对于排烟系统与通风空气调节系统共用的系统，其排烟风机与排风风机的合用机房应符合下列规定。

a. 机房内应设置自动喷水灭火系统。

b. 机房内不得设置用于机械加压送风的风机与管道。

c. 排烟风机与排烟管道的连接部件应能在 280℃时连续 30min 保证其结构完整性。

⑦ 排烟风机应满足 280℃时连续工作 30min 的要求，排烟风机应与风机入口处的排烟防火阀连锁，当该阀关闭时，排烟风机应能停止运转。

⑧ 排烟管道的设置和耐火极限应符合的规定

a. 排烟管道及其连接部件应能在 280℃时连续 30min 保证其结构完整性。

b. 竖向设置的排烟管道应设置在独立的管道井内，排烟管道的耐火极限不应低于 0.50h。

c. 水平设置的排烟管道应设置在吊顶内，其耐火极限不应低于 0.50h；当确有困难时，可直接设置在室内，但管道的耐火极限不应小于 1.00h。

d. 设置在走道部位吊顶内的排烟管道，以及穿越防火分区的排烟管道，其管道的耐火极限不应小于 1.00h，但设备用房和汽车库的排烟管道耐火极限可不低于 0.50h。

⑨ 当吊顶内有可燃物时，吊顶内的排烟管道应采用不燃材料进行隔热，并应与可燃物保持不小于 150mm 的距离。

⑩ 下列部位应设置排烟防火阀，排烟防火阀应具有在 280℃时自行关闭和联锁关闭相应排烟风机、补风机的功能。

a. 垂直主排烟管道与每层水平排烟管道连接处的水平管段上。

b. 一个排烟系统负担多个防烟分区的排烟支管上。

c. 排烟风机入口处。

d. 排烟管道穿越防火分区处。

⑪ 设置排烟管道的管道井应采用耐火极限不小于 1.00h 的隔墙与相邻区域分隔；当墙上必须设置检修门时，应采用乙级防火门。

⑫ 排烟口的设置应按《建筑防烟排烟系统技术标准》（GB 51251—2017）第 4.6.3 条经计算确定，且防烟分区内任一点与最近的排烟口之间的水平距离不应大于 30m。除本条第⑬款规定的情况以外，排烟口的设置尚应符合下列规定。

a. 排烟口宜设置在顶棚或靠近顶棚的墙面上。

b. 排烟口应设在储烟仓内，但走道、室内空间净高不大于 3m 的区域，其排烟口可设置在其净空高度的 1/2 以上；当设置在侧墙时，吊顶与其最近边缘的距离不应大于 0.5m。

c. 对于需要设置机械排烟系统的房间，当其建筑面积小于 50m² 时，可通过走道排烟，排烟口可设置在疏散走道；排烟量应按《建筑防烟排烟系统技术标准》（GB 51251—2017）第 4.6.3 条第 3 款计算。

d. 火灾时由火灾自动报警系统联动开启排烟区域的排烟阀或排烟口，应在现场设置手动开启装置。

e. 排烟口的设置宜使烟流方向与人员疏散方向相反，排烟口与附近安全出口相邻边缘之间的水平距离不应小于 1.5m。

f. 每个排烟口的排烟量不应大于最大允许排烟量，最大允许排烟量应按《建筑防烟排烟系统技术标准》（GB 51251—2017）第 4.6.14 条的规定计算确定。

g. 排烟口的风速不宜大于 10m/s。

⑬ 当排烟口设在吊顶内且通过吊顶上部空间进行排烟时，应符合下列规定。

a. 吊顶应采用不燃材料，且吊顶内不应有可燃物。

b. 封闭式吊顶上设置的烟气流入口的颈部烟气速度不宜大于 1.5m/s。

c. 非封闭式吊顶的开孔率不应小于吊顶净面积的 25%，且孔洞应均匀布置。

⑭ 按《建筑防烟排烟系统技术标准》（GB 51251—2017）第 4.1.4 条规定需要设置固定窗时，固定窗的布置应符合下列规定。

a. 非顶层区域的固定窗应布置在每层的外墙上。

b. 顶层区域的固定窗应布置在屋顶或顶层的外墙上，但未设置自动喷水灭火系统的以及采用钢结构屋顶或预应力钢筋混凝土屋面板的建筑应布置在屋顶。

⑮ 固定窗的设置和有效面积应符合的规定

a. 设置在顶层区域的固定窗，其总面积不应小于楼地面面积的 2%。

b. 设置在靠外墙且不位于顶层区域的固定窗，单个固定窗的面积不应小于 $1m^2$，且间距不宜大于 20m，其下沿距室内地面的高度不宜小于层高的 1/2。供消防救援人员进入的窗口面积不计入固定窗面积，但可组合布置。

c. 设置在中庭区域的固定窗，其总面积不应小于中庭楼地面面积的 5%。

d. 固定玻璃窗应按可破拆的玻璃面积计算，带有温控功能的可开启设施应按开启时的水平投影面积计算。

⑯ 固定窗宜按每个防烟分区在屋顶或建筑外墙上均匀布置且不应跨越防火分区。

⑰ 除洁净厂房外，设置机械排烟系统的任一层建筑面积大于 $2000m^2$ 的制鞋、制衣、玩具、塑料、木器加工储存等丙类工业建筑，可采用可熔性采光带（窗）替代固定窗，其面积应符合下列规定。

a. 未设置自动喷水灭火系统的或采用钢结构屋顶或预应力钢筋混凝土屋面板的建筑，不应小于楼地面面积的 10%。

b. 其他建筑不应小于楼地面面积的 5%。

注：可熔性采光带（窗）的有效面积应按其实际面积计算。

(4) 补风系统

① 除地上建筑的走道或建筑面积小于 $500m^2$ 的房间外，设置排烟系统的场所应设置补风系统。

② 补风系统应直接从室外引入空气，且补风量不应小于排烟量的 50%。

③ 补风系统可采用疏散外门、手动或自动可开启外窗等自然进风方式以及机械送风方式。防火门、窗不得用作补风设施。风机应设置在专用机房内。

④ 补风口与排烟口设置在同一空间内相邻的防烟分区时，补风口位置不限；当补风口与排烟口设置在同一防烟分区时，补风口应设在储烟仓下沿以下；补风口与排烟口水平距离不应少于 5m。

⑤ 补风系统应与排烟系统联动开启或关闭。

⑥ 机械补风口的风速不宜大于 10m/s，人员密集场所补风口的风速不宜大于 5m/s；自然补风口的风速不宜大于 3m/s。

⑦ 补风管道耐火极限不应低于 0.50h，当补风管道跨越防火分区时，管道的耐火极限不应小于 1.50h。

（5）其他设计要求

① 同一个防烟分区应采用同一种排烟方式。

② 除地上建筑的走道或地上建筑面积小于 $500m^2$ 的房间外，设置排烟系统的场所应能直接从室外引入空气补风，且补风量和补风口的风速应满足排烟系统有效排烟的要求。

细节145　防烟系统的方式

（1）不燃化防烟方式

在建筑设计中，尽可能地采用不燃化的室内装修材料、家具、各种管道及其保温绝热材料，特别是对综合性大型建筑、特殊功能建筑、无窗建筑、地下建筑以及使用明火的场所（如厨房等），应严格执行有关规范。不得使用易燃的、可产生大量有毒烟气的材料做室内装修。不燃烧材料不燃烧、不发烟、不炭化，是从根本上解决防烟问题的方法。在不燃化设计的建筑内，即使发生火警，因其材料不燃，产生烟气量少，烟气浓度低。

此外，还要考虑建筑物内储放的衣物、书籍等可燃物品收藏方式的不燃化。即用不燃烧材料制作壁橱等收藏可燃物品。这样即使在发生火灾时，橱柜内的可燃物品一般情况下也不参加燃烧，故可将火灾产生的烟气量减少到最低程度。

高度大于 100m 的超高层建筑、地下建筑等，应优先采用不燃化防烟方式。

（2）加压防烟方式

在建筑物发生火灾时，对着火区以外的有关区域进行送风加压，使其保持一定的正压，以防止烟气侵入的防烟方式叫加压防烟。在加压区域与非加压区域之间用一些构件分隔，如墙壁、门窗及楼板等，分隔物两侧之间的压力差使门窗缝隙中形成一定流速的气流，因而有效地防止烟气通过这些缝隙渗漏出来，如图 7-1 所示。发生火灾时，由于疏散和扑救的需要，加压区域与非加压区域之间的分隔门总是要打开的，有时因疏散者心情紧张等，忘记关门而导致常开的现象也会发生，当加压气流的压力达到一定值时，仍能有效阻止烟气扩散。

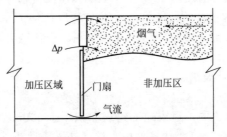

图 7-1　加压防烟方式示意

（3）密闭防烟方式

当发生火灾时将着火房间密闭起来，这种方式多用于较小的房间，如住宅、集体宿舍、旅馆等。由于房间容积小，且用耐火结构的墙、楼板分隔，密闭性能好，当可燃物少时，有可能因氧气不足而熄灭，门窗具有一定防火能力，密闭性能好时，能达到防止烟气扩散的目的。

细节146　防烟分区的划分

防烟分区是指采取一定的技术措施使烟气聚集于从地板到屋顶或吊顶之间的设定空间，并通过排烟设施将烟气排至室外的空间区域。其目的是保证在一定时间内，把火场上产生的高温烟气控制在一定范围内不致随意扩散，从而有利于建筑物内人员安全疏散，有效地减少人员伤亡、财产损失和防止火灾蔓延扩大。

（1）防烟分区的划分原则

① 防烟分区不应跨越防火分区。

②《建筑设计防火规范》（GB 50016—2014）（2018 版）和《人民防空工程设计防火规范》（GB 50098—2009）中规定每个防烟分区的建筑面积不宜过大，一般不超过 $500m^2$。但考虑到大空间，在一般情况下，发生火灾时不会在很短的时间内使整个空间充满烟气，故又规定净空高度高于 6m 的房间可不考虑划分防烟分区。

③ 防烟分区一般不跨越楼层，但是，一个楼层可以包括一个以上的防烟分区。有些情况下，如高层建筑每层面积远小于 $500m^2$ 时，为节约投资，一个防烟分区可能跨越一个以上的楼层，但一般不宜超过 3 层，最多不应超过 5 层。

④ 对有特殊用途的场所，如疏散楼梯间及其前室和消防电梯间及

其前室以及专门的避难间或避难层，作为疏散和扑救的主要通道，应单独划分防烟分区，并采用良好的防排烟设施。

（2）防烟分区的划分方法

针对烟气的扩散路线和人员的疏散路线，防烟分区一般根据建筑物的种类和要求不同，按照其用途、面积和方向进行划分。

① 按用途划分。按用途的不同，把高层建筑和地下设施的各部分划分为居住或办公用房、楼梯、疏散通道、电梯及其前室、停车库等防烟分区。

② 按面积划分。在建筑物内按面积将其划分为若干基准防烟分区，即这些防烟分区在各个楼层上，一般尺寸相同，形状相同，用途相同。不同形状和用途的防烟分区，其面积也宜一致，这样每个楼层的防烟分区可采用同一套防排烟设施加以连贯。

③ 按方向划分。在高层建筑中，底层部分和上层部分的用途往往不太相同。大量的火灾实践表明，底层发生火灾的机会较多，火灾几率大，上部主体发生火灾的机会较小。因此，应尽可能根据房间的不同用途首先沿垂直方向按楼层划分防烟分区，再沿水平方向按面积划分防烟分区。

细节147 防烟系统的设计

防烟系统是在火灾发生时，防止有毒烟气进入建筑物疏散方向或疏散部位的工作系统。

（1）一般规定

① 建筑防烟系统的设计应根据建筑高度、使用性质等因素，采用自然通风系统或机械加压送风系统。

② 下列建筑的防烟楼梯间及其前室、消防电梯的前室和合用前室应设置机械加压送风系统。

a. 建筑高度大于100m的住宅。

b. 建筑高度大于50m的公共建筑。

c. 建筑高度大于50m的工业建筑。

③ 建筑高度小于或等于50m的公共建筑、工业建筑和建筑高度小于或等于100m的住宅建筑，其防烟楼梯间、独立前室、共用前室、合用前室（除共用前室与消防电梯前室合用外）及消防电梯前室应采用自然通风系统；当不能设置自然通风系统时，应采用机械加压送风系统。防烟系统的选择，尚应符合下列规定。

a. 当独立前室或合用前室满足下列条件之一时，楼梯间可不设置防烟系统。

ⅰ. 采用全敞开的阳台或凹廊。

ⅱ. 设有两个及以上不同朝向的可开启外窗，且独立前室两个外窗面积分别不小于 $2.0m^2$，合用前室两个外窗面积分别不小于 $3.0m^2$。

b. 当独立前室、共用前室及合用前室的机械加压送风口设置在前室的顶部或正对前室入口的墙面时，楼梯间可采用自然通风系统；当机械加压送风口未设置在前室的顶部或正对前室入口的墙面时，楼梯间应采用机械加压送风系统。

c. 当防烟楼梯间在裙房高度以上部分采用自然通风时，不具备自然通风条件的裙房的独立前室、共用前室及合用前室应采用机械加压送风系统，且独立前室、共用前室及合用前室送风口的设置方式应符合本条②的规定。

④ 建筑地下部分的防烟楼梯间前室及消防电梯前室，当无自然通风条件或自然通风不符合要求时，应采用机械加压送风系统。

⑤ 建筑高度小于或等于 50m 的公共建筑、工业建筑和建筑高度小于或等于 100m 的住宅建筑，当采用独立前室且其仅有一个门与走道或房间相通时，可仅在楼梯间设置机械加压送风系统；当独立前室有多个门时，楼梯间、独立前室应分别独立设置机械加压送风系统。

⑥ 封闭楼梯间应采用自然通风系统，不能满足自然通风条件的封闭楼梯间，应设置机械加压送风系统。当地下、半地下建筑（室）的封闭楼梯间不与地上楼梯间共用且地下仅为一层时，可不设置机械加压送风系统，但首层应设置有效面积不小于 $1.2m^2$ 的可开启外窗或直通室外的疏散门。

⑦ 设置机械加压送风系统的场所，楼梯间应设置常开风口，前室应设置常闭风口；火灾时其联动开启方式应符合规定。

⑧ 避难层的防烟系统可根据建筑构造、设备布置等因素选择自然通风系统或机械加压送风系统。

⑨ 避难走道应在其前室及避难走道分别设置机械加压送风系统，但下列情况可仅在前室设置机械加压送风系统。

a. 避难走道一端设置安全出口，且总长度小于 30m。

b. 避难走道两端设置安全出口，且总长度小于 60m。

(2) 自然通风设施

① 可开启外窗应方便直接开启，设置在高处不便于直接开启的可

开启外窗应在距地面高度为 1.3～1.5m 的位置设置手动开启装置。

② 采用自然通风方式防烟的防烟楼梯间前室、消防电梯前室应具有面积大于或等于 2.0m² 的可开启外窗或开口，共用前室和合用前室应具有面积大于或等于 3.0m² 的可开启外窗或开口。

③ 采用自然通风方式防烟的避难层中的避难区，应具有不同朝向的可开启外窗或开口，其可开启有效面积应大于或等于避难区地面面积的 2%，且每个朝向的面积均应大于或等于 2.0m²。避难间应至少有一侧外墙具有可开启外窗，其可开启有效面积应大于或等于该避难间地面面积的 2%，并应大于或等于 2.0m²。

④ 采用自然通风方式的封闭楼梯间、防烟楼梯间，应在最高部位设置面积不小于 1.0m² 的可开启外窗或开口；当建筑高度大于 10m 时，尚应在楼梯间的外墙上每 5 层内设置总面积不小于 2.0m² 的可开启外窗或开口，且布置间隔不大于 3 层。

(3) 机械加压送风设施

① 机械加压送风系统应符合的规定

a. 对于采用合用前室的防烟楼梯间，当楼梯间和前室均设置机械加压送风系统时，楼梯间、合用前室的机械加压送风系统应分别独立设置。

b. 对于在梯段之间采用防火隔墙隔开的剪刀楼梯间，当楼梯间和前室（包括共用前室和合用前室）均设置机械加压送风系统时，每个楼梯间、共用前室或合用前室的机械加压送风系统均应分别独立设置。

c. 对于建筑高度大于 100m 的建筑中的防烟楼梯间及其前室，其机械加压送风系统应竖向分段独立设置，且每段的系统服务高度不应大于 100m。

② 除《建筑防烟排烟系统技术标准》（GB 51251—2017）另有规定外，采用机械加压送风系统的防烟楼梯间及其前室应分别设置送风井（管）道，送风口（阀）和送风机。

③ 建筑高度小于或等于 50m 的建筑，当楼梯间设置加压送风井（管）道确有困难时，楼梯间可采用直灌式加压送风系统，并应符合下列规定。

a. 建筑高度大于 32m 的高层建筑，应采用楼梯间两点部位送风的方式，送风口之间距离不宜小于建筑高度的 1/2。

b. 送风量应按计算值或《建筑防烟排烟系统技术标准》（GB 51251—2017）第 3.4.2 条规定的送风量增加 20%。

c. 加压送风口不宜设在影响人员疏散的部位。

④ 设置机械加压送风系统的楼梯间的地上部分与地下部分，其机械加压送风系统应分别独立设置。当受建筑条件限制，且地下部分为汽车库或设备用房时，可共用机械加压送风系统，并应符合下列规定。

a. 应按《建筑防烟排烟系统技术标准》（GB 51251—2017）第3.4.5条的规定分别计算地上、地下部分的加压送风量，相加后作为共用加压送风系统风量。

b. 应采取有效措施分别满足地上、地下部分的送风量的要求。

⑤ 机械加压送风风机宜采用轴流风机或中、低压离心风机，其设置应符合下列规定。

a. 送风机的进风口应直通室外，且应采取防止烟气被吸入的措施。

b. 送风机的进风口宜设在机械加压送风系统的下部。

c. 送风机的进风口不应与排烟风机的出风口设在同一面上。当确有困难时，送风机的进风口与排烟风机的出风口应分开布置，且竖向布置时，送风机的进风口应设置在排烟出口的下方，其两者边缘最小垂直距离不应小于6.0m；水平布置时，两者边缘最小水平距离不应小于20.0m。

d. 送风机宜设置在系统的下部，且应采取保证各层送风量均匀性的措施。

e. 送风机应设置在专用机房内，送风机房并应符合现行国家标准《建筑设计防火规范》（GB 50016—2014）（2018版）的规定。

f. 当送风机出风管或进风管上安装单向风阀或电动风阀时，应采取火灾时自动开启阀门的措施。

⑥ 加压送风口的设置应符合的规定

a. 除直灌式加压送风方式外，楼梯间宜每隔2～3层设一个常开式百叶送风口。

b. 前室应每层设一个常闭式加压送风口，并应设手动开启装置。

c. 送风口的风速不宜大于7m/s。

d. 送风口不宜设置在被门挡住的部位。

⑦ 机械加压送风管道的设置和耐火极限应符合的规定

a. 竖向设置的送风管道应独立设置在管道井内，当确有困难时，未设置在管道井内或与其他管道合用管道井的送风管道，其耐火极限不应低于1.00h。

b. 水平设置的送风管道，当设置在吊顶内时，其耐火极限不应低于 0.50h；当未设置在吊顶内时，其耐火极限不应低于 1.00h。

⑧ 机械加压送风系统的管道井应采用耐火极限不低于 1.00h 的隔墙与相邻部位分隔，当墙上必须设置检修门时应采用乙级防火门。

⑨ 采用机械加压送风的场所不应设置百叶窗，且不宜设置可开启外窗。

⑩ 设置机械加压送风系统的避难层（间），尚应在外墙设置可开启外窗，其有效面积不应小于该避难层（间）地面面积的 1%。有效面积的计算应符合《建筑防烟排烟系统技术标准》（GB 51251—2017）第 4.3.5 条的规定。

⑪ 机械加压送风系统的送风量应满足不同部位的余压值要求。不同部位的余压值应符合下列规定。

a. 前室、合用前室、封闭避难层（间）、封闭楼梯间与疏散走道之间的压差应为 25～30Pa；

b. 防烟楼梯间与疏散走道之间的压差应为 40～50Pa。

⑫ 机械加压送风系统应与火灾自动报警系统联动，并应能在防火分区内的火灾信号确认后 15s 内联动同时开启该防火分区的全部疏散楼梯间、该防火分区所在着火层及其相邻上下各一层疏散楼梯间及其前室或合用前室的常闭加压送风口和加压送风机。

⑬ 机械加压送风系统应采用管道送风，且不应采用土建风道。送风管道应采用不燃材料制作且内壁应光滑。当送风管道内壁为金属时，设计风速不应大于 20m/s；当送风管道内壁为非金属时，设计风速不应大于 15m/s；送风管道的厚度应符合现行国家标准《通风与空调工程施工质量验收规范》（GB 50243—2016）的规定。

⑭ 设置机械加压送风系统的封闭楼梯间、防烟楼梯间，尚应在其顶部设置不小于 1m² 的固定窗。靠外墙的防烟楼梯间，尚应在其外墙上每 5 层内设置总面积不小于 2m² 的固定窗。

7.2 防排烟系统施工

防排烟系统施工包括安装送风排烟风机、轴流通风机、离心式通风机等，以及通风管道防腐。防排烟系统平时处于一种几乎不用的状况，为了使防排烟设备经常处于良好的工作状况，要求平时加强对建筑物内防排烟系统及设备的维修管理工作。

本节主要介绍送风排烟风机的安装准备工作，轴流通风机的安装，离心式通风机的安装，防排烟管道安装，阀门和风口安装，防排烟风机安装，挡烟垂壁安装，排烟窗安装，通风管道的防腐，以及防排烟系统的维护。

细节148 送风排烟风机安装准备工作

（1）设备的开箱检查

设备应运至基础附近再进行开箱检查。设备开箱应按以下项目进行检查，并认真做好设备开箱记录。

① 箱号、箱板及包装情况。

② 设备型号、规格和名称。

③ 设备有无缺件、损件，表面有无损坏和锈蚀等情况。

④ 备件、专用工具等。

⑤ 合格证、安装说明书等。

开箱过程中要注意安全，对不能受振动的设备，要特别注意。

设备开箱应有设备供应单位代表和安装单位人员共同参加，检查完后，双方应在开箱记录签字，然后交付安装。

（2）就位和找正

就位的方法很多，最合理的方法是利用先安装好的桥吊或其他吊装设备来吊装需安装的通风设备。设备就位通常应由起重工来配合进行，施工方法等不做赘述。设备就位后的安装程序如图 7-2 所示。

找正就是将设备不偏不倚地正好放在规定的位置上，使设备的纵横轴线和基础上事先弹好的中心线重合。找正时，设备基座下应设置适量的垫铁，同时将地脚螺栓穿上并插入预留孔内，如图 7-2（a）所示。

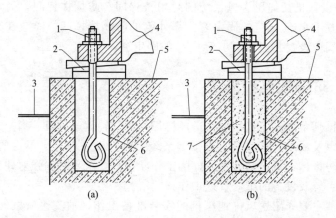

(a)　　　　　　　　　　　　(b)

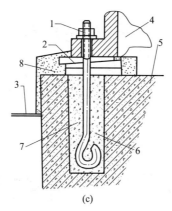

(c)

图 7-2 设备就位后的安装程序

（a）设备就位、找平、初平；（b）灌浆后清洗、精平；（c）精平后二次灌浆、抹面

1—地脚螺栓；2—垫铁组；3—地坪；4—设备底座；

5—基础；6—预留地脚螺栓孔；7—灌浆；8—抹面

（3）初平及地脚螺栓灌浆

初平就是在设备就位找正之后（不再移动设备），初步将设备的水平度大体调整到接近要求的程度，待地脚螺栓灌浆后再进行一次精平。不能一次调好的原因之一是地脚螺栓尚未灌浆，找平后不能固定；另一个原因是初平时，设备尚未清洗，用来找平的工作面亦未全面清洗，所以测量结果不会很精确。

① 每个地脚螺近旁至少应有一组垫铁。

② 垫铁组在能放稳及不影响灌浆的情况下，应尽量靠近地脚螺栓。一般在初平时，为不影响灌浆，垫铁组暂安设在地脚螺栓预留孔的两侧（图 7-3）。

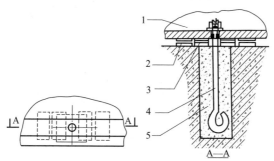

图 7-3 初平、精平时的垫铁位置

1—设备基座；2—初平时的垫铁；3—精平时的垫铁；4—地脚螺栓；5—预留孔

③ 相邻两垫铁组间的距离一般应为 500～1000mm。

④ 承受主要负荷的垫铁组应使用成对斜垫铁，精平后应将垫铁组用电焊点牢。

⑤ 每组垫铁应尽量减少垫铁的块数，一般不多于 3 块，并应少用薄垫铁。放置平垫铁时，最厚的应放在下面，最薄的放在中间，并应将各垫铁相互焊牢。

⑥ 每组垫铁应放置整齐平稳，接触良好。设备找正找平后每组垫铁均应被压紧，并用 0.25kg 手锤逐组轻击听音检查。

⑦ 设备找平后，垫铁应露出设备底座底面外缘，平垫铁应露出 10～30mm，斜垫铁应露出 10～50mm。垫铁组伸入设备底座底面的长度应超过设备地脚螺栓孔。

斜垫铁和平垫铁的示意和规格分别见图 7-4 和表 7-1。螺栓调整垫铁如图 7-5 所示。其他垫铁如图 7-6 所示。

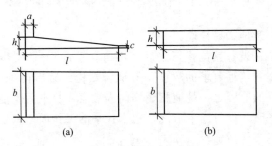

图 7-4　斜垫铁、平垫铁示意

（a）斜垫铁；（b）平垫铁

a—斜垫铁加工面剩余宽度；b—垫铁宽度；h—垫铁厚度；l—垫铁长度

表 7-1　斜垫铁和平垫铁的规格　　　　　　　单位：mm

斜垫铁[图 7-4(a)]						平垫铁[图 7-4(b)]			
代号	l	b	c	a	材料	代号	l	b	材料
斜 1	100	50	3	4		平 1	90	60	
斜 2	120	60	4	6	普通碳素钢	平 2	110	70	铸铁或普通碳素钢
斜 3	140	70	4	8		平 3	125	85	

注：1. 厚度 h 可按实际需要和材料情况决定；斜垫铁斜度宜为 $l/20～l/10$；铸铁平垫铁的厚度最小为 20mm。

2. 斜垫铁应与同号平垫铁配合使用：即"斜 1"配"平 1"，"斜 2"配"平 2"，"斜 3"配"平 3"。

3. 如有特殊要求，可采用其他加工精度和规格的垫铁。

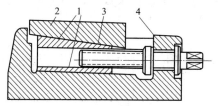

图 7-5　螺栓调整垫铁示意

1—调整块滑动面；2—升降块；3—调整块；4—垫座

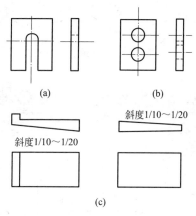

图 7-6　其他垫铁

（a）开口垫铁；（b）开孔垫铁；

（c）钩头成对斜垫铁

设备就位后，将地脚螺栓穿到设备底座上的螺栓孔内，加上垫圈，旋上螺母外露 2~3 扣，初平后将地脚螺栓灌死。

① 地脚螺栓的不铅垂度不应超过 1/100。

② 地脚螺栓离孔壁的距离应超过 15mm。

③ 地脚螺栓底端不应碰孔底。

④ 地脚螺栓上的油脂和污垢应清除干净。

⑤ 拧紧地脚螺栓应在混凝土达到规定强度的 75% 后进行。

灌浆一般用细石混凝土，其标号至少应比基础标号高一级。灌浆前应将孔内的油污、积水及时清除干净，灌浆不能中断，要一次灌完，分层捣实，灌完后要洒水养护，时间的长短与气温有关，一般不应少于 7 天。

一般短型地脚螺栓如图 7-7 所示，长型地脚螺栓如图 7-8 所示。设备底座孔与地脚螺栓尺寸如设计未规定，则可参见表 7-2。混凝土强度增长与气温关系可参见表 7-3。

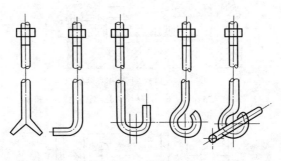

图 7-7　短型地脚螺栓

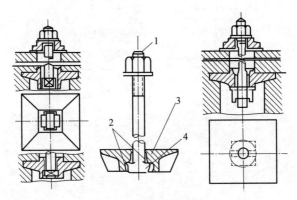

图 7-8　长型地脚螺栓

1—螺栓末端的端面；2—锚板上容纳螺栓矩形头的槽；3—锚板；4—螺栓矩形头

表 7-2　设备底座孔与地脚螺栓尺寸

设备底座孔径/mm	地脚螺丝直径/mm
12～13	10
13～17	12
17～22	16
22～27	20
27～33	24
33～40	30
40～48	36

表 7-3   混凝土强度增长与气温关系

温度/℃	需要天数/天
5	24
10	16
15	12
20	10
25	9
30	8

（4）清洗

设备出厂时为避免锈蚀，在各部件的加工表面上，一般涂有一层薄薄的干油或其他防锈剂。在运输和存放过程中，不可避免地会积存灰尘、污物。设备各转动部件的润滑油脂也会因时间过长而变质。因此，在安装时必须对设备进行清洗。

在清洗设备时要注意以下事项。

① 设备上原已密封的、铅封的或设备技术文件中规定不得拆卸的机件，均不得拆卸清洗。当需要拆卸清洗时，必须经有关部门同意。

② 未经清洗的滑动部件，不得使其滑动。

③ 对加工面上的油污，不得使用金属硬刮具，一定要用软质（如木质）刮具，防止刮坏加工面，亦不得使用火焰直接加热被清洗部分。

④ 如需拆卸设备进行清洗时，应测量被拆卸件必要的装配间隙和有关零部件的相对位置，并做好记录和标记。

⑤ 设备表面的防锈油脂，如用热煤油清洗时，灯用煤油的温度不应高于40℃，溶剂煤油的温度不应超过65℃，并不得用火焰直接对盛煤油的容器加热；如用热的机油、汽轮机油或变压器油清洗，温度不应超过120℃。

⑥ 重要工作面的清洗，应用四边缝好的白绸布清洗，不得用棉纱。

（5）精平、基础抹面

精平就是在初平的基础上对设备的水平度做进一步的调整，使它完全达到合格的程度。当地脚螺栓灌浆的混凝土强度达到70%以上时，即可开始精平工作，如图7-2（b）所示。设备的精平通常用方水平尺放在一定的工作面上测量调整水平度，纵横方向及各测点应反复测量、反复调整，直到合格为止。水平度找好后，应采用对称的分几次拧紧的方法，均匀地紧固地脚螺栓，拧紧顺序见图 7-9，然后复查设备的水平度。精平应严格按国家颁发的有关施工技术验收规范，或按照说明书上的有关规定及要求进行。

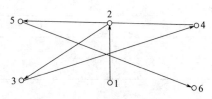

图 7-9　底脚螺栓拧紧顺序

设备精平后，要将设备底座和基础表面间的空隙，用细石混凝土填满，并将垫铁埋入混凝土内（可调垫铁除外）。它的作用是：第一可以固定垫铁；第二可承受设备负荷。基础抹面前应使设备底座、底面及基础表面保持清洁，泥土、油污等杂物必须清除干净。要灌浆、抹面的基础表面应凿成麻面，被油玷污的混凝土应凿除，并用水全面刷洗洁净，凹穴处不得留有积水。

设备外缘的抹面灌浆层应平整美观，高度略高于设备底座底面，并略有坡度（向外），以防油、水流向设备基座，如图 7-2(c) 所示。

细节149 轴流通风机的安装

轴流通风机大多安装在风管中间或墙洞内。

① 在风管中安装轴流式通风机（图 7-10）时，风机是装在型钢制成的支架上的，待风机安装完毕，两端接上风管即可。风机支架可分别采用埋设、抱箍、焊接等方法固定在钢结构、砖墙、钢筋混凝土的柱或墙上。安装前，应复核支架上的螺孔是否与风机上的安装螺孔相符。待支架安装牢固后，再将风机吊装到支架上，支架上的每个螺孔上均应垫 $\phi5mm$、$50mm \times 50mm$ 的橡皮垫，穿上螺栓，找平找正，最后上紧螺栓。安装时要注意气流方向和风机叶轮的转向，叶轮不可倒转。

② 在墙洞内安装轴流风机（图 7-11）时，应配合土建预留孔洞，待土建主体完工，即可将风机吊装到墙洞内，找平找正，用灌浆法加以固定。最后按照设计要求在外部装上 45℃防雨变头，在内侧装百叶风门或铝丝网等。

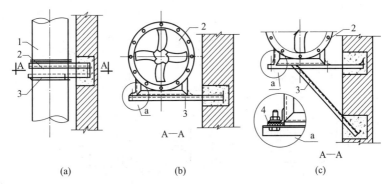

图 7-10 轴流风机在砖墙上安装示意（A、B 式）

（a）弹簧减振器；（b）A 式；（c）B 式

1—风管；2—风机；3—支架；4—橡皮

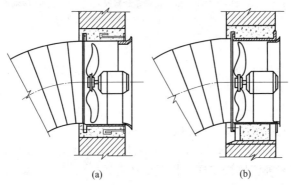

图 7-11 轴流风机在墙洞内安装示意

（a）A 式；（b）B 式

细节150 离心式通风机的安装

　　离心式通风机种类繁多、规格型号复杂，但其机械原理、机体结构则大同小异，故其安装方法除一些特殊用途的风机外，也都大同小异。任何风机，其传动方式不外六种（图 7-12）。一般小型通风机均采用直联结构，即通风机的叶轮直接固定在电机轴上，机壳直接固定在电动机的端头法兰盘上。安装这种风机不需要找中心。大中型风机的轴与电动机的轴是分开的，采用弹性联轴器或三角皮带传动，安装这类风机就必须找中心（如联轴器两端轴的中心、皮带轮之间的中心等），需要一定的技术和方法。

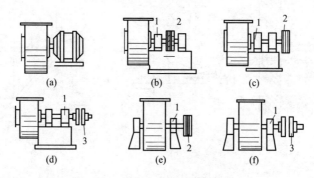

图 7-12　离心式通风机的传动方式

（a）电机直联型；（b）皮带传动型（皮带轮在两轴承中间，叶轮悬臂安装）；（c）皮带传
动型（皮带轮悬臂安装在轴的一端，叶轮悬臂安装在轴的另一端）；（d）联轴器传动型
（叶轮悬臂安装）；（e）皮带传动型（皮带轮悬臂安装，叶轮安装在两轴承之间）；
（f）联轴器传动型（叶轮安装在两轴承之间）

1—轴承；2—皮带轮；3—联轴器

风机的旋转方向和风口位置是辨别风机的重要标志，旋转方向
"右"，表示从主轴槽轮或电动机位置看叶轮旋转方向为顺时针；"左"，
则为逆时针。

① 小型直联式离心风机一般可安装固定在墙、柱的支架上
（图 7-13）或基础上（图 7-14）。在钢支架上安装小型直联式离心风机
其方法同安装轴流风机一样。根据设计对风机的风口位置及接管的不同
要求，在钢支架上安装直联风机的形式如图 7-15 所示。

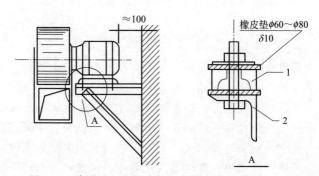

图 7-13　直联风机在钢支架上安装示意（单位：mm）

1—电机底座；2—支架

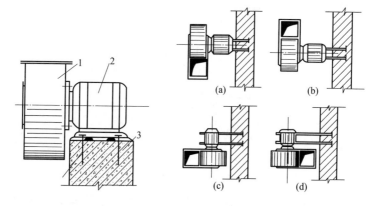

图 7-14 直联风机在基础上安装
1—风机；2—电机；3—基础

图 7-15 直联风机在钢
支架上安装形式（平面图）

　　在基础上安装小型直联式离心风机，应按图纸和已到货的风机，对基础进行核对。检查基础的标高、平面位置及地脚螺栓的孔洞深度、大小、位置是否符合要求，如不符合要求则需返工或修整。如符合要求则可把基础表面，特别是螺栓孔等清除干净，然后按图纸要求在基础上放出风机的纵横中心线。将风机放到基础上，穿上地脚螺栓，用垫铁把风机垫平后，用细石混凝土（标号应比基础高一级）将地脚栓孔灌满捣实，待混凝土强度达 70% 以上时，再调整垫铁位置，精平、找正，上紧地脚螺栓。最后将垫铁用电焊点牢，把电机下的间隙用细石混凝土填满，并把基础表面用水泥砂浆抹光。

　　② 大中型风机一般均装在钢筋混凝土的基础上（图 7-16）。根据风机的传动方式和风机类型的不同，基础的设计也不相同。这类离心风机的安装，除要做与基础上安装小型直联式离心风机一样的工作外，由于机体大、组合件多，还应做好以下主要工作。

　　a. 风机安装应结合拆卸、清洗和装配等工作一起进行，应将机壳和轴承箱拆开并将叶轮卸下清洗（直联风机不拆卸清洗），调节机构亦应清洗及检查，并使其转动灵活。

　　b. 将机壳、叶轮、轴承箱和皮带轮组合件及电机等吊到基础上后，先进行轴承箱组合件的找正找平工作。根据中心线找正，用方水平尺放在皮带轮上找平，转动轴允许差 0.2/1000 以内。找正找平后的轴承箱组合件是机壳和电机找正找平的依据和标准，所以它的轴心不能低于机壳中心。找正找平后，可灌浆进行固定，防止位移。

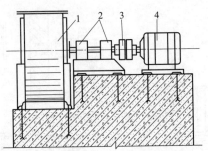

图 7-16 离心风机在基础上安装

1—风机；2—轴承；3—联轴器；4—电机

　　c. 叶轮按联轴器组合件位置找正中心后，机壳即以叶轮为标准，用加垫铁和拨动机壳的方法进行找正、找平。

　　d. 当风机采用联轴节传动时，电机应按已装好的风机进行找正。找正找平是在联轴节上进行的（图 7-17、图 7-18），应在联轴节上、下、左、右四个位置进行检查。因为风机和电机两轴不同心，会造成风机振动、电机负荷增加发热和轴承过热等现象，因此联轴节的同心度径向位移应在 0.05mm 以内，轴向倾斜在 0.2/1000 以内。

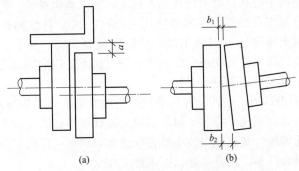

图 7-17 联轴节找正示意

(a) 径向偏差；(b) 倾斜偏差

a—径向间隙；b_1、b_2—轴向间隙

　　e. 当风机采用三角皮带传动时，电机可先用栓固定在电动机的两根滑轨上。滑轨的位置应能确保电机和风机两轴的中心线互相平行，并使两个皮带轮中心线重合和拉紧三角皮带。皮带轮的位置偏移可用在端面拉线的方法检查，用拨动电机、移动滑轨的位置进行调整。每对皮带轮的位置偏差允许值如图 7-19 所示。

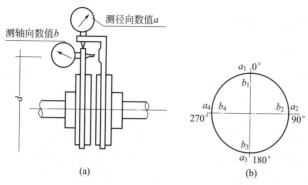

图 7-18 用百分表测量联轴节不同轴度

(a) 专用工具测量；(b) 记录形式

a—径向间隙；b—轴向间隙；a_1、a_2、a_3、a_4—联轴器在四个位置
径向间隙；b_1、b_2、b_3、b_4—联轴器在四个位置轴向间隙

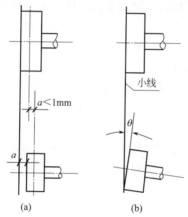

图 7-19 每对皮带轮的位置

(a) 皮带轮偏移；(b) 皮带轮偏差

a—皮带轮轮宽中心平面偏移；θ—偏差

注：偏差 $\theta < 0.5/1000$

　　f. 以上组合件找正找平后，即可将地脚螺栓孔灌浆，待混凝土强度达 70% 以上后，再调整垫铁位置，精平一次，同时上紧地脚螺栓。

　　g. 风机安好后，再装皮带安全罩、联轴节保护罩等。如输送空气湿度比较大的通风机，在机壳底部应装 $\phi15mm$ 的放水阀或水封弯管。

细节151 防排烟管道安装

(1) 风管的吊装

风管吊装前应检查各支架安装位置、标高是否正确、牢固，应清除内、外杂物，并做好清洁和保护工作。根据施工方案确定的吊装方法（整体吊装或分节吊装，一般情况下风管的安装多采用现场地面组装，再分段吊装的方法），按照先干管后支管的安装程序进行吊装。吊装可用滑轮、麻绳起吊，滑轮一般挂在梁、柱的节点上，或挂在屋架上。

根据现场的具体情况，挂好滑轮，穿上麻绳，风管绑扎牢固后即可起吊。当风管离地 200～300mm 时，停止起吊，检查滑轮的受力点和所绑扎的麻绳、绳扣是否牢固，风管的重心是否正确。当检查没问题后，再继续起吊到安装高度，把风管放在支、吊架上，并加以稳固后方可解开绳扣。

水平管段吊装就位后，用托架的衬垫、吊架的吊杆螺栓找平，然后用拉线、水平尺和吊线的方法来检查风管是否满足水平和垂直的要求，符合要求后即可固定牢固，然后进行分支管或立管的安装。

(2) 风管安装的要求

① 风管的规格、安装位置、标高、走向应符合设计要求，且现场风管的安装不得缩小接口的有效截面。

② 风管接口的连接应严密、牢固，垫片厚度不应小于 3mm，不应凸入管内和法兰外；排烟风管法兰垫片应为不燃材料，薄钢板法兰风管应采用螺栓连接。

③ 风管吊、支架的安装应按现行国家标准《通风与空调工程施工质量验收规范》（GB 50243—2016）的有关规定执行。

④ 风管与风机的连接宜采用法兰连接，或采用不燃材料的柔性短管连接。当风机仅用于防烟、排烟时，不宜采用柔性连接。

⑤ 风管与风机连接若有转弯处宜加装导流叶片，保证气流顺畅。

⑥ 当风管穿越隔墙或楼板时，风管与隔墙之间的空隙应采用水泥砂浆等不燃材料严密填塞。

⑦ 吊顶内的排烟管道应采用不燃材料隔热，并应与可燃物保持不小于 150mm 的距离。

⑧ 风管（道）系统安装完毕后，应按系统类别进行严密性检验，检验应以主、干管道为主，漏风量应符合规定。

细节152 阀门和风口安装

（1）防火阀、排烟防火阀的安装

防火阀要保证在火灾时能起到关闭和停机的作用。防火阀有水平安装、垂直安装和左式、右式之分，安装时不能弄错，否则将造成不应有的损失。为防止防火阀易熔件脱落，易熔件应在系统安装后再装。安装时严格按照所要求的方向安装，以使阀板的开启方向为逆气流方向，易熔片处于来流一侧。外壳的厚度不小于 2mm，以防止火灾时变形导致防火阀失效。转动部件转动灵活，并且应采用耐腐蚀材料制作，如黄铜、青铜、不锈钢等金属材料。防火阀应有单独的支吊架，不能让风管承受防火阀的重量。防火阀门在吊顶和墙内侧安装时要留出检查开闭状态和进行手动复位的操作空间，阀门的操作机构一侧应有200mm 的净空间。防火阀安装完毕后，应能通过阀体标识，判断阀门的开闭状态。

风管垂直或水平穿越防火分区以及穿越变形缝时，都应安装防火阀，其形式如图 7-20～图 7-22 所示。风管穿过墙体或楼板时，先用防火泥封堵，再用水泥砂浆抹面，以达到密封的作用。

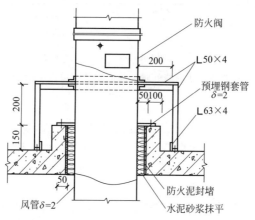

图 7-20　楼板处防火阀的安装（单位：mm）

δ—直径

排烟防火阀是用来在烟气温度达到 280℃时切断排烟并连锁关闭排烟风机的，它安装在排烟风机的进口处。排烟防火阀与防火阀只是功能和安装位置不同，安装的方式基本相同。

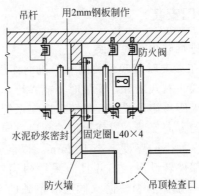

图 7-21 穿防火墙处防火阀的安装

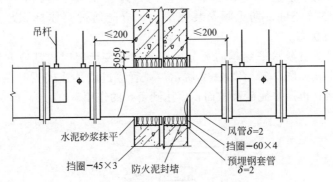

图 7-22 变形缝处防火阀的安装（单位：mm）

δ—直径

　　防火阀和排烟防火阀安装的方向、位置应正确；手动和电动装置应灵活、可靠，阀板关闭应保持严密。防火阀直径或长边尺寸大于或等于630mm 时，应设独立支、吊架。

　　（2）排烟风口的安装

　　排烟风口有多叶排烟口和板式排烟口，它们都既可以直接安装在排烟管道上，也可以安装在墙壁上，与排烟竖井相连。

　　多叶排烟口的铝合金百叶风口可以拆卸，安装在风管上时，先取下百叶风口，用螺栓、自攻螺钉将阀体固定在连接法兰上，然后将百叶风口安装到位，如图 7-23 所示。多叶排烟口安装在排烟井壁上时，先取下百叶风口，用自攻螺钉将阀体固定在预埋在墙体内的安装框上，然后装上百叶风口，如图 7-24 所示。

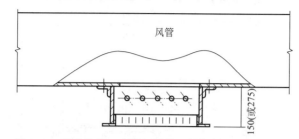

图 7-23 多叶排烟口在排烟风管上的安装（单位：mm）

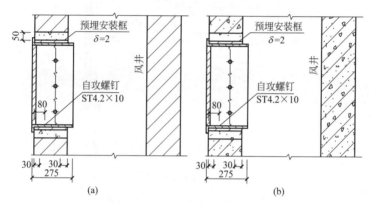

图 7-24 多叶排烟口在排烟竖井上的安装（单位：mm）
（a）砖墙上安装；（b）混凝土墙上安装
δ—直径

板式排烟口在吊顶安装时，排烟管道安装底标高距吊顶面大于 250mm。排烟口安装时，首先将排烟口的内法兰安装在短管内。定好位后用铆钉固定，然后将排烟口装入短管内，用螺栓和螺母固定，也可以用自攻螺钉把排烟口外框固定在短管上，如图 7-25 所示。板式排烟口安装在排烟井壁上时，也是用自攻螺钉将阀体固定在预埋在墙体内的安装框上的，如图 7-26 所示。

排烟口安装应注意以下事项。

① 排烟口及手控装置（包括预埋导管）的位置应符合设计要求。

② 排烟口安装后应做动作试验，手动、电动操作应灵活、可靠、阀板关闭时应严密。

③ 排烟口的安装位置应符合设计要求，并应固定牢靠、表面平整、不变形、调节灵活。

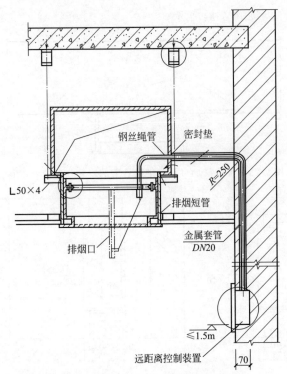

图 7-25　板式排烟口在吊顶上的安装（单位：mm）

R—半径

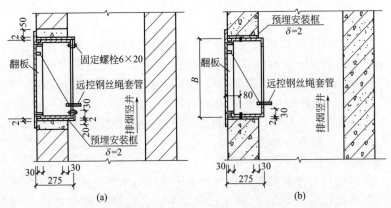

(a)　　　　　　　　　　　　　　　(b)

图 7-26　板式排烟口在排烟竖井上的安装（单位：mm）

（a）砖墙上安装；（b）混凝土墙上安装

δ—深度

④ 排烟口距可燃物或可燃构件的距离不应小于1.5m。

⑤ 排烟口的手动驱动装置应设在明显可见且便于操作的位置，距地面1.3～1.5m，并应明显可见。预埋管不应有死弯、瘪陷，手动驱动装置操作应灵活。

⑥ 排烟口与管道的连接应严密、牢固，与装饰面相紧贴；表面平整、不变形。同一厅室、房间内的相同排烟口的安装高度应一致，排列应整齐。

(3) 加压送风口的安装

加压送风口用于建筑物的防烟前室，安装在墙上，平时常闭。火灾发生时，根据火灾的通过电源DC24V或手动使阀门打开，根据系统的功能为防烟前室送风。用于楼梯间的加压送风口，一般采用常开的形式，采用普通百叶风口或自垂式百叶风口。

加压前室安装的多叶加压送风口，安装在加压送风井壁上，安装方式与多叶排烟口相同，详见图7-24。前室若采用常闭的加压送风口，其中都有一个执行装置。楼梯间安装的自垂式加压送风口，是用自攻螺钉将风口固定在预埋在墙体内的安装框上的，如图7-27所示。楼梯间的普通百叶风口安装方式与自垂式加压送风口的安装方式相同。

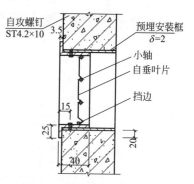

图7-27 自垂式加压送风口
（单位：mm）
δ—深度

送风口的安装位置应符合设计要求，并应固定牢靠，表面平整、不变形，调节灵活。常闭送风口的手动驱动装置应设在便于操作的位置，预埋套管不得有死弯及瘪陷，手动驱动装置操作应灵活。手动开启装置应固定安装在距楼地面1.3～1.5m之间，并应明显可见。

细节153 防排烟风机安装

在工程中防排烟风机主要有在屋顶的钢筋混凝土基础上安装、屋顶钢支架上安装和在楼板下吊装三种形式，如图7-28～图7-30所示。

防排烟风机安装应满足如下要求。

① 防排烟风机的安装，偏差应满足表7-4的要求。

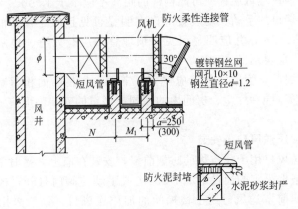

图 7-28　屋顶防排烟风机在钢筋混凝土基础安装（单位：mm）

ϕ—短风管与风井连接处预留孔洞直径；M_1—混凝土基础柱轴线间距；

N—混凝土基础柱轴线距离风井外墙间距；a—混凝土基础柱宽度

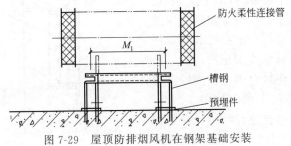

图 7-29　屋顶防排烟风机在钢架基础安装

M_1—混凝土基础柱轴线间距

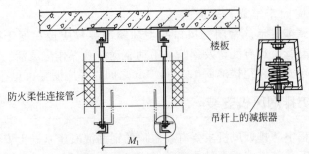

图 7-30　防排烟风机在楼板下吊装

M_1—混凝土基础柱轴线间距

表 7-4 防排烟风机安装的允许偏差

项目		允许偏差	检验方法
中心线的平面位移		10mm	经纬仪或拉线和尺量检测
标高		±10mm	水准仪或水平仪、直尺、拉线和尺量检测
带轮轮宽中心平面偏移		1mm	在主、从动带轮端面拉线和尺量检查
传动轴水平度		纵向 0.2/1000 横向 0.3/1000	在轴或带轮 0°和 180°的两个位置上,用水平仪检查
联轴器	两轴心径向位移	0.05mm	在联轴器互相垂直的四个位置上,用百分表检查
	两轴线倾斜	0.2/1000	

② 安装风机的钢支、吊架,其结构形式和外形尺寸应符合设计或设备技术文件的规定,焊接应牢固,焊缝应饱满、均匀,支架制作安装完毕后不得有扭曲现象。

③ 风机进出口应采用柔性短管与风管相连。柔性短管必须采用不燃材料制作。柔性短管长度一般为 150～250m,应留有 20～25mm 的搭接量。

④ 离心式风机出口应顺叶轮旋转方向接出弯管。如果受现场条件限制达不到要求,应在弯管内设导流叶片。

⑤ 单独设置的防排烟系统风机,在混凝土或钢架基础上安装时可不设减振装置;若排烟系统与通风空调系统共用时需要设置减振装置。

⑥ 风机与电动机的传动装置外露部分应安装防护罩。风机的吸入口、排出口直通大气时,应加装保护网或其他安全装置。

⑦ 风机外壳至墙壁或其他设备的距离不应小于 600mm。

⑧ 排烟风机宜设在该系统最高排烟口之上,且与正压送风系统的吸气口两者边缘的水平距离不应少于 10m,或吸气口必须低于排烟口 3m。不允将排烟风机设在封闭的吊顶内。

⑨ 排烟风机宜设置机房,机房与相邻部位应采用耐火极限不低于 2h 的隔墙、1h 的楼板和甲级防火门隔开。

⑩ 设置在屋顶的送、排风机、阀门不能日晒雨淋,应当设置遮挡防护设施。

⑪ 固定防排烟系统风机的地脚螺栓应拧紧,并有防松动措施。

细节154 挡烟垂壁安装

挡烟垂壁的安装应满足如下要求。

① 型号、规格、下垂的长度和安装位置应符合设计要求。

② 活动挡烟垂壁与建筑结构（柱或墙）面的缝隙不应大于60mm，由两块或两块以上的挡烟垂帘组成的连续性挡烟垂壁，各块之间不应有缝隙，搭接宽度不应小于100mm。

③ 活动挡烟垂壁的手动操作装置应固定安装在距楼地面1.3～1.5m之间，且便于操作、明显可见。

细节155 排烟窗安装

排烟窗的安装应满足下列要求。

① 型号、规格和安装位置应符合设计要求。

② 安装应牢固、可靠、符合有关门窗施工验收规范要求，并应开启、关闭灵活。

③ 手动开启装置应固定安装在距楼地面1.3～1.5m之间，且便于操作明显可见。

④ 自动排烟窗的驱动装置的安装应符合设计和产品技术文件要求，并应灵活、可靠。

细节156 通风管道的防腐

金属的腐蚀是金属体在所处环境中，因化学或电化学反应，引起金属表面耗损现象的总称。金属的防腐是人们针对金属在不同的环境中，防止各种介质腐蚀所采取的一种预防措施。

通风管道及部件，一般都用普通薄钢板制成，安装后暴露在大气中。由于空气中的灰尘、水分及其他酸性、碱性物质附在金属表面而产生锈蚀。为了保护和延长通风设备和风管的使用寿命，除在设计时根据不同情况正确选用金属或非金属材料外，还可在薄钢板制作的风管表面覆盖上"保护层"，使钢板表面与周围介质隔开，达到防腐的目的。最常用的方法是用油漆等涂料来做"保护层"。

涂料大部分是指有机涂料，俗称"油漆"，是一种有机高分子胶体的混合物溶液，通过一定的涂覆方法，将涂料涂在物体表面，经过固化而形成薄涂层，从而保护物体免受水分、氧气、腐蚀性气体以及酸碱等液体的腐蚀。

通风管道的防腐工作一般可分表面处理和刷涂料两个主要工序。

(1) 风管的表面处理

薄钢板表面一般总会有油脂、铁锈、氧化皮等的杂物，如果这些杂物不清除干净，涂料将不能很好地和钢板表面黏结，不能起到防腐作用，所以在刷涂料前必须进行防腐工件的表面处理工作。

① 人工除锈。一般用于处于大气环境中的风管。风管表面铁锈，可用钢丝刷、钢丝布或粗砂布擦拭，直到露出金属本色，再用棉纱或破布擦净。

② 机械除锈。可采用手提砂轮机、手提电动钢丝刷进行打磨，但在除锈量大且集中的情况下，可采用喷砂除锈。喷砂除锈是利用 0.34～0.4MPa 的压缩空气带动粒度 1.5～2.5mm 的干燥砂粒，通过喷嘴喷到金属表面，除去铁锈等杂物的方法。它能去掉铁锈、氧化皮、油污和杂物，获得满意的除锈效果。喷砂除锈质量好、效率高，且经过喷砂处理的风管表面变得粗糙且均匀，能增加涂料的附着力，保证漆层的质量。但在操作时噪声大、灰尘大，操作人员应备防护面罩或风镜和口罩。

③ 化学处理。可用酸洗的方法清除金属表面的锈层、氧化皮等。一般在通风工程中少用。

(2) 风管的刷油

① 人工涂刷。用手拿毛刷在风管表面涂刷涂料，此法简单，成本较低，但效率不高，用于工程量小或安装后不能进行喷涂的地方。涂刷时，为了获得均匀的保护层，应先斜后直、先左后右、先上后下、纵横施涂，要求涂层无漏涂、无起泡、无露底现象。

② 空气喷涂。用压缩空气通过喷枪，将漆喷成雾状，散落于风管表面，以获得均匀的漆膜。这种方法效率高、质量好，但涂料损耗大，扩散在空气中的漆料溶剂对人体有害。

③ 高压无空气喷涂。高压无空气喷涂是利用 0.4～0.6MPa 的压缩空气驱动高压泵。由于高压泵上部活塞的有效面积较下部活塞的有效面积大，使吸入的涂料增压至 15～18MPa，当高压涂料通过喷嘴喷到大气中时，立即剧烈膨胀，雾化成极细小的漆粒附到风管表面上。这种方法生产效率高，每只喷枪每分钟可喷涂 3.5～5.5m。漆膜质量好，劳动条件好，稀释剂的用量少。

高压无空气喷漆机有两种：一种为移动式（图 7-31），适用于大面积喷漆；另一种为轻便式（图 7-32），质量只有 14kg，携带方便，适用于现场流动使用。

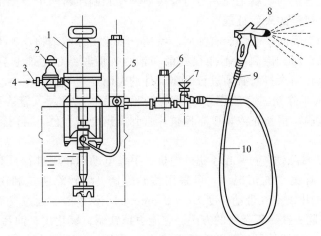

图 7-31　移动式高压无空气喷漆机

1—高压泵；2—调压阀；3—压缩空气；4—入口；5—蓄压器；6—过滤器；
7—截止阀；8—喷枪；9—旋转接头；10—高压软管

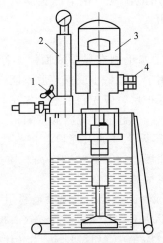

图 7-32　轻便式高压无空气喷漆机

1—蓄压过滤器；2—放泄阀；3—高压泵；4—快速接头

细节157　防排烟系统的维护

防排烟系统平时处于一种几乎不用的状况，为了使防排烟设备经常处于良好的工作状况，要求平时加强对建筑物内防排烟系统及设备的维修管理工作。

（1）防烟、排烟风机的维护管理

① 安装开通后，要定期检查风机各零部件情况，保证风机能随时启动，正常工作。

② 风机转动部分要定期加油润滑，以防锈死，不能转动。

③ 认真分析风机出现故障的原因。

④ 检查发热原因要从以下几个方面进行。

a. 电机轴承损坏，配合间隙过小不合要求。

b. 轴与轴承安装歪斜，两个轴承不同轴度。

c. 管网阻力过大，电机超负荷运行。

d. 电源电压过低。

（2）防烟、排烟阀的维护管理

① 防火阀安装使用后，根据有关消防安全管理要求，定期检查，一般每半年检查一次。检查内容主要包括以下几项。

a. 阀门各手动、电动温度熔断器自动关闭动作是否灵活。

b. 微动开关是否可靠。

c. 阀门内是否有异物插入，阀门能否关闭严密。

d. 叶片所处位置与显示位置是否正确，如发现问题应及时解决。

② 带温度熔断器的阀门，根据有关消防安全管理要求，需定期更换易断片时，可按下面的顺序进行。

a. 打开操作装置活动盖。

b. 取下连接温度熔断器的链环。

c. 拧开温度熔断器压螺母，取出温度熔断器。

d. 换上新的易熔片，再依次安装上。更换易熔片时，应注意该易熔片的动作温度值与原来使用的值相同。

（3）排烟口及送风口的维护管理

各种排烟口及送风口安装使用后要定期检查，一般为每6个月一次。检查其动作情况是否灵活可靠，并应有定期检查记录。检查温度熔断片，发现问题及时更换。当对排烟口及送风口的操作装置通以电讯号或手动操作后，如不能自动关闭（或开启）时，应按顺序进行调试检查。

其余要求和防烟阀、排烟阀相同。

（4）其他防烟、排烟设备及部件的维护管理

① 定期检查，一般每半年至一年检查一次，发现问题，要及时修

理或更换零配件，保证完整，灵敏好用。

② 要按施工（或安装）的图纸及说明书的要求，严格检查和维修。

③ 远距操作防烟、排烟设备及部件的安装维护管理应注意以下几点。

a. 电气线路及控制线路或缆绳，均应采用 $DN20mm$ 的塑料管进行保护。

b. 控制缆绳套管的弯曲半径不宜小于 300mm，弯曲一般不超过三处。缆绳长度一般不大于 6m。若长度超过 6m，应在订货时说明。

c. 按照排烟设备至远距离操作机构的相对位置和实际距离敷设好套管，套管两端，一端应紧挨排烟设备，另一端应紧挨远距离操作机构，然后将缆绳穿入套管。

d. 将缆绳一端穿进阀体上的动作机构内，并将它拴在钢丝绳轴上，用钢丝绳夹子固定，剪去多余的钢索。

e. 将缆绳另一端穿进远距离操作机构，绕在卷绕滚筒上，至少绕三圈，将多余的缆绳剪去。

f. 试验机构动作的性能，确认动作灵活可靠。

8

特殊建筑的消防施工

8.1 概述

 高层建筑消防特点

高层建筑的层数多，体积大，人员集中，火灾危险性要比普通建筑物大得多，给火灾防治方面带来不少挑战。高层建筑消防的主要特点如下。

（1）起火因素多

高层建筑电气化和自动化程度高，用电设备多，且用电量大，漏电及短路等电气原因引起高层建筑的火灾危险性增加。

（2）烟囱效应显著

高层建筑内大多设有多而长的竖井，如楼梯井、电梯井、管道井、电缆井、风道、排风管道等。一旦起火，烟囱效应将加剧火焰和烟气的蔓延。

（3）火势发展受室外风场参数影响大

室外风场参数包括风速和方向两个方面，为影响建筑物内火灾蔓延的重要因素，这在高层建筑上体现得非常突出。经证实，如果建筑物10m处的风速是5m/s，则在90m高处风速可达15m/s。在通风效应的强烈影响下，在普通建筑内不易蔓延的小火星在高层建筑内部却有可能发展成重大火灾。

（4）人员集中且难以疏散

高层建筑能够容纳成千上万的人，且各种类型的人都有，这不仅使起火机会增大，而且也增加了人员疏散的困难。

（5）扑救难度大

许多高层建筑的上层为目前普通灭火装备达不到的，在某些国家，通过直升飞机进行楼顶救援也成为一个重要消防手段，它不但能够救出受困者，还能够空运消防人员进行灭火抢险。随着经济的发展及技术的进步，此种方法在我国也得到快速发展。相关管理部门亦拟规定 100m 以上的建筑物屋顶修建直升飞机升降坪。

高层建筑物的火灾防治已经引起人们的普遍注意。专家提出，应把这种火灾作为最重要的特殊火灾问题对待（其次是地下建筑火灾及油品火灾等），加强其防治技术及扑救对策的研究。

细节159 地下建筑消防特点

地下建筑是指建筑在岩石上或者土层中的军事、工业、交通及民用建筑物。按建造形式，地下建筑大体可分为附建式和单建式两大类。附建式地下建筑是某些地上建筑的地下部分，现在许多大型建筑都有地下室，主要作为商场、旅社、歌舞厅及停车场用。而单建式地下建筑类型也很多，如地下商业街、地下仓库、地下铁路与公路隧道的地下车站以及地下电缆沟等。我国的许多城市中修建的地下人防工程也是一种较常见的地下建筑，有的地下人防工程离地面较深，有的还具有多层结构。不少地下建筑绵延数百、上千米，地下铁路及公路隧道便更长。有的地下建筑甚至还形成庞大的地下网络。

地下建筑没有门窗类的通风口，它们通过竖直通道同地面上部的空间相连，是相对封闭的建筑空间。和地上建筑相比，这种通风口的面积要小得多，由此造成以下地下建筑消防特点。

（1）散热困难

地下建筑内如果发生火灾，热烟气将无法通过窗户顺利排出，而且建筑物周围的材料很厚，导热性能差，对流散热弱，燃烧产生的热量大都积聚在室内，因此温度上升得极快。试验表明，起火房间温度可由 400℃迅速上升到 800～900℃，容易较快地发生轰燃。

（2）烟气量大

地下建筑火灾燃烧所用的氧气是通过与地面相通的通风道及其他漏洞补充的。但是这些通道面积狭窄，新鲜空气供应不足，因此火灾基本上处于低氧浓度的燃烧，不完全燃烧程度严重，可产生相当多的浓烟。同时因为室内外气体对流交换不强，大部分烟气积存在建筑物内。这一方面导致室内压力中性面低，即烟气层比较厚（对人们威胁增大），另一方面烟气容易向建筑物的其他区域蔓延。

地下建筑的通风口的数量对室内燃烧状况有十分重要的影响。只有一个通风口时，不仅烟气要由此口流出，而且新鲜空气也要由此口流入，该处将出现非常复杂的流动。室内存在多个通风口时，一般排烟和进风会分别通过不同的开口流通。所以一般说来，地下建筑火灾在初期发展阶段基本与地上建筑物火灾相同，但是到中、后期，燃烧状况要根据通风口的空气供应情况而定。

（3）人员疏散困难

地下建筑火灾中，人员的出入口常常会变成喷烟口，而烟气流动速度要比人群疏散速度快。研究证实，建筑物内烟气的水平流动速度为 $0.5\sim1.2m/s$，垂直上升速度是水平流动速度的 $3\sim5$ 倍。若没有合理的措施，烟气就会对人员造成非常大的危害。在地下建筑火灾中人员疏散距离长，而且自然采光量比较少，有的甚至没有，基本上都是使用灯光照明，室内的能见度很低。而在火灾中，为了防止火灾蔓延，往往需要切断电源，所以里面会就很快达到伸手不见五指的程度，这也会对人员的疏散造成极大的困难。

（4）火灾扑救难度大

① 当地上建筑失火时，人们能够从不同角度观察火灾状况，从而可以选择多种灭火路线，但地下建筑火灾却没有这种方便条件，消防人员不能直接观察到火灾的具体位置及情节，这对于组织灭火造成很多困难。

② 消防人员别无他路可走，只能通过地下建筑物设定的出入口进入，所以扑救火灾时只能是冒着浓烟往里走，再加上照明条件极差，不易迅速接近起火位置。

③ 由于地下建筑内气体交换不良，灭火时使用的灭火剂应比灭地面火灾时少，且不能使用毒性较大的灭火剂，但这就导致火灾不易被迅速扑灭。

④ 地下建筑的壁面结构对通信设备的干扰很大，无线通信设备在地下建筑内难以使用，因此在火灾中地下与地上的及时联络很困难，这也增加了火灾扑救的难度。

细节160 古建筑消防特点

古建筑作为历史文化遗产具有独特的建筑风格和特点，具体如下。

（1）火灾载荷大，容易酿成火灾

我国许多大型古建筑的屋顶基本上都是全木结构，而且多选用的是黄松、红松作梁，这些树木的特点就是油性大，容易点燃。不少建筑物的立柱和墙壁也用木材制成，这种建筑结构形式就类似一个炉膛，且木材经过多年的使用，一般都相当干燥，如果起火，火焰蔓延迅速，常会很快扩展至整个建筑物中，致其全部焚毁。这是古建筑与现代建筑物火灾的一个重要差别。

（2）防火设计不合理

由于历史原因及某些特殊要求，许多古建筑物的防火设计都存在着严重缺陷。比如：不少单体建筑内采用大屋顶形式，未设有防火分隔与挡烟设施；有些建筑物连成一片，仅有一些窄小的洞门相通；有的古建筑依靠山坡修建，且只有几条小径相连；不少建筑群的建筑物是由高低不同的台阶路连通的，如果起火，消防人员及设施将会很难接近。这些建筑物周围基本上没有可供现代消防车通行的消防车道。以上情况为火灾蔓延提供了有利条件，同时也为灭火造成了很多困难。

（3）经常使用明火

以寺庙式建筑最为普遍，由于宗教习俗，建筑物内经常是香烟缭绕、烛火长明，且其中又设有密集的供桌及幕帐、帷幔。已经发生的不少火灾就是由香火引燃上述物品而导致的。

（4）电气设备使用不协调

在许多古建筑中，电气设备的使用也已非常普遍，电照明、电取暖、电炊具四处可见。但在这些以木结构为主的古建筑内，存在不少敷设电线随意、安装用电器不规范的情况。如果线路老化，或者设备过热，很容易导致火灾。

（5）人为起火因素多

由于古建筑大都具有很高的艺术或文物价值，前来参观的人很多、很杂，且流动性大。在参观者中也不乏吸烟者，他们常随身携带火柴、打火机及香烟等物，这些物品是引起火灾的重要因素，在古建筑中其火灾危险性更大。此外，小孩玩火经常也是火灾的直接原因之一。

（6）容易遭遇雷击

这是由古建筑的形状及位置所决定的。有的古建筑修建在险要或者位置孤立的地方，有的古建筑具有高耸、突出的屋檐，这都为雷击创造了条件。由于历史原因，不少古建筑的避雷设施不完善。如果没有安装避雷针，或者避雷针的设计、安装不合理，便难免遭受雷击。

（7）防火安全改造工作复杂而困难

很多人已经认识到防止古建筑火灾的重要性，但是当采取具体措施时，常常遇到一些特殊的困难及麻烦。许多建筑物具有特定的形式及风格，如果进行任何改造都应与原有风格相匹配。在一些典型位置，不宜或不能安装消火栓及自动灭火设备，比如在木结构屋顶装水喷淋器，由于原有构件的承重与平衡均有一定限度，再增加喷水系统的重量有可能破坏原建筑。还有相当多的古建筑的木结构上会画有各种图案，这就为使用防火涂料带来困难，目前还没有多少合适的防火涂料可供古建筑选用。

（8）灭火造成的二次损失严重

这是由古建筑的艺术价值所决定的。在火灾扑救中使用高压水龙喷水灭火很可能造成古建筑中文物的破坏。另外，使用的灭火药剂也需慎重选择，不宜使用腐蚀性大和活性强的灭火剂，因为它们很可能严重损坏文物。

8.2　特殊建筑的消防施工

细节161　高层建筑消防施工

高层建筑火灾的防治应重点从下列几方面抓起。

（1）合理布局和平面布置

一般来说，合理的总体布局、有效的防火分隔以及人员疏散设计是高层建筑消防施工最重要的几方面。在总体布局方面应保持建筑物间有适当的防火间距，控制裙房的高度及宽度，留出足够的消防车道等。需要注意的是，有些高层建筑在这方面做得不够，比如相邻建筑的防火间距留得过小，裙房修得过高，有的甚至没留消防车道。

在楼内进行合理的防火分区是防止火灾大面积蔓延的主要措施。对于高层建筑的防火分隔，不仅要做好水平分区，还应特别注意竖直分区，穿越楼层的竖井是造成火势迅速扩展的捷径。有的高层建筑还设有空间很大的内部中庭，火灾烟气若进入这里将很难控制，应设法避免。

（2）控制室内可燃物的种类和数量

建筑材料主要分为结构材料和装修材料两大类。高层建筑所用的结构材料应有较强的抗烧能力，即使遭受火灾也能保持建筑物的整体框架不受影响。现在带防火涂层的钢材与钢筋混凝土材料已成为高层建筑的主要结构材料，应当说若能够严格按照现行的高层建筑防火设计规范设计与施工，有关的构件能够满足耐火要求。

由于钢筋混凝土材料的使用，当前高层建筑的主要火灾问题已经由建筑结构问题变为楼内存放或者使用的物品问题。现在楼内最先失火的通常是办公用品或设备、存储的商品、家具以及床上用品等。对这些物品的使用加以合理控制是减少火灾发生及损失的主要方面，控制的基本措施如下。

① 控制建筑物的火灾载荷，房间内所存放的可燃物总量不能超过一定限度，但由于建筑物使用功能的差别，难以制定统一的标准，所以这一限度的合适取值还有待于研究。

② 推广使用难燃或不燃的材料，家具、床上用品及办公用品等应选用阻燃材料制造。

③ 应加强对装修材料燃烧性能的测试及监管，制订出详细、明确的使用规定，同时应广泛宣传，使人们建立新的选材及用材观念。

(3) 优化消防系统分区设计

由于高层建筑高度高，消防给水管道系统及消防设备承受的压力大，高层建筑自动喷水灭火系统设计需注意高、低区系统的分区及优化设计。合理的分区有助于保证主动灭火措施实施的有效性。

(4) 有效控制烟气蔓延

烟气是火灾中造成人员伤亡的主要原因。高层建筑中烟囱效应显著，除从防烟分区方面加强烟气控制外，优化设计正压送风防烟及机械排烟系统，也是控制烟气蔓延的有效措施。

(5) 加强人员安全疏散设计

高层建筑的人员安全疏散设计应考虑到水平与竖直两个方面。在火灾中，由于人员的行动具有很大的多向性和盲从性，因此每层楼应至少设有两个方向的疏散路线，且宜把楼梯设在大楼的两端。有时还可设置在墙外，连通阳台，使人员在房间门受阻时可以通过阳台进入疏散通道。为将高层建筑中人员尽快撤出，主要还应当加强竖直疏散。设置消防电梯和临时避难层是目前推荐的消防措施。增强人员对火灾事态的应变能力也是保证人员安全疏散的重要方面。突如其来的火灾常使有些人精神过度紧张，导致不知所措地乱窜甚至跳楼等，这种恐慌心理有时比火灾本身的威胁更加可怕。另外，应加强对人们防灭火知识和疏散常识的教育及训练。

细节162 地下建筑消防施工

由于地下建筑的外围是土壤或岩石，只有内部空间，其火灾特征与地上建筑有着很大差别，采取的火灾防治对策应有所不同，尤其是那些改变使用功能的地下建筑，由于历史原因及技术条件，基本上没有系统考虑火灾防治问题，甚至也没有合理的火灾安全管理措施。而且不少地下建筑的功能复杂，存放的物品种类繁多，使用大量电气设备，相当多的可燃材料也常常被存放到地下建筑内。因此，防治火灾便成为地下建筑使用中的突出问题之一。

(1) 地下公共建筑关键消防技术

地下建筑的种类很多，功能也不同，火灾防治措施和安全分析的重点也不一样。对于地下建筑消防安全问题应当注意以下问题。

① 严格对地下公共建筑使用功能的管理。主要是加强对地下建筑中存放物品的管理和限制。不允许在其中生产或储存易燃、易爆物品及着火后燃烧迅速而猛烈的物品，禁止使用液化石油气和闪点低于60℃的可燃液体。对于易爆物品引发的火灾，各种消防措施都很难控制。而地下建筑泄压困难，爆炸产生的冲击波将会产生更加严重的影响，甚至摧毁整个地下建筑。

一般来说，地下建筑适宜用作普通商店、餐厅、旅馆及展厅等，也可作为丙、丁、戊类危险物质的生产车间及存储仓库。在地下建筑中使用的装修材料应是难燃和无毒的产品。装修材料的燃烧性质直接关系到室内轰燃出现的时间，无毒产品无论对普通人员疏散和灭火人员都十分重要。

地下建筑物的使用层数和掩埋深度也值得研究，作为商业应用的公共建筑，由于人员密集，埋深不宜过大，并且人员活动区应尽量靠近地面。一般埋深达5～7m时应设上下自动扶梯，地下部分超过二层时应设置防烟楼梯。

② 合理的防火设计。在这方面主要应注意防火分隔与人员疏散。防火分区是有效预防火灾扩大及烟气蔓延的重要措施，在地下建筑火灾中的作用非常突出。对地下建筑防火分区的要求应当比地上建筑更严格。依据建筑的功能，防火分区面积一般不应超过500m²，安装自动喷水灭火装置的建筑可以适当放宽。

地下建筑必须设置位置合理的、足够多的出入口，普通的地下建筑必须有两个以上的安全出口。高层建筑地下室的出入口可同地面建筑疏散距离的规定一致。两个对外出入口的距离应小于60m。对于那些设置防火分区的地下建筑，每个分区均应有两个出口，其中一个出口必须直接对外，以确保人员的安全疏散。对于多层空间，应当设有人员可以直达最上层的通道。

在地下商业街等大型地下建筑的交叉道口处，两条街道的防烟分区不得混合，并且用挡烟垂壁或者防烟墙分隔。

③ 设置有效的烟气控制设施。地下建筑火灾中，烟气对于人的危害更加严重，地下建筑火灾中死亡人员基本上全部是因为烟造成的。为了充分保证人员的安全疏散和火灾扑救，在地下建筑中必须设置烟气控制系统，以阻止烟气四处蔓延，并迅速排出。设置防烟帘和蓄烟池等方法也有助于限制烟气蔓延。

负压排烟是地下建筑的主要排烟方式，这样能够在人员进出口处形成正压进风条件。排烟口应设在走道、楼梯间及较大的房间内。为了确保楼梯前室及主要楼梯通道内没有烟气侵入，还可进行正压送风。对设有采光窗的地下建筑，也可通过正压送风实现采光窗自然排烟。但采光窗应有足够大的面积，当其面积与室内平面面积之比小于 1/50，还应增设负压排烟方式。对于埋深很大或多层的地下建筑，应专门设置防烟楼梯间，在其中安置独立的进风及排烟系统。

当排烟口的面积比较大，占地下建筑面积的 1/50 以上，且能够直接通向大气时，可采用自然排烟的方式。设置自然排烟设施，必须避免地面的风从排烟口倒灌至地下建筑内，因此，排烟口应高出地表面，以增加拔烟效应，同时要做成不受外界风力影响的形状。特别是安全出口，一定要保证火灾时无烟。图 8-1 所示为安全出口处的自然排烟构造。

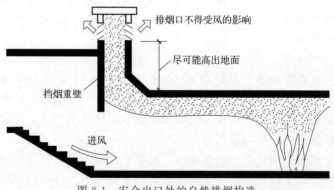

图 8-1 安全出口处的自然排烟构造

④ 采用合适的火灾探测和灭火系统。地下建筑应强调加强其火灾自救能力。探测报警设备的重要性在于可以准确预报起火位置，这对扑

灭地下建筑火灾非常重要。应针对地下建筑的特点进行火灾探测器选型，比如选用耐潮湿和抗干扰性强的产品。

安装自动喷水灭火系统也是地下建筑物的主要消防手段，不少国家在消防法规上已经对此做了规定。现在我国已有不少地下建筑安装了这种系统。

地下建筑火灾中使用的灭火剂应慎重选择，不许使用毒性大和窒息性强的灭火剂，如四氯化碳、二氧化碳等。这些灭火剂的密度较大，会沉积在地下建筑物内，不易排出，对人们的生命安全会造成严重危害。

⑤ 安装事故照明和疏散诱导设施。地下建筑的空间形状多样复杂，出入口的位置大多数不是很规则，且很多区域没有自然采光条件，这也是导致火灾中人员疏散困难的原因。因此，在地下建筑中除了正常照明外，还应当加强设置事故照明灯具，避免火灾发生时内部一片漆黑。同时应有足够的疏散诱导灯指引通向安全门或者出入口的方向。有条件的建筑还可使用音响及广播系统临时指挥人员合理疏散。

(2) 隧道关键消防技术

隧道是一种狭长的地下建筑，在现代交通中具有非常重要的作用。由于隧道内车辆通过频繁，火灾事故也常发生，且容易造成恶性事故。隧道火灾的防治，除应注意普通地下建筑火灾的特点外，还应注意以下几点。

① 控制火灾荷载。隧道的吊顶必须使用不燃材料，两侧的墙壁应当使用不燃或难燃材料。限制甚至禁止某些运载化学危险品及易燃易爆物品的车辆通过隧道也是一种可行的措施。对于任何车辆，都应限制其通过隧道的速度，并禁止超车。

② 合理划定防火防烟分区。对于那些与商场、游乐场等其他地下建筑相连的地铁站应进行有效的防火分隔，防止它们之间的相互影响。在地铁站内，除站台及站厅外，有关的机械室、控制室等应划为单独的防火分区。

③ 安装灵敏可靠的火灾探测报警设备。隧道内应当设置可靠的火灾探测装置以便于能及时发现事故发生的位置。由于隧道内的烟尘较多，不宜使用感烟式探测器。一般认为感温探测器报警适合，有条件的场合可配用图像监控式火灾探测装置。

④ 设置合理的防排烟设施，加强活塞风的控制。隧道特别是地铁隧道内上方有大大小小的通风、排气孔与地面相连，当高速行驶的列车在隧道内来回往返时，由于隧道空间的相对封闭性，运转形成的强大气

流会使地面的空气通过隧道上方的通风排气孔形成一种上下抽动式的反应——"活塞效应"，产生的强大不稳定逆转气流会促使火灾的燃烧与扩散蔓延，造成火灾危险性加大。

在灭火救援过程中外部尽量不要盲目采取"排"的战术解决烟雾问题，由于隧道距离长，特别是地铁往往都在地下 10～50m 深处，且火灾情况下烟雾浓烈，滚滚不断，要将烟雾排至地面是十分困难的。隧道内部要立足于"堵"，城市地下隧道灭火救援过程中的烟雾问题，要灵活运用"排"与"堵"，这也是国外处置城市地下隧道火灾事故的发展方向。

⑤ 应配置高效可靠的灭火设备。在隧道灭火设施的配置方面，也要充分灵活地运用隧道内固定灭火设施的作用。

隧道火灾往往是车辆使用的燃油着火或运载的石化产品倾翻着火导致的。隧道火灾的有效扑救，应当优先考虑配置适宜扑灭油类火灾的灭火设施和系统。润滑性强的轻水系统扑灭此类火灾效果较好。细水雾灭火技术对此类火灾的扑救也有很好的效率，高压细水雾灭火技术在欧洲很多国家地铁火灾防护方面得到了非常广泛的应用。

⑥ 应重视灭火设施与机械排烟系统的联合应用。意大利推出了一种"喷水堵烟系统"，较好地解决了城市地下隧道灭火救援的难题。米兰市将该系统在该市 50 余千米长的地铁上投入装备运行，证明其"喷水堵烟装置"具有科学性、先进性以及安全性等优点，这也是在当今一种可以有效安全疏散地铁内受烟雾威胁人员的先进设施。

⑦ 加强人员疏散设施的完善。例如欧洲的圣哥达隧道不仅有一条平行的应急隧道，主隧道内还安装了先进的火灾侦察系统和空调系统，发生事故后 15min 便能够将隧道内的有毒气体排出，另外每隔 250m 修建了一个掩体，每个掩体可容纳 70 人，但即便如此，悲剧也未能避免。

细节163 古建筑消防施工

由于古建筑的特殊性和文化价值，消防施工需要特别谨慎。在施工过程中，应遵循相关的法律法规和专业标准，确保施工安全，保护古建筑的完整性和价值。

(1) 严格控制火源

有效地控制火源是防止古建筑火灾的基本途径。在这方面需要注意：在重要的殿堂、寺院、楼馆内禁止动用明火，如果由于维修必需用火则需特别批准，并在采取严格措施的情况下进行；在古建筑保护区内禁止使用液化石油气或者安装煤气、天然气管道；进行宗教活动的古建筑需格外注意香火管理，应规定烧香及焚纸的地点，限制某些长明灯的数量、功率；文物保护区和附属生活区应明确分开。

（2）加强用电管理

在建筑物内使用电气设施是不可避免的，但在古建筑中必须制订特殊的限制措施。为保持古建筑的原貌，在其主要区域一般不允许安装电线或使用电器，若必须安装，需通过有关部门批准，且必须使用铜芯电线，并用金属管穿管敷设，不允许将电线直接敷在木质梁柱上。

（3）尽量减少起火因素

严禁在古建筑内和其周围堆放易燃易爆的材料和物品，限制柴草、木料等的存放量；不允许将古建筑同时改作他用，如开设饭店、游乐厅及旅社等；加强防火安全管理，配备专职防火人员，尤其在组织庙会、拍摄影视剧等活动时，要防范外部带来的火源。

（4）安装火灾探测系统

尽早发现火情、迅速报警、及时灭火对古建筑来说非常重要。安装合适的火灾探测报警系统是值得优先采取的措施。由于木材着火的初期大多处于阴燃阶段，先冒出较多的烟，因此宜选用灵敏度较高的离子型火灾探测器、气体分析探测器。但对于经常点燃香火的寺庙等，这种探测器必会造成误报，如何区别火灾烟气与香火烟气是一个很难处理的问题。早期吸气式火灾探测器、智能光电感烟探测器、空气采样感烟火灾探测器、编码感温探测器及可视化技术为一体的古建筑智能型火灾探测系统，大大提高了古建筑火灾探测报警的灵敏度，减少了误报率。

（5）改进灭火设施

改进灭火设施最主要需要解决的是消防水源问题，在城市中的古建筑内可安装消火栓，在离水源较远的古建筑内可修建储水池。另外，在一些重要古建筑内可安装二氧化碳或者卤代烷灭火器。细水雾灭火技术因为水渍少，也可以广泛地应用于古建筑的消防安全防护中。

（6）认真落实防雷措施

应严格按防雷规程对古建筑安装避雷器，并根据大屋顶、多屋檐的特点，准确计算保护范围。且需要经常认真检查避雷装置的工作状况，如接闪器和接线电阻等，发现不符合要求的地方要及时维修。

附 录

自动喷水灭火系统工程验收记录（表1）应由建设单位填写，综合验收结论由参加验收的各方共同商定并签章。

表1 自动喷水灭火系统工程验收记录

工程名称			分部工程名称			
施工单位			项目负责人			
监理单位			项目总监			
序号	检查项目名称	验收内容记录	验收标准	检查部位	检查数量	验收情况
1	天然水源	查看水质、水量、消防车取水高度	符合消防技术标准和消防设计文件要求			
		查看取水设施（码头、消防车道等）				
2	消防水池	查看设置位置				
		核对容量				
3	消防水箱	查看设置位置				
		核对容量				
		查看补水措施				
		水位显示				
4	消防水泵	查看规格、型号和数量				
		吸水方式				
		吸水、出水管及泄压阀、信号阀等的规格、型号				
		主、备电源切换				
		主、备泵启动				

序号	检查项目名称	验收内容记录	验收标准	检查部位	检查数量	验收情况
5	管网	查看管道的材质、管径、接头、连接方式及防腐、防冻措施	符合消防技术标准和消防设计文件要求			
		管网排水坡度及设施				
		末端试水装置、试水阀、排气阀设置				
		水流指示器、减压孔板、节流管等设置				
		测试干式系统充水时间				
		测试预作用系统充水时间				
		查看报警阀后管网	不得设其他用途支管和水龙头			
		查看管网支、吊架和防晃支架	符合消防技术标准和消防设计文件要求			
6	水泵接合器	查看设置位置、标记，测试供水情况	明显且便于消防车停靠;供水情况正常			
		核对设计数量	符合消防技术标准和消防设计文件要求			
7	报警阀组	查看设置位置及组件	位置正确，组件齐全			
		打开放水阀,实测流量和压力	符合消防技术标准和消防设计文件要求			
		实测水力警铃喷嘴压力及警铃声强	分别不小于0.05MPa、70dB			

续表

序号	检查项目名称	验收内容记录	验收标准	检查部位	检查数量	验收情况
7	报警阀组	打开手动阀或电磁阀，雨淋阀动作	动作应可靠			
		控制阀状态	应锁定在常开位置			
		压力开关动作后，查看消防水泵及联动设备是否启动，有无信号反馈	符合消防技术标准和消防设计文件要求			
8	喷头	查验设置场所、规格、型号、公称动作温度、响应指数	符合消防技术标准和消防设计文件要求			
		查看防腐、防冻和防撞措施				
		查验备用数	每种不少于10个			
综合验收结论						

验收单位	施工单位：（单位印章）	项目负责人：（签章） 年　月　日
	监理单位：（单位印章）	监理工程师：（签章） 年　月　日
	设计单位：（单位印章）	项目负责人：（签章） 年　月　日
	建设单位：（单位印章）	项目负责人：（签章） 年　月　日

自动喷水灭火系统的维护管理工作应按表2进行。

表2　自动喷水灭火系统维护管理工作检查项目

部　位	工作内容	周　期
水源控制阀、报警控制装置	目测巡检完好状况及开闭状态	每日
电源	接通状态，电压	每日
内燃机驱动消防水泵	启动试运转	每月

部　位	工 作 内 容	周　期
喷头	检查完好状况、清除异物、备用量	每月
系统所有控制阀门	检查铅封、锁链完好状况	每月
电动消防水泵	启动试运转	每月
稳压泵	启动试运转	每月
消防气压给水设备	检测气压、水位	每月
蓄水池、高位水箱	检测水位及消防储备水不被他用的措施	每月
电磁阀	启动试验	每季
信号阀	启闭状态	每月
水泵接合器	检查完好状况	每月
水流指示器	试验报警	每季
室外阀门井中控制阀门	检查开启状况	每季
报警阀、试水阀	放水试验,启动性能	每月
泵流量检测	启动、放水试验	每年
水源	测试供水能力	每年
水泵接合器	通水试验	每年
过滤器	排渣、完好状态	每月
储水设备	检查完好状态	每年
系统联动试验	系统运行功能	每年
内燃机	油箱油位,驱动泵运行	每月
设置储水设备的房间	检查室温	每天(寒冷季节)

[1] 国家标准.建筑给水排水制图标准（GB/T 50106—2010）[S].北京：中国建筑工业出版社，2010.

[2] 国家标准.消防技术文件用消防设备图形符号（GB/T 4327—2008）[S].北京：中国标准出版社，2008.

[3] 国家标准.气体灭火系统施工及验收规范（GB 50263—2007）[S].北京：中国计划出版社，2007.

[4] 国家标准.建筑设计防火规范（GB 50016—2014）（2018版）[S].北京：中国计划出版社，2018.

[5] 国家标准.泡沫灭火系统技术标准（GB 50151—2021）[S].北京：中国计划出版社，2021.

[6] 国家标准.自动喷水灭火系统施工及验收规范（GB 50261—2017）[S].北京：中国标准出版社，2017.

[7] 国家标准.火灾报警控制器（GB 4717—2005）[S].北京：中国标准出版社，2005.

[8] 国家标准.建筑电气工程施工质量验收规范（GB 50303—2015）[S].北京：中国计划出版社，2015.

[9] 国家标准.火灾自动报警系统设计规范（GB 50116—2013）[S].北京：中国计划出版社，2014.

[10] 国家标准.消防给水及消火栓系统技术规范（GB 50974—2014）[S].北京：中国计划出版社，2014.

[11] 国家标准.建筑防火通用规范（GB 55037—2022）[S].北京：中国计划出版社，2022.

[12] 国家标准.火灾自动报警系统施工及验收标准（GB 50166—2019）[S].北京：中国计划出版社，2019.